CO_2氛围下
油气燃烧数值模拟方法与光学检测技术

张引弟　著

科学出版社
北　京

内 容 简 介

本书系统地介绍了CO_2氛围下油气燃烧数值模拟方法与光学检测技术，主要内容包括富氧燃烧技术原理及燃烧特性、油气燃烧碳烟生成数值模拟及光学检测原理与方法、常规氛围下C_2H_4预混火焰碳烟生成动力学模拟研究、CO_2氛围下C_2H_4扩散火焰碳烟生成数值模拟研究、O_2/CO_2氛围下天然气燃烧数值模拟研究、空气/富氧氛围下C_2H_4扩散火焰温度及碳烟生成光学检测研究、汽油裂解前多组分燃料燃烧数值模拟研究、CO_2捕集驱替油气协同联产地面工艺研究。本书内容理论联系实际，主题鲜明，结构紧凑，内容丰富，对推动我国油气燃烧理论及检测技术的发展以及降低CO_2及其他燃烧污染物排放具有一定的科学意义和应用参考价值。

本书适合油气储运工程、石油与天然气工程、动力工程及工程热物理等高等院校相关学科的教师、研究生、本科生使用，也可作为该领域科研人员和工程技术人员的参考用书。

图书在版编目(CIP)数据

CO_2氛围下油气燃烧数值模拟方法与光学检测技术/张引弟著. —北京：科学出版社，2022.4.4

ISBN 978-7-03-071963-8

Ⅰ. ①C… Ⅱ. ①张… Ⅲ. ①燃烧-数值模拟-模拟方法 ②燃烧-光学检验 Ⅳ. ①TQ038.1

中国版本图书馆CIP数据核字（2022）第048069号

责任编辑：吕燕新 李 海 杨 昕 / 责任校对：王万红
责任印制：吕春珉 / 封面设计：东方人华平面设计部

科学出版社出版
北京东黄城根北街16号
邮政编码：100717
http://www.sciencep.com
北京中科印刷有限公司印刷
科学出版社发行 各地新华书店经销
*
2022年4月第 一 版 开本：B5（720×1000）
2022年4月第一次印刷 印张：12 3/4
字数：257 000

定价：155.00元

（如有印装质量问题，我社负责调换〈中科〉）
销售部电话 010-62136230 编辑部电话 010-62135397-2032

序

当今，石油和天然气是世界占比最高的主体能源，关系一个国家的能源安全与经济社会发展、稳定。然而，油气燃烧排放的二氧化碳（CO_2）、碳烟和酸性气体等污染物加剧了能源环境问题，备受国际社会关注。提高燃烧效率与 CO_2、碳烟排放协同控制，已成为石油石化行业可持续发展面临的严峻挑战，也是亟待攻关的重大课题。《CO_2 氛围下油气燃烧数值模拟方法与光学检测技术》一书紧跟国际前沿，系统总结了张引弟教授十多年的相关研究成果，这些成果获得了两个国家自然科学基金项目和一个中石油科技创新基金项目的资助，是一部具有交叉学科特点的学术专著，涉及光电图像处理、辐射传热、化学动力学、燃烧数值模拟及光学检测等学科专业知识，主题鲜明，结构紧凑，内容丰富，注重理论联系实际，对推动我国油气燃烧理论及光学检测技术的发展以及降低燃烧污染物排放具有一定的科学意义和应用参考价值。

该书适合石油与天然气工程（含油气储运）、动力工程与工程热物理等相关学科领域的高等院校师生阅读，也可以作为该领域科研人员和工程技术人员的参考书。

鉴于《CO_2 氛围下油气燃烧数值模拟方法与光学检测技术》一书的研究成果和学术贡献，特向读者推荐该专著。希望该书的出版发行，能对石油与天然气工程（含油气储运）、动力工程与工程热物理相关领域的教学科研、工程实践有所裨益。

中国科学院院士
中国石油大学（北京）教授

2021 年 9 月

前　言

石油与天然气（简称油气）是世界经济的命脉，石油与天然气工业更关系着国家能源安全与发展战略。2020 年 6 月，BP 发布了《BP 世界能源统计年鉴 2020》，对 2019 年新冠肺炎疫情肆虐前的全球能源市场进行分析与盘点时指出："全球一次能源消费增速减缓至 1.3%，天然气消费量同比增长了 2%，石油消费量同比日均增加了 90 万桶，可再生能源保持着强劲增长的态势。与此同时，碳排放持续增长，凸显了全球实现净零排放目标所面临的巨大挑战。"

随着全球油气消费需求的增加，油气燃烧排放的二氧化碳（CO_2）、碳烟（soot）和酸性气体（NO_x，SO_x）等污染物，导致严重的气候问题出现，危害人类健康，给社会造成重大经济损失。CO_2 和碳烟排放目前被认为是全球变暖和产生雾霾的重要因素。CO_2 是化石燃料燃烧排放的最终产物之一，对燃烧烟气中 CO_2 的捕集、利用与封存（carbon capture，utilization and storage，CCUS），成为短期应对温室效应最直接的途径。碳烟是化石燃料未完全燃烧产生的主要颗粒物，是被浪费的燃料化学能，会导致燃料发热量利用率降低、成本增加。然而，我国在今后很长一段时间内对常规化石燃料的依赖还不能改变，尤其是随着交通运输和工业燃油数量的增加，我国对油气资源的需求会持续增长。为了降低油气需求日益增长和燃烧污染物排放对人类健康的危害和气候环境的影响，相关的排放法规愈发严格，而大多数油气生产企业濒临海洋和人类居住区域，油气燃烧排放的 CO_2 和碳烟引发的环境保护与生态压力逐渐凸显，提高燃烧效率、CO_2 与碳烟排放协同控制已成为石油产业增储上产并可持续发展的挑战，是全民关注的焦点和迫切需要攻关的重大课题。

在减少碳烟排放和提高燃烧效率的研究中，燃烧氛围的改变对燃烧特性的影响成为热点。燃烧氛围的改变可看作向燃料或氧化剂中加入添加剂，富氧燃烧技术也称 O_2 / CO_2 烟气再循环燃烧技术，相当于在燃烧过程中向氧化剂中添加 CO_2 的同时提高 O_2 含量，最终燃烧产物中可获得浓度高达 90%的 CO_2。CO_2 可作为一种高效驱油剂注入地层，在提高原油采收率的同时永久封存。因此，研究 O_2 / CO_2 氛围下油气燃烧碳烟生成机理及影响因素，对充分理解油气燃烧碳烟生成的物理化学演化机理有重要的科学价值，对有效降低雾霾形成、改善环境质量有重要意义，同时还能捕集 CO_2 驱油对其回收利用，在产生经济效益的同时也在地层永久封存 CO_2，变废为宝，协同 CO_2 与碳烟排放控制。

本书作者作为项目负责人于2012年获得华中科技大学煤燃烧国家重点实验室开放基金项目资助（项目名称：煤及碳氢燃料燃烧过程中碳烟颗粒物（soot）的形貌、成分及形成机制研究，项目编号：FSKLCC1210)；2014年获得国家自然科学基金青年基金项目资助（项目名称：CO_2氛围下煤及碳氢燃料燃烧碳烟颗粒物（soot）的形成机制研究，项目编号：51306022)；2014年获得湖北省自然科学基金项目资助（项目名称：CO_2氛围下煤粉火焰挥发分中碳烟颗粒物（soot）的形成机制研究，项目编号：2013CFB398)，对常规氛围和O_2/CO_2氛围下碳氢燃料燃烧过程中碳烟生成及其中间体的转化行为、燃烧烟气CO_2分离工艺流程进行了探讨和研究；2015年获得中石油科技创新基金项目资助（项目名称：稠油热采地面注汽锅炉热能高效利用及CO_2捕集驱油联产技术研究，项目编号：2015D-5006-0603)，对CO_2氛围下燃烧烟气中CO_2捕集、分离及驱油联产技术地面工艺流程进行了研究；2019年获得国家自然科学基金项目资助（项目名称：油气/水蒸气扩散火焰碳烟生成化学动力学与作用机理研究，项目编号：51974033)。在即将开始新的研究课题之前，对之前的研究工作进行梳理及系统性总结，以期为今后新课题的研究打好基础、找准方向，也希望能为国内外同行进一步深入研究此方向提供参考。

本书是一部多学科交叉的学术专著，包含流体力学、传热学、工程热力学及燃烧化学动力学等基础知识的交叉，并涉及光电图像处理、辐射传热、逆问题求解、化学动力学、数值分析、燃烧数值模拟及光学检测等专业知识。全书内容深入浅出，重点对新原理、新方法进行阐述，既有理论上严谨的求证，又包含解决问题所采取的合理简化；既包含知识的表述，又强调知识的有效利用和科学的研究方法。

在本书的撰写过程中，Emmanuel Adu、李姗、汪蝶、胡多多、刘畅、任昕参与的部分研究工作构成了本书的部分素材，王珂、吕国政、卓柯、刘梅梅、王城景和刘畅参与了本书的资料搜集、整理及初稿的准备工作，辛玥承担了本书部分章节的编辑工作。在研究工作开展过程中，得到了长江大学石油工程学院历届领导、教职员工和油气储运工程系老师的支持和帮助。在此向他们表示衷心的感谢。

本书虽经多次审稿、修改，但由于作者水平有限，不妥及疏漏之处仍在所难免，恳请广大读者批评斧正。

张引弟

2021年8月28日于武汉

目录

第 1 章　绪论 …… 1

1.1　研究背景 …… 1
1.2　富氧燃烧（O_2 / CO_2 燃烧）技术原理及燃烧特性 …… 5
1.3　O_2 / CO_2 燃烧国内外研究现状 …… 8
1.4　本书主要内容 …… 9
参考文献 …… 10

第 2 章　油气燃烧碳烟生成数值模拟及光学检测原理与方法 …… 12

2.1　油气燃烧数值模拟方法 …… 12
2.1.1　计算流体力学（CFD）及其模拟方法 …… 12
2.1.2　CFD 软件的数学模型 …… 13
2.1.3　CFD 求解过程 …… 13
2.2　CFD 数值模拟程序与常见软件 …… 14
2.2.1　CFD 常见模拟软件 …… 14
2.2.2　燃烧数值模拟流程 …… 15
2.3　控制方程及计算模型 …… 16
2.3.1　流动控制方程 …… 16
2.3.2　湍流流动模型 …… 17
2.3.3　湍流燃烧模型 …… 17
2.3.4　辐射传热模型 …… 18
2.3.5　污染物生成模型 …… 19
2.4　2D 火焰程序结构及模拟方法 …… 21
2.4.1　2D 火焰程序结构 …… 21
2.4.2　控制方程及模拟方法 …… 22
2.5　油气燃烧光学检测原理及方法 …… 25
2.5.1　图像测量可视化测试方法 …… 25
2.5.2　碳烟生成激光诱导炽光法检测原理及方法 …… 26
2.6　本章小结 …… 27
参考文献 …… 27

第 3 章 常规氛围下 C_2H_4 预混火焰碳烟生成动力学模拟研究 …… 29

3.1 一维预混火焰及耦合反应器碳烟生成动力学模拟研究 …… 29

3.1.1 碳烟动力学发展现状 …… 29

3.1.2 化学反应器模型及控制方程 …… 31

3.1.3 C_2H_4 预混火焰中碳烟前驱物生成的特征 …… 37

3.1.4 射流搅拌反应器 / 活塞流反应器耦合反应器中 C_2H_4 氧化碳烟生成的转化行为 …… 45

3.2 C_2H_4 氧化化学反应动力学模型的简化 …… 57

3.2.1 动力学模型简化概述 …… 57

3.2.2 化学反应机理的简化方法 …… 58

3.2.3 GRI-Mech 3.0 化学反应机理的简化 …… 60

3.2.4 简化模型的测试与验证 …… 66

3.3 本章小结 …… 69

参考文献 …… 70

第 4 章 CO_2 氛围下 C_2H_4 扩散火焰碳烟生成数值模拟研究 …… 73

4.1 基于简化动力学模型的二维扩散火焰数值模拟 …… 73

4.1.1 碳烟生成机理与模型研究 …… 74

4.1.2 简化的动力学模型与 CFD 代码的耦合 …… 81

4.1.3 C_2H_4 / 空气扩散火焰温度及碳烟体积分数的数值模拟 …… 81

4.2 CO_2 氛围下 C_2H_4 燃烧数值模拟 …… 83

4.2.1 几何模型 …… 83

4.2.2 计算结果分析 …… 85

4.3 数值模拟与实验检测结果比较 …… 86

4.3.1 C_2H_4 层流扩散火焰特征 …… 86

4.3.2 C_2H_4 燃烧实验检测温度分布特征 …… 87

4.3.3 火焰温度和碳烟体积分数测量与数值模拟的比较 …… 89

4.4 本章小结 …… 91

参考文献 …… 91

第 5 章 O_2 / CO_2 氛围下天然气燃烧数值模拟研究 …… 94

5.1 天然气扩散燃烧数值模拟 …… 94

5.1.1 模型的建立 …… 94

5.1.2 边界条件及数值求解条件设置 …… 95

5.1.3 模拟工况设计 …… 96
5.1.4 流场分布特征及分析 …… 96
5.1.5 组分分布特征及分析 …… 98
5.1.6 污染物排放特性及分析 …… 100
5.2 O_2 / CO_2 氛围下天然气锅炉燃烧特性影响因素研究 …… 104
5.2.1 研究对象概况 …… 104
5.2.2 预热温度对 O_2 / CO_2 燃烧特性的影响 …… 104
5.3 本章小结 …… 108
参考文献 …… 108

第 6 章 空气／富氧氛围下 C_2H_4 扩散火焰温度及碳烟生成光学检测研究 …… 109

6.1 空气氛围下 C_2H_4 火焰温度与碳烟体积分数图像检测 …… 109
6.1.1 实验测量理论与方法 …… 109
6.1.2 图像检测结果分析与数值模拟结果比较 …… 114
6.2 激光诱导炽光法测量富氧火焰碳烟体积分数和粒径 …… 116
6.2.1 实验测量原理及方法 …… 116
6.2.2 实验装置及方案 …… 120
6.2.3 结果和讨论 …… 122
6.3 发射 CT 图像检测研究 …… 137
6.3.1 实验系统及主要实验设备 …… 137
6.3.2 实验步骤及工况 …… 140
6.3.3 实验结果分析 …… 141
6.4 本章小结 …… 153
参考文献 …… 154

第 7 章 汽油裂解前多组分燃料燃烧数值模拟研究 …… 156

7.1 汽油裂解前多组分燃料燃烧研究现状 …… 156
7.2 多组分燃料燃烧碳烟排放研究 …… 157
7.3 本章小结 …… 163
参考文献 …… 164

第 8 章 CO_2 捕集驱替油气协同联产地面工艺研究 …… 165

8.1 O_2 / H_2O 氛围下 CH_4 燃烧与置换天然气水合物联产方案 …… 165
8.1.1 数值模拟方法及边界条件 …… 166

8.1.2 模型验证……168
8.1.3 模拟结果与分析……169
8.1.4 O_2 / H_2O 氛围下 CH_4 燃烧置换天然气水合物技术方案……179
8.2 O_2 / CO_2 氛围下水蒸气预混 CH_4 燃烧特性与烟气余热梯级利用方案……180
8.2.1 数值模拟方法及边界条件……180
8.2.2 模拟结果与分析……184
8.2.3 O_2 / CO_2 氛围下水蒸气预混 CH_4 燃烧与烟气余热梯级利用方案……190
8.3 本章小结……191
参考文献……192

第1章

绪　论

1.1 研究背景

人类的各种生产活动都与能量密切相关，化石燃料的燃烧为现代社会提供了主要的能源来源。然而，石油与天然气（简称油气）作为主要的化石燃料，其燃烧排放的污染物造成了加速全球变暖、危害人类健康及引起重大经济损失等严重问题。油气燃烧排放的污染物有氮氧化物（NO_x）、硫氧化物（SO_x）、挥发性有机化合物（VOC）、碳氧化物（CO、CO_2）、多环芳烃（polycyclic aromatic hydrocarbons，PAHs）、碳烟颗粒物（soot）以及粉尘等众多大气污染物[1]，这些污染物的排放不但降低了燃烧设备的燃烧效率，破坏了人类赖以生存的生态环境，而且碳烟是化石燃料燃烧产生的主要颗粒物，与其他来源的细颗粒一起构成了可吸入颗粒物（inhalable particle of 10 μm or less，PM_{10}），危害人类自身健康。相对工业应用方面而言，在锅炉的总热损失中，燃料不完全燃烧是其主要的构成部分。由于碳烟吸收性较强，其对火焰热辐射的影响是不可忽视的[2]。因此，实际燃烧设备中碳烟的排放量可反映该设备的燃烧状况及燃烧效率[3]。另外，碳烟直接撞击涡轮后黏附在涡轮叶片上可引起叶片点蚀[4]。

碳烟一般是细颗粒物（particulate matter 2.5，$PM_{2.5}$），通过人体呼吸系统沉积在肺中，大量碳烟的吸入不仅对人体呼吸系统造成致命伤害[5-6]，而且附着在碳烟表面的 PAHs 可引起诱变和致癌[7]。致癌、致畸和致突变统称“三致”，是碳烟对人体健康损害的主要形式。病理学的统计数据显示，频繁与颗粒物接触的人患肺癌的概率比普通人高 20%～50%。其原因在于这些颗粒物具有较强的吸附性，可携带大量的有毒痕量元素，特别是可进入肺泡的直径为 0.01～0.1μm 的碳烟颗粒，由于其具有较大的比表面积，通常捕集各种重金属元素（如As、Se、Pb、Cr等）和PAHs、多氯代二苯并-对-二噁英类化合物（PCDDs）等有机污染物，这些多为致癌物质和基因毒性诱变物质，危害极大[1,5]。另外，碳烟还能促进光化烟雾和酸雨的形成，通过消光效应污染大气环境，从而降低其能见度。发生在1952年的伦敦烟雾事件及1955年至1960年间发生在美国洛杉矶的光化学烟雾事件，就是碳烟引起大气污染事件的代表，这几起事件造成了严重的人员伤亡和经济损失。在火灾蔓延过程中，碳烟的连续释放会增大灭火救灾的难度，主要原因是碳烟能促进火焰燃烧，并且碳烟团聚后会遮挡视线[8]。碳烟悬浮在大气中的能力很强，一般在一个月左右，其表面的漫反射特性会使冰川吸收更多太阳光，加速冰川融化，其光学特性还会造成温室效应，影响天气甚至气候[9]。

随着我国GDP的增长，能源作为经济的命脉，其需求在不断增长，尤其是汽车数量的剧增和电厂装机容量的迅猛发展，由海上油气开采平台、集输联合站以及油气加工厂产生的碳烟数量也逐年增多（图1-1）。多种致病大气污染物，如NO_x、SO_x、VOC和碳烟等排放量超标，我国经济和社会发展面临巨大的资源和环境压力。因此，提高燃料燃烧效率和降低污染物排放是目前节能减排工作的当务之急，也是新时期科学研究的基本任务。

图1-1 海上油气开采平台、油气加工厂与集输联合站燃烧排放的黑烟

有效地控制碳烟的排放，需要深入理解碳烟生成的各种燃烧现象和详细的形成过程。因此，需要结合各种针对碳烟生成的检测技术和研究方法来实现这一目标。当前，各种燃烧诊断技术，如激光检测技术、图像处理技术、取样分析技术及信息处理技术都得到了发展和应用。作为燃烧诊断技术的有效补充的另一个研究分支——燃烧数值模拟技术，也已成为现代工业装置高效、低污染研发和设计的工具。

数值模拟是替代耗资巨大的流体力学实验设备及因特殊应用条件无法进行现场实验而进行的计算机模拟实验，可以获得相对于实验研究更为详细的信息，并将这些信息以动画的方式演示。数值模拟是燃烧学发展的重要分支。燃烧学的发展已有300多年历史，其起源于1772年拉瓦锡提出的氧化说，发展至19世纪确立了化学当量的概念，同时，吉布斯通过热力学对化学平衡方面的研究奠定了化学热力学的基础。直到20世纪中期，刘易斯和谢苗诺夫等创建了燃烧化学动力学，他们采用了将链式反应理论引入燃烧理论的方法。流体力学和热力学的应用及发展早在19世纪就已经开始，燃烧研究是一个涉及流动、反应、热传导和分子输运等因素的复杂过程，是化学和物理学的交叉学科之一。近年来，随着计算机技术的发展和工业应用需求的增加，逐渐形成了以化学动力学为主的燃烧化学和以流体力学及传热、传质为主的燃烧物理学，两者的耦合计算成为当前燃烧研究的热点。

气候变暖与温室气体排放密切相关。目前，全球气候变暖速度正在逐渐加快[10]。预测结果显示，由于温室气体的排放，到2100年，全球平均温度将上升1.4～5.8℃。大气中的各类温室气体中，CO_2含量最高，对温室效应的贡献最大[11]。因此，控制温室气体排放，需要将CO_2作为减排的重点。人类活动包括火力发电、交通运输、工业生产及服务等，这些活动中排放的CO_2是大气中CO_2的主要来源，也是大气中CO_2含量急剧增长的主要原因。图1-2所示为人类活动CO_2排放源分布情况。从图中可以看出，火力发电中的CO_2排放量占总CO_2排放量的40%，这是由于火力发电主要以煤、石油、天然气为能源，通过化石燃料燃烧将热能转换为电能，燃烧过程中会产生大量的CO_2。

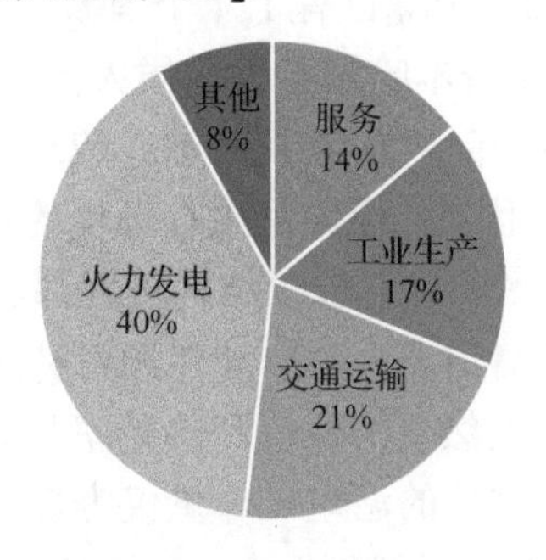

图1-2　人类活动CO_2排放源分布情况

我国是能源消耗大国，特别是现阶段我国正在向工业化和城镇化发展，能源消耗量增大，环境污染问题突出。与全球趋势一致，我国最大的CO_2排放源同样来自化石燃料，化石燃料燃烧排放的CO_2占CO_2排放量的80%左右。与其他国家相比，我国能源消费结构中煤占主导地位，清洁能源特别是天然气使用比重逐年提高。煤燃烧会排放大量NO_x、SO_2、CO_2等污染物，这是我国CO_2排放总量高于世界平均水平的主要原因。

2019年3月，国际能源署发布《全球能源和CO_2现状报告2018》，对全球CO_2排放现状[12]进行了描述。受2018年能源需求上升的推动，全球与能源相关的CO_2排放量增长1.7%，达到33.1吉吨（Gt）的历史新高。2014—2018年全球CO_2排放量的变化如图1-3所示。

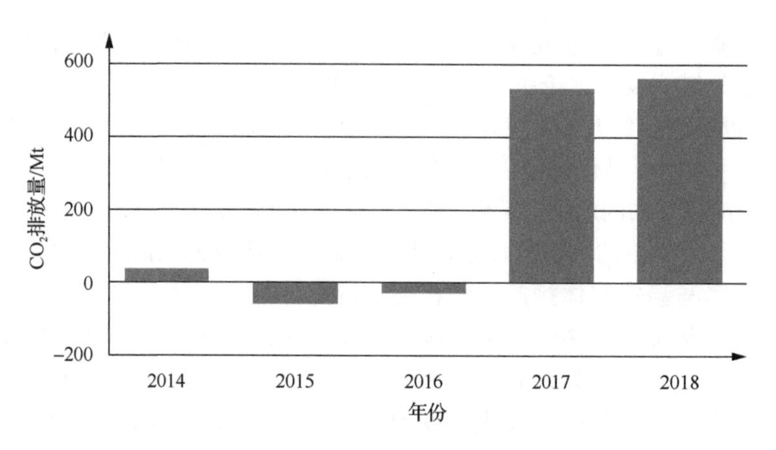

图 1-3 2014—2018 年全球 CO_2 排放量的变化

人类的生产生活离不开化石燃料，随着化石燃料用量的增加，CO_2 也会过量排放，长此以往，将会对全球环境造成恶劣的影响。为了控制温室气体排放，使人类免受气候变暖的威胁，1992 年，联合国大会通过了《联合国气候变化框架公约》，截至 2005 年 8 月 13 日，全球已有 124 个国家和地区签署了《京都议定书》，共同承担 CO_2 减排义务。（在哥本哈根世界气候大会上，我国承诺 2020 年我国单位国内生产总值 CO_2 比 2005 年下降 40%～50%，应对气候变化已经成为我国经济社会发展的重大战略目标。）因此，无论从生存环境的角度还是从国际责任角度来说，加快实施 CO_2 减排新技术和优化能源结构进程都势在必行，严格控制煤消耗，发展天然气和可再生能源等清洁能源是全球能源可持续发展的关键。

相比煤和石油等能源，天然气的热值和热效率具有很强的优越性。天然气是一种优质的清洁能源，燃烧排放的温室气体量仅为煤的 1/2、石油的 2/3。随着世界各国对能源需求的不断增长，天然气作为一种清洁燃料，正日益受到重视，发展天然气工业已成为世界各国改善环境和促进经济可持续发展的最佳选择。表 1-1 所示为常用工业燃料燃烧对大气环境污染程度的影响排序[13]。不同燃料燃烧时，按其对大气环境污染的程度进行排列，所列序号越大，污染程度越严重。从表中可以看出，常见化石燃料中，天然气是最清洁的。天然气中灰分含量、硫含量、氮含量比煤低很多，燃烧排放的烟气中粉尘及有害气体含量极少，燃气锅炉炉膛中的对流管束不会出现燃煤锅炉中的腐蚀和结渣现象，且炉膛容积热强度较高，有助于传热效果加强。燃煤锅炉中的辐射传热主要依靠烟气中的碳烟，而燃气锅炉中辐射传热主要依靠烟气中的大量三原子气体（CO_2、H_2O），其辐射能力较强，排放烟气中携带热量相对较低，显著提高了燃烧热效率[14]。因此，工业中选用天然气作为燃料能够极大地减少污染物的排放量，同时提高能源利用率，在优化能源结构、电源结构、节能环保和应对气候变暖等方面具有明显优势。

表 1-1　常用工业燃料燃烧对大气环境污染程度的影响排序

序号	燃料	序号	燃料
1	天然气	6	焦炭
2	液化石油气	7	低挥发烟煤
3	焦炉煤气	8	重油
4	轻质燃料油	9	高挥发烟煤
5	无烟煤	10	城市垃圾

从国际能源署的统计数据看，目前，全球火力发电所用化石燃料中，煤仍占主导地位，而据能源结构的发展趋势，从经济和环境因素考虑，今后天然气发电比例将逐步增大。我国正在加快发展天然气发电技术，天然气发电规模将逐步扩大。总体来看，我国天然气发电发展态势良好，前景十分可观。

综上所述，一方面，火力发电中采用清洁能源可以从根源上减少温室气体的排放，达到 CO_2 减排目的；另一方面，为了从根本上实现 CO_2 零排放，研究者们提出了 CO_2 分离回收技术，其中的增氧燃烧技术在天然气电厂中已有应用，对缓解温室效应有很好的成效。

目前，新能源如核能、太阳能、风能、地热能等的开发利用越来越广泛，尽管如此，化石燃料在全球能源结构中依旧占有很大比例，清洁能源——天然气也正在大力开采，如何实现化石燃料高效、清洁燃烧依然是当今社会面临的重大技术问题。富氧燃烧技术凭借其燃烧效率高、污染物排放少等优点在工业生产领域有广泛的应用，研究其燃烧特性具有重要意义。

1.2 富氧燃烧（O_2／CO_2 燃烧）技术原理及燃烧特性

富氧燃烧技术又称 O_2 / CO_2 燃烧或空气分离 / 烟气再循环技术，这一技术采用比常规空气 O_2 浓度高的富氧空气进行燃烧，通过调整助燃空气与循环烟气的比例控制 O_2 / CO_2 配比，以适应不同的燃烧要求。O_2 / CO_2 燃烧及 CO_2 捕集驱油技术原理示意图如图 1-4 所示（以重油燃烧为例）。

用高纯氧替代助燃空气并对 O_2 分级供给，同时辅以烟气循环燃烧技术对助燃 O_2 和燃料用烟气余热进行预热，预热有两个目的：一是利用烟气余热达到节能的目标；二是对燃料加热，加快蒸发和混合，强化燃烧。预热后的 O_2 按照一定的比例与循环回来的部分锅炉尾部烟气混合送入主燃区。锅炉尾部排出的高浓度 CO_2 烟气产物，经除尘和脱硫处理后，再压缩和纯化，最终得到高纯 CO_2 输送至油田驱油系统驱油。过程中收集的 N_2 可强化采油，收集的硫可回收出售。该技术不仅可以实现燃油燃气锅炉燃烧节能减排，还能与石油开采技术相耦合，提高采收率，并实现石油的绿色开发及 CO_2 的永久封存。

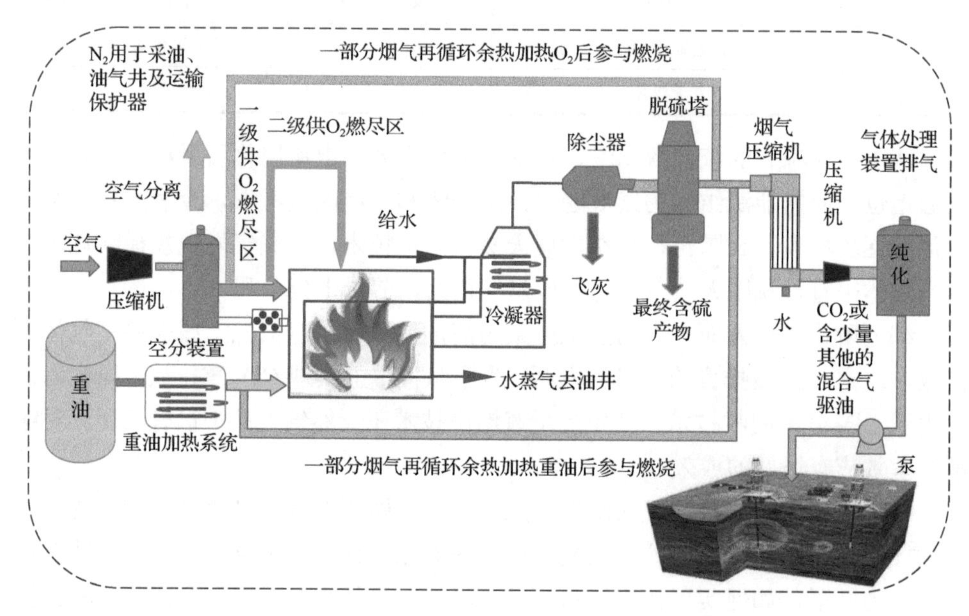

图 1-4 O_2 / CO_2 燃烧及 CO_2 捕集驱油技术原理示意图

常规燃烧氛围下，空气中 O_2 体积分数约占 21%，N_2 体积分数约占 79%，这一特性导致常规燃烧中 N_2 浓度很高且烟气中 CO_2 浓度较低，不利于 CO_2 的捕集回收，而 O_2 / CO_2 燃烧技术中用燃烧生成的 CO_2 代替空气中的 N_2，循环使用，再加入纯氧作为助燃介质，可以显著提高燃烧产物中 CO_2 浓度（95%以上），无须对烟气进行 CO_2 分离处理，压缩冷凝后即可回收，消除了燃烧过程中 CO_2 排放，提高了 CO_2 捕集效率，降低了 CO_2 回收费用，实现了对 CO_2、SO_x、NO_x 以及其他燃烧污染物的协同控制。另外，O_2 / CO_2 燃烧技术可以大幅提高锅炉热效率。常规燃烧中相对惰性的气体 N_2 并不参与燃烧，与空气同时进入燃烧室的 N_2 被加热后随烟气排出，带走了大量的热，降低了锅炉热效率。相关研究表明，排烟温度在 450℃左右时，N_2 携带热量损失将达到 71%，而 O_2 / CO_2 燃烧技术中 O_2 浓度升高以及部分烟气用于循环，锅炉排烟量较常规空气燃烧大为减少，从而有效减少燃烧烟气中携带的热量。同时，烟气中含有大量 CO_2 和 H_2O 等三原子气体，增强了烟气的辐射传热，CO_2 的热容高于 N_2，对流换热系数也相应提高，使锅炉总传热系数提高，在工程设计中可以适当减小辐射换热及对流换热设备的换热面积，有效减少建设费用。

与常规空气燃烧相比，助燃气体中O_2浓度的增加，燃烧特性及理论所需的空气量均发生了变化，其燃烧过程有以下特点。

1）热传导、对流换热和辐射传热是三种基础的传热过程，而在燃气燃烧设备中，辐射换热是最主要的传热方式。煤与天然气燃烧中具有辐射能力的产物主要是三原子气体、多原子气体和游离碳，双原子气体辐射能力微弱。因此常规空气燃烧产物中，无辐射能力的N_2所占比例很高，烟气的辐射换热不强烈。O_2 / CO_2燃烧中因N_2浓度降低，排烟量显著减少，火焰温度和烟气黑度有显著提升，大大强化了火焰辐射换热过程。

2）由于助燃气体中N_2浓度较低，采用O_2 / CO_2燃烧可以加快火焰传播速度。研究结果显示，燃料在空气中的燃烧速度与在纯氧中的燃烧速度有较大差异，如C_2H_2在空气中的燃烧速度为150cm/s左右，而在纯氧中的燃烧速度可达到1000cm/s。由此可见，O_2 / CO_2燃烧技术中O_2浓度的升高能够加快燃烧速度，提高燃烧火焰温度，促进燃烧反应完全[15]。

3）燃料在不同的燃烧环境中燃点不同。燃点越低，燃烧时间越短，燃烧越剧烈，释放热量越高。表1-2给出了几种常见气体燃料在空气和纯氧中的燃点。从表中可以看出，不同燃料在空气环境下的燃点均高于纯氧环境中的燃点，天然气在空气中的燃点为632℃，在纯氧中仅为556℃。根据这一研究结果，日本三菱公司在垃圾焚烧炉中采用了O_2 / CO_2燃烧技术，降低燃点，提高燃烧效率。

表1-2　常见气体燃料的燃点　　（单位：℃）

燃料	空气（21% O_2）	纯氧（100% O_2）
H_2	572	560
天然气	632	556
C_3H_8	493	468
CH_4	408	283
CO	609	388

4）随着燃烧中氧指数的增大，烟气温度升高，当烟气与低温介质接触时将释放大量分解热，从而增强换热传热效果。

5）O_2 / CO_2燃烧中氧指数较大，增加了燃料与O_2的接触面积，有利于燃料与O_2的混合，促进燃料的充分燃烧，减少燃烧所需的空气量，降低过量空气系数。同时，由于常规助燃空气中未参与燃烧反应的N_2浓度占4/5，而O_2 / CO_2燃烧中随着氧指数的增大，排放烟气中N_2浓度降低，整体排烟量减少。研究表明，过量空气系数为 1 时，27%的氧指数下空气燃烧产生的排烟量比 21%的氧指数下空气燃烧产生的排烟量减少近 20%，排烟热损失也显著降低。

6）由于助燃气体中的 N_2 浓度降低，采用 O_2 / CO_2 燃烧可以有效减少助燃气体中 N_2 的 NO_x 生成量。随着氧指数的增大，O_2 分压增大，火焰温度升高，热力型 NO_x 生成量增加，随着氧指数的继续增大接近至纯氧，N_2 浓度显著降低，NO_x 排放量迅速降低。因此，燃烧中 NO_x 生成量呈先增大后减小的变化趋势。

1.3 O_2 / CO_2 燃烧国内外研究现状

20 世纪 80 年代末 Horn 和 Steinberg[16]提出了 O_2 / CO_2 燃烧技术，基于减少温室气体排放量的考虑，人们对这项技术的兴趣不断增强，许多国家投入巨资展开了相关技术的研发工作。研究发现，用 CO_2 替代 N_2 燃烧环境后，燃料燃烧特性变化较大。O_2 / CO_2 燃烧技术的研究目前主要依靠实验室台架、中试台架以及数值模拟软件展开，研究内容主要包括燃烧机理、燃烧特性、污染物生成和排放特性、工业应用基础和中试研究等，主要研究成果如下。

Glarborg 和 Bentzen[17]利用 Chemkin 软件模拟研究了富氧燃烧条件下高浓度 CO_2 对燃料均相氧化过程的影响。结果显示，靠近燃烧器区域有大量 CO 生成，这是由于大量 CO_2 与 O_2 竞争活性 H 原子，导致燃烧反应中 OH 自由基的生成减少、CO 的生成增加。刘彦[18]根据煤粉热重实验结果了解到，随着燃烧氛围中氧指数的增大，煤焦着火点降低，缩短了燃烧时间，对燃烧性能有一定改善。O_2 / CO_2 燃烧机理研究对控制燃烧特性具有重要意义。

实验研究发现，富氧燃烧方式下火焰出现分层，分为黄色热解区和蓝色氧化区。Beltrame 等[19]发现氧指数为 28%时，能够大大减少燃气量，且氧指数较高时，燃烧强度大，火焰长度缩短，火焰更明亮；纯氧燃烧时，熄火拉伸率至少增加 2 倍。Kiga 等[20]、Okazaki 和 Ando[21]通过高 CO_2 浓度下煤粉着火特性实验研究发现，由于 CO_2 热容较高，火焰着火延迟，相同氧指数下 O_2 / CO_2 氛围中煤粉火焰的传播速度低于空气中的传播速度，且随着氧指数的增加，速度差距越来越明显。Liu 等[22]利用 Chemkin 软件模拟了 CH_4 在 O_2 / CO_2 氛围下的燃烧过程。研究表明，传统燃烧与 O_2 / CO_2 燃烧过程的火焰传播速度差别较大，这是由于助燃气体中 CO_2 与 N_2 物性参数的不同且 CO_2 会参与燃烧反应。Konnov 等[23]对气体燃料燃烧的火焰传播速度进行了实验研究，选取工况为 CH_4 / O_2 / CO_2 混合气与 C_2H_6 / O_2 / CO_2 混合气，氧指数分别为 26%、29%、31.55%、35%，化学当量比分别为 0.8、

0.9、1、1.1、1.2、1.3、1.4 时的火焰传播速度。结果表明，火焰传播速度随着氧指数的增大而增大，相同氧指数下当化学当量比为 1～1.1 时火焰传播速度最大。Kishore 等[24]以 CO_2、N_2、Ar 作为稀释剂，利用热通量法研究了三种稀释氛围下 H_2 / O_2 混合气燃烧火焰传播速度。研究表明，火焰传播速度在 Ar 中最大、CO_2 中最低；采用同种稀释剂条件下化学当量比为 1.2 时，火焰传播的速度最大。

Cheng 等[25]对富氧燃烧层流同轴射流火焰进行了研究，发现随着氧指数的增大，火焰由黄色变成了明亮的白色，高度降低，径向尺寸变宽。赵黛青等[26]通过 CH_4 富氧燃烧实验得出，随着氧指数的增大，扩散火焰分层现象明显，同时蓝色火焰变厚。分析表明，火焰发生变化主要是由˙H、˙OH 等自由基的反应引起的。Kishimoto 等[27]研究发现随着氧指数的增大，火焰完全燃烧区出现了明显的分层，扩散火焰中两个发热峰之间的区别更加明显。钟孝蛟等[28]利用 Chemkin 软件模拟计算了 O_2 / CO_2、O_2 / N_2、O_2 / CO_2 / Ar 三种氛围下直链烷烃燃烧的火焰传播速度。计算结果表明，在相同条件下，CH_4 在 O_2 / CO_2 氛围中燃烧火焰传播速度约为 O_2 / N_2 氛围下燃烧火焰传播速度的 1/18，CH_3CH_3 约为 1/7。这是由于 CO_2 吸收大量的热量导致火焰温度降低，从而降低了火焰传播速度。

以上这些研究表明，与普通空气燃烧相比，O_2 / CO_2 燃烧具有提高火焰温度，加速和促进完全燃烧，提高热效率等特点。

Santoro 等[29]研究发现，在相同的氧指数下，O_2 / N_2 氛围下的煤粉燃烧火焰温度低于 O_2 / CO_2 氛围下火焰温度。Tan 等[30]、Andersson 和 Johnsson[31]分别进行了富氧燃烧半工业实验，结果显示，气体燃料在 30% O_2 / 70% CO_2 中燃烧火焰温度分布与在 21% O_2 / 79% N_2 中燃烧火焰温度分布一致。Bejarano 和 Levendis[32]通过数值模拟发现气体燃料在 O_2 / CO_2 氛围下燃烧绝热温度低于 O_2 / N_2 氛围，且气体燃料在 45%O_2 / 55%CO_2 中燃烧绝热温度与在 20%O_2 / 80% N_2 中燃烧绝热温度一致。

Wu 等[33]发现氧指数越大，燃烧火焰温度越高，对流系数随着氧指数的增大发生改变。现有研究结果表明，CO_2 高比热是造成火焰温度降低的主要因素。

1.4 本书主要内容

本书从基础理论出发，系统地总结了作者十多年来的相关研究工作，以及国内外同行的研究工作，阐述了 O_2 / CO_2 氛围下油气燃烧数值模拟、检测及驱油地面工艺研究的基本概念和最新技术。本书共 8 章，第 1 章介绍燃烧机理与燃烧污染物的国内外研究现状。第 2 章侧重于油气燃烧碳烟生成数值模拟及光学检测原理与方法。第 3 章讲述常规氛围下 C_2H_4 预混火焰碳烟颗粒及前驱物生成的化学动力学模拟结果。第 4 章讲述 CO_2 氛围下 C_2H_4 扩散火焰碳烟颗粒物生成数值模拟研究。第 5 章讲述 O_2 / CO_2 氛围下天然气燃烧数值模拟研究。第 6 章讲述空气 / 富氧氛围下 C_2H_4 扩散火焰温度及碳烟生成光学检测研究。第 7 章介绍汽油裂解前多组分燃料燃烧数值模拟研究。第 8 章讲述油气富氧燃烧 CO_2 捕集驱油地面工艺研究结果，介绍燃烧数值模拟与检测技术的发展新方向。

参 考 文 献

[1] 张引弟. 乙烯火焰反应动力学简化模型及烟黑生成模拟研究[D]. 武汉: 华中科技大学, 2011: 4-5.

[2] 郑楚光. 弥散介质的光学特性及辐射传热[M]. 武汉: 华中理工大学出版社, 1996.

[3] HAYNES B S, WAGNER H G. Soot formation[J]. Progress in Energy and Combustion Science, 1981, 7(4): 229-273.

[4] TAMBOUR Y, KHOSID S. On the stability of the process of formation of combustion-generated particles by coagulation and simultaneous shrinkage due to particle oxidation[J]. International Journal of Engineering Science, 1995, 33(5): 667-687.

[5] ZHANG Y D, LIU F S, CLAVEL D, et al. Measurement of soot volume fraction and primary particle diameter in oxygen enriched ethylene diffusion flames using the laser-induced incandescence technique[J]. Energy, 2019, 177: 421-432.

[6] ZHANG Y D, LIU F S, LOU C. Experimental and numerical investigations of soot formation in laminar coflow ethylene flames burning in O_2/N_2 and O_2/CO_2 atmospheres at different O_2 mole fractions[J]. Energy & Fuels, 2018, 32: 6252-6263.

[7] ADU E, ZHANG Y D, LIU D H. Current situation of carbon dioxide capture, storage and enhanced oil recovery in the oil and gas industry[J]. The Canadian Journal of Chemical Engineering, 2019, 97(5): 1033-1236.

[8] BROOKES S J, MOSS J B. Measurements of soot production and thermal radiation from confined turbulent jet diffusion flames of methane[J]. Combustion & Flame, 1999, 116(1-2): 49-61.

[9] DICKERSON R R, KONDRAGUNTA S, STENCHIKOV G, et al. The impact of aerosols on solar ultraviolet radiation and photochemical smog[J]. Science, 1997, 278(5339): 827-830.

[10] BUHRE B J P, ELLIOTT L K, SHENG C D, et al. Oxy-fuel combustion technology for coal-fired power generation[J]. Progress in Energy and Combustion Science. 2005, 31(4): 283-307.

[11] 张引弟, 胡多多, 刘畅, 等. 石油石化行业 CO_2 捕集、利用和封存技术的研究进展[J]. 油气储运, 2017, 36(6): 636-645.

[12] 吴璇. 2018 年全球 CO_2 现状报告[J]. 石油石化节能与减排, 2019, 4(3): 70.

[13] 张慧明, 王娟. 采用清洁燃料控制燃煤工业锅炉 SO_2 污染——中国燃煤工业锅炉 SO_2 污染综合防治对策(二)[J]. 电力环境保护, 2004(4): 38-42.

[14] LALOVIĆ MILISAV, RADOVIĆ ŽARKO, LALOVIĆ MIRJANA M, et al. The effect of oxygen enrichment of combustion air on the amount and chemical composition of combustion products[J]. Thermal Science, 2013, 17(1): 241-254.

[15] 张黎立. 富氧助燃对天然气/汽油双燃料发动机动力性能与排放性能影响实验研究[D]. 重庆: 重庆大学, 2006.

[16] HORN F L, STEINBERG M. Control of carbon dioxide emissions from a power plant (and use in enhanced oil recovery)[J]. Fuel, 1982, 61(5): 415-422.

[17] GLARBORG P, BENTZEN L. Chemical effects of a high CO_2 concentration in oxy-fuel combustion of methane[J]. Energy and Fuels, 2008, 22: 291-296.

[18] 刘彦. O_2/CO_2 煤粉燃烧脱硫及 NO 生成特性实验和理论研究[D]. 杭州: 浙江大学, 2004.

[19] BELTRAME A, PORSHNEV P, MERCHAN-MERCHAN W, et al. Soot and NO formation in methane-oxygen enriched diffusion flames[J]. Combustion and Flame, 2001, 124: 295-310.

[20] KIGA T, TAKANO S, KIMURA N. Characteristics of pulverized-coal combustion in the system of oxygen/recycled fuel gas combustion[J]. Energy Conversion & Management, 1997, 38: 129-134.

[21] OKAZAKI K, ANDO T. NO_x reduction mechanism in coal combustion with recycled CO_2[J]. Energy, 1997, 22(2-3): 207-215.

[22] LIU F S, GUO H S, SMALLWOOD G J. The chemical effect of CO_2 replacement of N_2 in air on the burning velocity of CH_4 and H_2 premixed flames[J]. Combustion and Flame, 2003, 133(4): 495-497.

[23] KONNOV A A, DYAKOV I V. Measurement of propagation speeds in adiabatic flat and cellular premixed flames of $C_2H_6/O_2/CO_2$[J]. Combustion and Flame, 2004, 136: 371-376.

[24] KISHORE V R, MUCHAHARY R, RAY A, et al. Adiabatic burning velocity of H_2/O_2 mixtures diluted with $CO_2/N_2/Ar$[J]. International Journal of Hydrogen Energy, 2009, 34(19): 8378-8388.

[25] CHENG Z, PITZ R W, SMOOKE M D. Oxygen-enhanced high temperature laminar coflow flames[J]. Aiaa Journal, 2013.

[26] 赵黛青, 杨浩林, 鲁冠军, 等. 甲烷/富氧扩散火焰燃烧区域的分层特性研究[J]. 工程热物理学报, 2006, 27(增刊 2): 131-134.

[27] KISHIMOTO M, ZHAO D, YAMASHITA H. Flame structure and NO_x formation of counterflow flame using oxygen-enriched air[J]. Transactions of the Japan Society of Mechanical Engineers, 2002, 68(669): 1578-1585.

[28] 钟孝蛟, 刘豪, 赵然, 等. O_2/CO_2 气氛下火焰传播速度影响因素分析[J]. 中国电机工程学报, 2011, 31(23): 54-60.

[29] SANTORO L, VACCARO S, ALDI A, et al. Fly ashes reactivity in relation to coal combustion under flue gas recycling conditions[J]. Thermochemica Acta, 1997, 29691: 67-74.

[30] TAN Y, DOUGLAS M A, THAMBIMUTHU K V, et al. CO_2 capture using oxygen enhanced combustion strategies for natural gas power plants[J]. Fuel, 2002, 81(8): 1007-1016.

[31] ANDERSSON K, JOHNSSON F. Flame and radiation characteristics of gas-fired O_2/CO_2 combustion[J]. Fuel, 2007, 86(5/6): 656-668.

[32] BEJARANO P A, LEVENDIS Y A. Single-coal-particle combustion in O_2/N_2 and O_2/CO_2 environments[J]. Combustion and Flame, 2008, 153: 270-287.

[33] WU K K, CHANG Y C, CHEN C H, et al. High-efficiency combustion of natural gas with 21%-30% oxygen-enriched air[J]. Fuel, 2010, 89(9): 2455-2462.

第2章

油气燃烧碳烟生成数值模拟及光学检测原理与方法

2.1 油气燃烧数值模拟方法

2.1.1 计算流体力学（CFD）及其模拟方法

长期以来，人们认识燃烧过程的主要途径是实验研究，燃烧学基本上是一门实验科学。燃烧过程的数值模拟是近 40 年来，随着计算机技术的发展，在燃烧理论、流体力学、化学动力学、传热学、数值计算方法及实验技术的基础上发展起来的。

计算流体力学（computational fluid dynamics，CFD）是使用计算机技术和数值计算方法求解描写流动、传热、传质的控制方程的一种综合手段[1]。自 1917 年 CFD 诞生以来，日趋成熟的计算机技术不断推动 CFD 技术发展，在某种程度上能代替耗资巨大的实验设备[2]。CFD 技术广泛应用于各个领域，节省了各方面的研究费用，在科学研究和实际应用中产生了巨大的影响。

本书总结的基于 CFD 模拟计算的结果由两部分组成，一部分是基于详细或简化的化学反应动力学模型，将化学动力学模型与一个二维（2D）扩散火焰源代码（该代码由加拿大国家研究院与多伦多大学提供）耦合起来对混合气层流扩散火焰中温度分布和碳烟的生成开展研究；另一部分是基于市场上常用的商用软件模拟计算结果。

2.1.2 CFD 软件的数学模型

CFD 的数学模型主要是以纳维-斯托克斯方程组与各种湍流模型为主体，再加上多相流模型、反应流模型、多孔介质模型、热辐射模型、自由面流模型、非牛顿流体模型及附加模型（附加源项、附加输运方程和关系式）等[3]。湍流数值模拟有直接数值模拟（direct numerical simulation，DNS）和非直接数值模拟。非直接数值模拟分为大涡模拟（large eddy simulation，LES）方法、雷诺时均法（Reynolds average Navier-Stokes，RANS）和统计平均法。雷诺时均法又分雷诺应力模型（k-ε 模型和两方程模型）。两方程模型又分为标准 k-ε 模型、重整化群（renormalization group，RNG）k-ε 模型、可实现 k-ε 模型及其他两方程模型[4]。

2.1.3 CFD 求解过程

CFD 的求解过程分为前处理、求解过程和后处理。前处理首先建立计算域并划分网格，再设置边界条件，最后输出文件。求解过程是求解器读取前处理生成的文件，并设置好各种模型和参数，进而进行迭代计算。后处理即处理计算收敛的结果，得到直观的数据报告、云图和曲线等[5]。CFD 的求解流程图如图 2-1 所示。

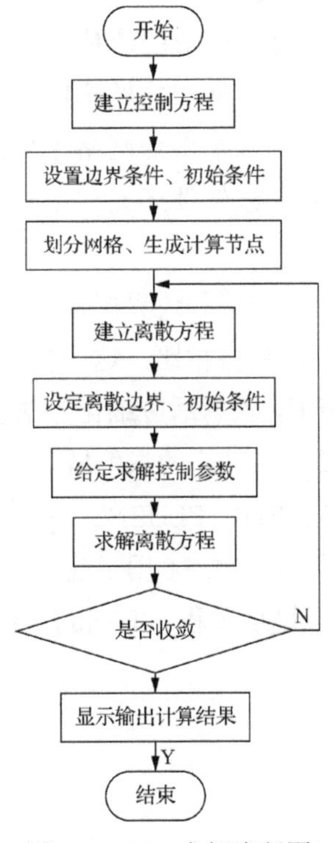

图 2-1 CFD 求解流程图

2.2 CFD数值模拟程序与常见软件

2.2.1 CFD常见模拟软件

数值模拟软件自20世纪90年代开始逐渐成熟，各种流体力学软件，如PHOENICS、FLUENT、STAR-CD、CFX等相继推出，在热能、航空航天和石油化工等领域得到了广泛应用。这些模拟软件应用于燃烧数值计算时具有一定的精度，因此被大规模应用于燃烧数值模拟。

燃烧数值模拟研究可以实现以下功能。

1）模拟点火、火焰稳定、燃烧器流场状态和燃烧化学反应过程等。

2）模拟燃烧器燃烧效率，组分浓度分布、污染物排放特性等。

3）指导燃烧器及锅炉的优化设计，为方案选择与性能评估提供依据。

4）为燃烧机理的研究提供依据。

FLUENT是用于模拟具有复杂外形的流体流动及热传导的商用软件。它提供了完全的网格灵活性，用户可以使用非结构网格，如二维的三角形或四边形网格、三维的四面体/六面体/金字塔形网格来处理具有复杂外形的流动，甚至可以使用混合型非结构网格。该软件还允许用户根据求解的具体情况对网格进行修改。

对于大梯度区域，如自由剪切层和边界层，为了非常准确地预测流动，自适应网格是非常有用的。与结构化网格相比，这一特点明显地减少了产生“好”网格所需要的时间。对于给定精度，求解适应细化方法使网格细化方法变得很简单，由于网格细化仅限于那些需要更多网格的求解域，因此大大减少了计算量。

FLUENT软件包包括GAMBIT、FLUENT、prePDF、TGrid四部分，其基本程序结构流程图如图2-2所示，GAMBIT用于建立模型和生成网格，FLUENT用于求解计算，prePDF用于模拟燃烧过程，TGrid用于生成体网格。

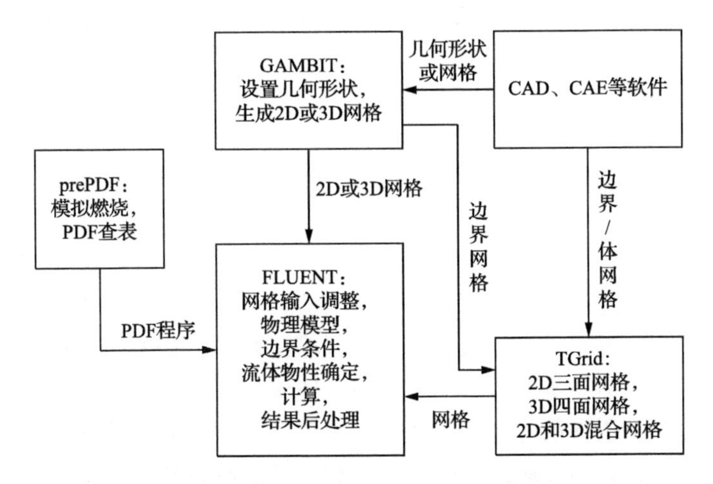

图 2-2 FLUENT 基本程序结构流程图

2.2.2 燃烧数值模拟流程

燃烧数值模拟主要包括 GAMBIT 前处理与 FLUENT 求解计算两部分，其基本模拟步骤如下。

1）建立基本守恒方程组。依据传热学、燃烧学、流体力学的基本原理建立基本守恒方程组，包括连续方程、动量方程、能量方程和组分方程等。由这些方程构成非线性偏微分方程组，通过数值方法进行求解。

2）确定边界条件。依据模型尺寸确定计算域，并给定计算域的进出口、轴线（或对称面）和各壁面的边界条件。对于非稳态燃烧，还需要给出初始条件。

3）选择数学模型。燃烧过程包含化学反应，流动比较复杂，燃烧器内的湍流流动和燃烧喷射、传热特性及燃烧产物排放相互影响。燃烧放热反应会引起流场中流体的膨胀，从而影响流体密度，改变湍流结构和输运系数。同时，湍流特性反过来影响化学反应进程。为了更准确地模拟燃烧过程，采用不同的模拟方法，将燃烧过程分为许多具有一定独立性的子模型，包括单相或多相喷射模型、湍流燃烧模型、辐射传热模型和污染物生成模型等。在求解过程中分别选择不同的模型，以期获得更准确的计算结果。

4）建立有限差分方程组。偏微分方程组的离散化方法包括有限差分法（有限容积法）、有限元法和有限分析法等，在求解过程中一般选用有限差分法，该方法具有物理概念清晰、通用性强、易于掌握的特点。

5）确定求解方法。根据流体特性及计算精度要求选择合适的差分方程组进行求解。

6）编写和调试计算程序。编写计算程序并进行调试，对比计算结果与实验结果，完善整个模型和计算方法。

2.3 控制方程及计算模型

燃烧室内燃烧过程包含了湍流条件下的流体流动、传热、传质及它们之间的相互作用。虽然该过程相当复杂，但是必须满足基本物理规律。描述流动及混合规律的定律主要包括质量守恒、动量守恒、能量守恒和化学组分守恒等，再加上相应的初始条件和边界条件，就构成了一个物理过程的完整数学描述。基本方程是基本物理模型的数学表达式，是对流动和混合过程进行计算机模拟的理论基础和出发点。

2.3.1 流动控制方程

流体力学基本控制方程的统一形式[5-6]如下：

$$\frac{\partial}{\partial x}(\rho u\varphi)+\frac{\partial}{r\partial r}(r\rho v\varphi)+\frac{\partial}{r\partial\theta}(\rho w\theta)$$
$$=\frac{\partial}{\partial x}\left(\Gamma_{\varphi}\frac{\partial\varphi}{\partial x}\right)+\frac{\partial}{r\partial r}\left(r\Gamma_{\varphi}\frac{\partial\varphi}{\partial r}\right)+\frac{\partial}{r^{2}\partial\theta}\left(\Gamma_{\varphi}\frac{\partial\varphi}{\partial\theta}\right)+S_{\varphi} \tag{2-1}$$

式中，φ为流动物理量；Γ_{φ}为有效扩散系数；S_{φ}为源项；x、r、θ分别为轴向、径向、周向坐标；u、v、w分别为x、r、θ方向上的速度；ρ为气体密度。

若气相中气体为混合物，则密度ρ根据理想气体状态方程计算如下：

$$\rho=\frac{p}{RT\sum(f_i/m_i)} \tag{2-2}$$

式中，f_i为组分i的质量分数；m_i为组分i的相对分子质量；p为混合气体压力；R为通用气体常数；T为混合气体温度。

对控制方程进行精确求解可以实现燃烧过程的定性和定量分析，求解结果精确度较高。

实际燃烧过程中流体处于湍流状态，求解较复杂。对于这一过程，以流体控制方程为基础，结合实验研究和理论分析对基本守恒方程进行适度简化，可提出不同的燃烧数学模型。

2.3.2 湍流流动模型

湍流由不同尺度的涡叠合而成，这些涡带有旋转流动结构，其旋转方向和旋流大小随机分布。大尺度涡的旋转方向和大小由惯性力决定，小尺度涡主要受黏性力的影响。大尺度涡从主流获得能量，并利用流体间的相互作用将能量传递给小尺度涡，小尺度涡由于流体黏性而不断消失，其获得的能量转为耗散能。在边界作用、扰动及速度梯度的作用下，湍流流动中新的涡不断产生。

因为本书研究对象为 C_2H_4 和天然气在燃烧室内的流动，流动雷诺数远大于临界雷诺数，所以燃烧过程为湍流状态。FLUENT 软件中使用的湍流数值模拟方法包括直接数值模拟法和非直接数值模拟法，直接数值模拟法对瞬时湍流控制方程进行求解；非直接数值模拟法对湍流控制方程进行适当的简化处理后，再求解湍流的脉动特性，求解方法包括大涡模拟、统计平均法和雷诺时均法[3,7]。

2.3.3 湍流燃烧模型

实际燃烧过程是湍流和化学反应相互作用的结果，包含的组分和基元反应数量较大。针对不同燃烧现象，FLUENT 软件建立了多种燃烧模型，可分为通用有限速率模型、非预混燃烧模型、预混燃烧模型、部分预混燃烧模型和概率密度函数输运方程模型。通用有限速率模型通过阿伦尼乌斯方程和涡耗散模型求解组分输运方程中的反应率，对于大多数气相预混燃烧、部分预混燃烧和扩散燃烧问题都可以得到较好的模拟结果，在燃烧过程数值计算中具有很好的适用性。因此选用通用有限化学反应速率模型来求解湍流燃烧。

通用有限速率模型采用总包机理描述化学反应过程，通过求解组分输运方程可以得到每种组分的时均质量分数值。守恒方程的通用形式如下：

$$\frac{\partial}{\partial t}\left(\rho Y_i\right)+\nabla\left(\rho\vec{v}Y_i\right)=\nabla J_i+R_i+S_i \tag{2-3}$$

式中，Y_i 表示组分的质量分数；J_i 表示组分的扩散通量；R_i 为系统内部单位时间内单位体积通过化学反应消耗或生成该种成分的净生成率；S_i 表示通过其他方式（如异相反应、相变）所生成该种组分的净生产率以及用户定义的其他质量源项；t 表示时间；$\vec{v}$ 表示速度矢量；ρ 表示密度；∇ 为哈密顿算子。

2.3.4 辐射传热模型

辐射传热是燃烧中的主要能量传输方式。天然气燃烧中气体辐射主要为CO_2和H_2O两个方面。辐射模型的选择对计算结果的精确度影响较大。FLUENT 软件中辐射传热数值计算方法主要有离散传播辐射模型（DTRM）、罗斯兰（Rossland）辐射模型、P-1 模型、表面辐射模型（S2S）和离散坐标辐射模型（DO）[8]。

通过对比分析各个辐射传热模型的适用性、计算精度、硬件要求等，本书选用 P-1 模型。P-1 模型采用最简单的球谐函数法。与其他方法相比，P-1 模型过滤了散射效果，对介质光学深度较大和几何结构复杂的燃烧设备能够稳定求解，在较短的计算时间内可以得到较合理的精确度，适合天然气锅炉燃烧过程的数值求解。

P-1 模型求解辐射传热表示如下：

$$\nabla q_{\mathrm{r}} = \alpha G - 4\alpha\sigma T^4 \tag{2-4}$$

式中，G为入射辐射能；α为吸收系数；σ为斯特藩-玻尔兹曼常量；∇q_{r}的表达式可以直接代入能量方程，以考虑由辐射引起的热源。

当求解颗粒分散相时，在 P-1 模型中考虑颗粒的影响。若颗粒具有吸收、发射、散射特点，入射辐射G的输运方程表示如下：

$$\nabla(\Gamma\nabla G) + 4\pi\left(a\frac{\sigma T^4}{\pi} + E_{\mathrm{p}}\right) - \left(a + a_{\mathrm{p}}\right)G = 0 \tag{2-5}$$

式中，E_{p}为颗粒等效辐射；a_{p}为颗粒等效吸收系数；∇为哈密顿算子。

P-1 模型中壁面边界条件下热流量$q_{\mathrm{r,w}}$可以表示如下：

$$q_{\mathrm{r,w}} = \frac{4\pi\varepsilon_{\mathrm{w}}\dfrac{\sigma T_{\mathrm{w}}^4}{\pi} - \left(1-\rho_{\mathrm{w}}\right)G_{\mathrm{w}}}{2\left(1+\rho_{\mathrm{w}}\right)} \tag{2-6}$$

式中，ε_{w}为壁面黑度；ρ_{w}为壁面密度；T_{w}为壁面温度；G_{w}为壁面入射辐射能。

如果假定壁面为扩散灰体表面，则$\rho_{\mathrm{w}} = 1-\varepsilon_{\mathrm{w}}$，上式可以表示为

$$q_{\mathrm{r,w}} = \frac{\varepsilon_{\mathrm{w}}\left(4\sigma T_{\mathrm{w}}^4 - G_{\mathrm{w}}\right)}{2\left(2-\varepsilon_{\mathrm{w}}\right)} \tag{2-7}$$

运用式（2-7）可以计算壁面为扩散灰体表面下的$q_{\mathrm{r,w}}$。

2.3.5 污染物生成模型

燃烧过程中产生的有害污染物对火焰传播、燃烧反应、燃烧放热等具有较大影响，同时破坏生态环境，危害人类健康。对有害污染物进行精确模拟和预测是燃烧数值模拟的关键内容。湍流燃烧中化学动力学及湍流特性对燃烧特性起着决定性作用。因此，针对不同污染物选用不同的模拟方法和求解模型。

针对本书开展的天然气燃烧数值研究，对 NO_x 模型进行细致介绍。NO_x 按照生成途径可以分为热力型、快速型和燃料型三大类。燃烧反应中 NO_x 化学反应机理与湍流流场的相互作用极大地影响着最终污染物的排放。NO_x 预测是在燃烧模拟之后进行的，因此 NO_x 生成模型需要结合流场特性和准确的燃烧模拟结果求解。一般情况下，对 NO_x 排放趋势预测较准确，而对 NO_x 排放量的预测精度还不能达到实际应用需求。

随着燃烧数值模拟的深入研究，更多针对输运方程求解的 NO_x 生成模型产生，涉及更准确、详细的反应机理和传递过程。针对 NO_x 生成，本节介绍如下三种反应模型。

（1）简化动力学模型

简化动力学模型的建立考虑系统内所有的组分和基元反应，对 NO_x 的生成速率做近似平衡假设后按照平衡方程求解。这种求解方法精度较高，但是涉及的反应多，计算复杂，耗时长，且忽略了流态为湍流时对反应的影响，因此仅适用于层流燃烧计算。

（2）关联矩模型

关联矩模型的建立考虑湍流流场内温度脉动和浓度脉动对化学反应速率的影响规律，运用微分方程求解 NO_x 浓度，采用关联矩求解化学反应速率源项。因此该模型可以模拟 NO_x 生成速率与温度脉动和浓度脉动之间的关系，并对复杂的化学反应中 NO_x 和中间产物的生成速率进行数值分析。这一模型计算精度不高。

（3）概率密度函数（probability density function，PDF）模型

概率密度函数模型利用概率分布求解 NO_x 排放量。根据 NO_x 生成速率的不同，该模型可分为有限速率模型和局部瞬时平衡模型。其方法能够有效预测平均紊流反应速率。在 NO_x 的生成预测中，设温度和组分质量分数或温度和氧指数为瞬时反应速率，由此给出时均反应速率，通过求解概率密度函数输运方程预测 NO_x 排放量。

碳烟是碳氢燃料燃烧时生成的一种黑色固体颗粒。对于液体燃料，燃烧生成的碳烟主要影响火焰辐射特性，而气体燃料燃烧充分，燃烧生成的碳烟较少，烟气主要成分为 CO_2、H_2O 和 N_2 等，火焰辐射特性主要由 CO_2 和 H_2O 等三原子气体决定。因此，天然气燃烧碳烟排放的研究主要针对减轻环境污染展开。

针对燃烧系统中的碳烟预测，FLUENT 软件提供了两种模型。

（1）单步汗-格里夫斯（Khan and Greeves）模型

单步汗-格里夫斯模型可以预测碳烟生成速率。该模型依据简单经验公式建立，碳烟质量分数输运方程表示如下：

$$\frac{\partial}{\partial t}\left(\rho Y_{\text{soot}}\right)+\nabla.\left(\rho \upsilon Y_{\text{soot}}\right)=\nabla\left(\frac{\mu_{\text{t}}}{\sigma_{\text{soot}}}\nabla Y_{\text{soot}}\right)+R_{\text{soot}} \tag{2-8}$$

式中，Y_{soot}为碳烟质量分数；σ_{soot}为普朗特数；R_{soot}为碳烟生成净速率；ρ为混合气体的密度；υ为粒子燃烧质量当量数；μ_{t}为湍动黏度；∇为哈密顿算子。

碳烟生成净速率R_{soot}表示如下：

$$R_{\text{soot}}=R_{\text{soot,form}}-R_{\text{soot,comb}} \tag{2-9}$$

式中，$R_{\text{soot,form}}$为碳烟生成速率；$R_{\text{soot,comb}}$为碳烟燃烧氧化速率。

碳烟生成速率用经验公式表示如下：

$$R_{\text{soot,form}}=C_{\text{s}}p_{\text{fuel}}\phi^{r-E/R}\text{e} \tag{2-10}$$

式中，C_{s}为碳烟生成常数；p_{fuel}为燃料颗粒压力；ϕ为当量比；r为当量比指数；E/R为活化温度；e 为自然数。

（2）双步特斯纳（Tesner）模型

双步特斯纳模型是通过求解碳烟质量分数输运方程和基本粒子浓度输运方程来实现较精确地预测碳烟的生成。求解方程分别为

$$\frac{\partial}{\partial t}\left(\rho Y_{\text{soot}}\right)+\nabla\left(\rho \upsilon Y_{\text{soot}}\right)=\nabla\left(\frac{\mu_{\text{t}}}{\sigma_{\text{soot}}}\nabla Y_{\text{soot}}\right)+R_{\text{soot}} \tag{2-11}$$

$$\frac{\partial}{\partial t}\left(\rho b_{\text{nuc}}^{*}\right)+\nabla\left(\rho \upsilon b_{\text{nuc}}^{*}\right)=\nabla\left(\frac{\mu_{\text{t}}}{\sigma_{\text{nuc}}}\nabla b_{\text{nuc}}^{*}\right)+R_{\text{nuc}}^{*} \tag{2-12}$$

式中，b_{nuc}^{*}为基本粒子浓度；σ_{nuc}为输运方程中的湍流普朗特数；R_{nuc}^{*}为粒子净生成速率。

在双步特斯纳[9]模型中，碳烟的生成净速率计算方法与单步模型类似，而碳烟生成速率$R_{\text{soot,form}}$取决于基本粒子浓度c_{nuc}，其关系可表示为

$$R_{\text{soot,form}}=m_{\text{p}}\left(\alpha-\beta N_{\text{soot}}\right)c_{\text{nuc}} \tag{2-13}$$

式中，m_{p}为碳烟平均质量；N_{soot}为碳烟体积分数；c_{nuc}为基本粒子浓度；α、β均为经验常数。双步特斯纳模型中的默认常数适用C_2H_2燃烧。根据方程式可知，两种模型中碳烟生成速率的计算方法基本相同。

FLUENT 软件只能预测湍流模型的碳烟体积分数，且碳烟模型只适用非预混燃烧，因此在计算碳烟体积分数方面有一定的局限性。

2.4 2D 火焰程序结构及模拟方法

2.4.1 2D 火焰程序结构

2D 火焰程序包由加拿大国家研究院与多伦多大学联合开发，将化学动力学模型与 2D 扩散火焰源代码耦合起来对混合气层流扩散火焰中温度分布和碳烟的生成开展研究。程序中的代码采用原始变量，考虑流动、传热、化学反应、辐射模型和碳烟模型等因素，从而求解所需的温度、浓度、碳烟粒径、数密度，以及碳烟生成率、增长率和氧化率等参数。

2D 扩散火焰源程序结构图如图 2-3 所示。其中，simple.f 是主程序，用来求解控制方程。full.f 是用户自定义函数子程序，可定义几何形状、控制网格大小、

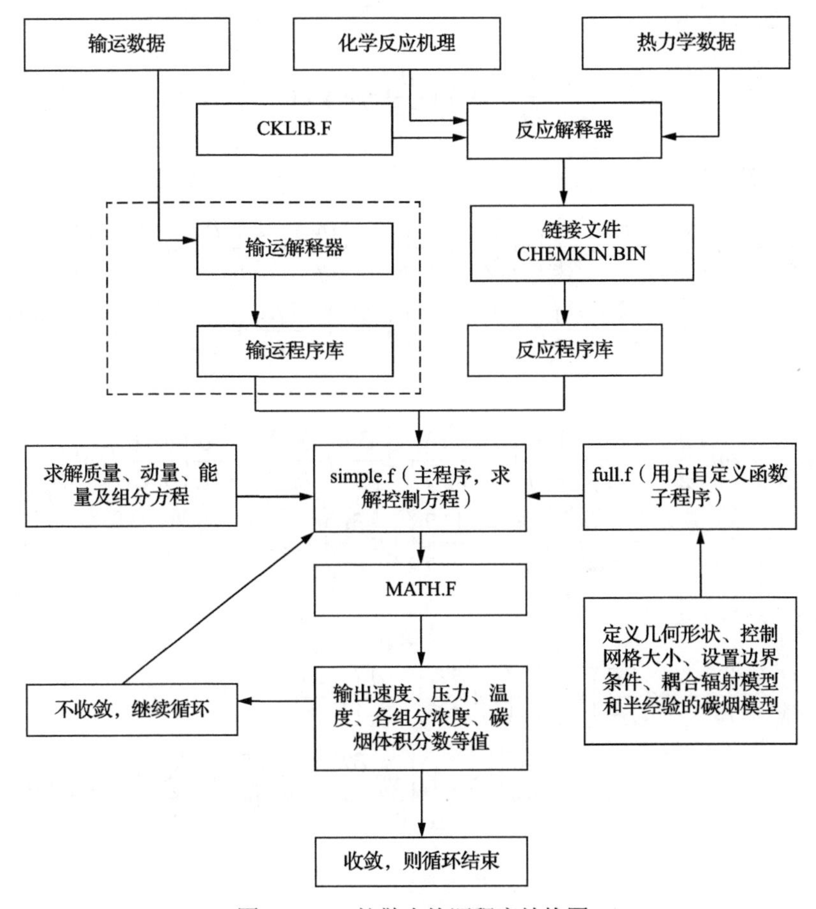

图 2-3 2D 扩散火焰源程序结构图

设置边界条件、耦合辐射模型和半经验的碳烟模型等。CKLIB.F 是用来给定化学反应机理、热力学数据等的子程序，该子程序需要与 CHEMKIN Ⅱ（CHEMKIN 开源版本）联合生成一个链接文件 CHEMKIN.BIN。TRANLIN.F 是计算输运参数（如图中虚线框所示）的子程序，也需要与 CHEMKIN 联合应用，主要用来编译和计算各个传输参数，如扩散系数、平均黏度系数、热扩散系数和热导率等的子程序。上面提到的三个子程序（full.f、CKLIB.F 和 TRANLIN.F）的输出文件由主程序 simple.f 调用，从而进行求解计算。另外，MATH.F 是用来求解矩阵运算的子程序。

2.4.2 控制方程及模拟方法

本书研究的火焰结构是轴对称层流同向扩散火焰，对于质量、动量、能量和化学组分方程来说，完全耦合的椭圆守恒方程在轴对称圆柱坐标（r, z）下给出[8,10]。

连续性方程为

$$\frac{\partial}{\partial r}(r\rho v)+\frac{\partial}{\partial z}(r\rho u)=0 \tag{2-14}$$

动量方程为

$$\begin{aligned}\rho v\frac{\partial v}{\partial r}+\rho u\frac{\partial v}{\partial z}=&-\frac{\partial p}{\partial r}+\frac{\partial}{\partial z}\left(\mu\frac{\partial v}{\partial z}\right)+\frac{2}{r}\frac{\partial}{\partial r}\left(r\mu\frac{\partial v}{\partial r}\right)-\frac{2}{3}\frac{1}{r}\frac{\partial}{\partial r}\left(\mu\frac{\partial}{\partial r}(rv)\right)\\&-\frac{2}{3}\frac{1}{r}\frac{\partial}{\partial r}\left(r\mu\frac{\partial u}{\partial z}\right)+\frac{\partial}{\partial z}\left(\mu\frac{\partial u}{\partial r}\right)-\frac{2\mu v}{r^2}+\frac{2}{3}\frac{\mu}{r^2}\frac{\partial}{\partial r}(rv)+\frac{2}{3}\frac{\mu}{r}\frac{\partial u}{\partial z}\end{aligned} \tag{2-15a}$$

$$\begin{aligned}\rho v\frac{\partial u}{\partial r}+\rho u\frac{\partial u}{\partial z}=&-\frac{\partial p}{\partial z}+\frac{1}{r}\frac{\partial}{\partial r}\left(r\mu\frac{\partial u}{\partial r}\right)+2\frac{\partial}{\partial z}\left(\mu\frac{\partial u}{\partial z}\right)-\frac{2}{3}\frac{\partial}{\partial z}\left(\frac{\mu}{r}\frac{\partial}{\partial r}(rv)\right)\\&-\frac{2}{3}\frac{\partial}{\partial z}\left(\mu\frac{\partial u}{\partial z}\right)+\frac{1}{r}\frac{\partial}{\partial r}\left(r\mu\frac{\partial v}{\partial z}\right)+\rho g_z\end{aligned} \tag{2-15b}$$

能量方程为

$$\begin{aligned}c_p\left(\rho v\frac{\partial T}{\partial r}+\rho u\frac{\partial T}{\partial z}\right)=&\frac{1}{r}\frac{\partial}{\partial r}\left(r\lambda\frac{\partial T}{\partial r}\right)+\frac{\partial}{\partial z}\left(\lambda\frac{\partial T}{\partial z}\right)\\&-\sum_{k=1}^{KK+1}\left[\rho c_{pk}Y_k\left(v_{kr}\frac{\partial T}{\partial r}+v_{kz}\frac{\partial T}{\partial z}\right)\right]-\sum_{k=1}^{KK+1}h_kW_k\omega_k+q_{\mathrm{r}}\end{aligned} \tag{2-16}$$

组分方程为

$$\rho v\frac{\partial Y_k}{\partial r}+\rho u\frac{\partial Y_k}{\partial z}=-\frac{1}{r}\frac{\partial}{\partial r}\left(r\rho Y_k v_{kr}\right)-\frac{\partial}{\partial z}\left(\rho Y_k v_{kz}\right)+W_k\omega_k\qquad(k=1,2,\cdots,KK)$$

（2-17）

状态方程为

$$\rho=\frac{p}{RT\sum_{k=1}^{KK}Y_k/W_k}\tag{2-18}$$

式（2-14）～（2-18）中，u 是混合物轴向 (z) 的速度；v 是混合物径向 (r) 的速度；T 表示混合物的温度；ρ 表示混合物密度；W_k 表示组分 k 的摩尔质量；λ 是混合物的热导率；R 为通用气体常数；c_{pk} 与 c_p 分别表示常压下第 k 种组分和混合物的比热；ω_k 和 h_k 分别为每体积的摩尔生成率和比焓；g_z 表示 z 方向的重力加速度；μ 表示混合黏性；Y_k 、v_{kr} 及 v_{kz} 分别表示组分 k 的质量分数、r 向和 z 向的扩散速度；下标 k 、KK 及 $KK+1$ 分别表示第 k 种组分、气相物质的总数和碳烟。式 (2-16) 右边的最后一项 q_{r} 是辐射热传递的源项，该源项可基于 CO、CO_2 和 H_2O 辐射特性的宽带模型，采用离散坐标法（discrete-ordinates method，DOM）耦合到的统计窄带相关-k（statistical narrow-band correlated-k，SNBCK）模型获得。

组分扩散速度由三项组成：普通扩散速度、热扩散速度和修正扩散速度，即

$$v_{kr}=-\left(1/Y_k\right)D_k\frac{\partial Y_k}{\partial r}+v_{Tkr}+v_{\mathrm{cr}}\qquad(k=1,2,\cdots,KK)\tag{2-19a}$$

$$v_{kz}=-\left(1/Y_k\right)D_k\frac{\partial Y_k}{\partial z}+v_{Tkz}+v_{\mathrm{cz}}\qquad(k=1,2,\cdots,KK)\tag{2-19b}$$

式中，v_{Tkr} 和 v_{Tkz} 分别是第 k 种组分在 r 和 z 方向的热扩散速度；v_{cr} 和 v_{cz} 是修正扩散速度。

在当前的模拟中，仅考虑 H_2 和 H 组分的热扩散速度[11]，即

$$v_{Tkr}=\frac{D_k\Theta_k}{X_k}\frac{1}{T}\frac{\partial T}{\partial r}\tag{2-20a}$$

$$v_{Tkz}=\frac{D_k\Theta_k}{X_k}\frac{1}{T}\frac{\partial T}{\partial z}\tag{2-20b}$$

式中，Θ_k 表示热扩散率；X_k 表示摩尔分数；D_k 表示二元扩散系数；下标 k 表示第 k 种组分。

碳烟模型采用一个半经验二方程模型[12]模拟碳烟生成过程。碳烟的质量分数与数密度表示如下：

$$\rho v\frac{\partial Y_s}{\partial r}+\rho u\frac{\partial Y_s}{\partial z}=-\frac{1}{r}\left(r\rho v_{Tr}Y_s\right)-\frac{\partial}{\partial z}\left(\rho v_{Tz}Y_s\right)+S_m \tag{2-21}$$

$$\rho v\frac{\partial N}{\partial r}+\rho u\frac{\partial N}{\partial z}=-\frac{1}{r}\left(r\rho v_{Tr}N\right)-\frac{\partial}{\partial z}\left(\rho v_{Tz}N\right)+S_N \tag{2-22}$$

式中，Y_s和 N 分别是碳烟的质量分数和数密度；v_{Tr} 是 r 方向的热迁移速度；v_{Tz} 是 z 方向上的热迁移速度；源项 S_m 和 S_N 用来描述碳烟的成核、表面生长与氧化。v_{Tr} 和 v_{Tz} 可用如下两式进行计算：

$$v_{Tr}=-0.65\frac{\mu}{\rho T}\frac{\partial T}{\partial r} \tag{2-23}$$

$$v_{Tz}=-0.65\frac{\mu}{\rho T}\frac{\partial T}{\partial z} \tag{2-24}$$

假定 C_2H_2 是唯一的成核和生长组分，Leung 等[13]建议描述如下：

$$C_2H_2\longrightarrow 2C(s)+H_2 \tag{2-25}$$

$$C_2H_2+nC(s)\longrightarrow(n+2)C(s)+H_2 \tag{2-26}$$

式中，(s) 表示吸附到固体表面的状态。

成核与生长速率分别由如下两式表示：

$$R_1=k_1(T)[C_2H_2] \tag{2-27}$$

$$R_2=k_2(T)f(A_s)[C_2H_2] \tag{2-28}$$

式中，$f(A_s)$ 是单位体积碳烟表面生长与表面积的函数相关性；$[C_2H_2]$ 是 C_2H_2 的摩尔分数。假定 $f(A_s)=A_s$，则碳烟单位体积的表面积 $A_s=\pi(6/\pi)^{2/3}\rho_{C(s)}^{-2/3}Y_s^{2/3}\rho N^{1/3}$，碳烟密度 $\rho_{C(s)}$ 取 1900。成核与生长速度常数分别表示为 $k_1=1.7\exp(-7548/T)$ 和 $k_2=6\exp(-6038/T)$[10]。

由 OH 与 O_2 氧化的碳烟表示如下：

$$0.5O_2+C(s)\longrightarrow CO \tag{2-29}$$

$$^{\cdot}OH+C(s)\longrightarrow CO+{}^{\cdot}H \tag{2-30}$$

初生碳烟直径d_p、质量分数Y_s及数密度N的关系表示如下：

$$d_p = \left(\frac{6Y_s}{\pi \rho_{C(s)} N} \right)^{1/3} \tag{2-31}$$

辐射模型是耦合在能量方程［式（2-16）］的右边最后一项，用源项q_r来表示。

这里计算碳烟的生成用一个简单的二方程模型预测。离散坐标法（DOM）用来计算火焰中的辐射传热，辐射气体（CO、CO_2和H_2O）的辐射特性采用SNBCK来计算。

2.5 油气燃烧光学检测原理及方法

2.5.1 图像测量可视化测试方法

随着图像数字技术的发展，火焰图像检测技术日益成熟。这种检测方法首先利用火焰图像探测器采集火焰辐射图像，再将火焰图像转化为可以处理的数字信号，经过标定处理转化为辐射强度图像，然后结合特定的算法得到火焰的温度和辐射参数分布。这项测量技术已经广泛应用于实验型研究和工业应用型研究，在电站煤粉锅炉、工业加热炉和实验室小型火焰方面均有报道。

近年来，国内外的许多学者已经将目光投到利用火焰图像处理系统进行燃烧诊断的研究领域。日立研究室最早研制了火焰图像识别系统，利用它进行NO_x和未燃尽碳的预测。通过计算NO_x生成区与喷嘴之间的距离、高温区挥发分燃烧的浓度值和热分解区的宽度等参数，定义NO_x减少指数，用该参数和化学平衡比可精确估计排气中的NO_x[14]。用燃烧率和剩余氧量建立炉膛燃烧数学模型，进行未燃尽碳的预测。可以得出火焰温度场的分布、燃烧经济性的估算以及NO_x排放量的估算，通过燃烧器的优化组合得到合理的风粉比例等，这对于稳定锅炉燃烧、提高燃烧效率具有重要的意义[15]。董宜敏[16]以数字图像处理技术为手段，通过火焰图像信息的处理分析和计算获得火焰的温度分布，监测燃烧的稳定性并对煤粉火焰烟气中N_2含量适用的有效估计方法和技术做了探讨。周怀春[17]对燃烧火焰的颜色进行了定量实验。研究发现，色度坐标能反映煤粉浓度的变化，并在计算比较的基础上提出了可用于锅炉燃烧诊断的煤粉火焰颜色色度坐标近似计算方法。薛飞[18]以简化的辐射传递方程为物理模型，根据CCD系统的光电转化特性对图像信号进行处理，给出了测量时的探头布置方案并简要介绍了数值模拟的结果。余越峰等[19]采用三色波长光谱测量法和温度分段线性化的方法计算煤粉火焰温度，得到了较准确的火焰温度分布结果，赵铁成等[20]提出了基于火焰锋面动态检测的着火判据，并与国家电力公司合作开发了基于DSP和数字视频技术的图像火焰检测系统，解决了复杂判据无法实时运行的困难，这也是国内第一套基于DSP的图像处理火检系统。此外，美国电力研究协会（Electric Power Research Institute，EPRI）资助了使用声学高温计和红外探头对锅炉炉膛进行燃烧诊断和测温试验。

火焰光谱检测系统由便携式笔记本计算机、光谱仪和光纤探头组成。光纤探头前端是准直透镜。光纤的外壳是合金材料，可以保证光纤进入高温环境而不损坏。准直透镜可以保证进入光纤的是探头正对方向的平行光，光纤光谱仪的型号是Avaspec-2048，可测波长范围为200～1100nm，光纤光谱仪通过USB数据线与笔记本计算机相连，USB数据线为光谱仪供电和传输信号。光纤光谱仪的积分时间范围为1.1ms～600s，采样周期为1.1ms，每次采样数据传输速度为1.8ms，高速采样传输能够保证每次得到的光谱辐射强度都是实时的。

便携式火焰光谱检测系统控制软件为自主研发的“火焰温度黑度在线检测系统软件”，简称FTE。此软件系统采用基于Windows平台宝蓝（Borland）公司的BCB 6.0开发，利用BCB 6.0软件中的动态数据库编程支持，通过调用数据采集动态数据库模块实现软件二次开发。此软件系统能够同时基于双色测温和最小二乘测温法，并在线显示温度和黑度测量结果。在检测的同时，火焰温度和黑度分布计算结果将同步存储于计算机硬盘中，便于随时查看或后期重新计算。

2.5.2 碳烟生成激光诱导炽光法检测原理及方法

激光诱导炽光法（laser-induced incandescence，LII）[21]是一种新型的非侵入式燃烧诊断技术，具有较高的时间与空间分辨率，其基本原理如下：使用光学棱镜组将柱状激光转换为片状光源并对碳烟进行激发，可获得片状激光照射火焰时碳烟的二维分布，碳烟吸收激光能量之后温度迅速升高，发出与升高温度对应的炽光信号，其炽光信号强度与火焰内部的碳烟体积分数成正比，使用增强型电荷耦合器件（intensified CCD，ICCD）相机获取炽光信号强度图像，就能计算出碳烟体积分数大小。在激光激发碳烟过程结束之后，碳烟温度同周围环境温度存在较大的势差，碳烟温度会由于热升华、热传导以及热辐射等迅速降低，同时碳烟炽光信号强度也会随之衰减，而不同粒径的碳烟具有不同的比表面积，初始粒径较大的碳烟由于其比表面积较小，冷却较慢，因此LII信号衰减也较慢，初始粒径较小的碳烟则反之。通过碳烟炽光信号的衰减率可以计算出碳烟的粒径大小。由于电荷耦合器件（charge-coupled device，CCD）技术的不断发展，LII已成为当前最具前景的光学诊断技术之一，由于其具有较高的时间与空间分辨率，因此其可以与双色激光诱导炽光法（two-colour laser induced incandescence，2C-LII）一起使用测量火焰中的碳烟体积分数、碳烟温度以及碳烟粒径等。

2.6 本章小结

本章主要介绍了实现油气燃烧数值模拟的方法，以及油气燃烧光学检测原理和方法。数值模拟方法包括基于 CFD 流体计算软件和 2D 火焰程序两种，主要介绍了求解过程和涉及的求解模型及求解算法。油气燃烧碳烟生成检测原理主要包括图像测量可视化及 LII。

参考文献

[1] 曹维. 大规模 CFD 高效 CPU/GPU 异构并行计算关键技术研究[D]. 合肥: 国防科学技术大学, 2014.

[2] 王珂, 张引弟, 王城景, 等. CH_4 掺混 H_2 的燃烧数值模拟及掺混比合理性分析[J]. 过程工程学报, 2021, 21(2): 240-250.

[3] 王福军. 计算流体动力学分析: CFD 软件原理与应用[M]. 北京: 清华大学出版社, 2004.

[4] 李鹏飞, 徐敏义, 王飞飞. 精通 CFD 工程仿真与案例实战[M]. 北京: 人民邮电出版社, 2011.

[5] 陶文铨. 数值传热学[M]. 2 版. 西安: 西安交通大学出版社, 2001.

[6] 赵坚行. 燃烧的数值模拟[M]. 北京: 科学出版社, 2002.

[7] MAGNUSSEN B F, HJERTAGER B W. On the structure of turbulent and a generalized eddy dissipation concept for chemical reaction in turbulent flow[C]//19th AIAA Aerospace Meeting. New York: The American Institute of Aeronautics and Astronautics, 1981.

[8] ZHANG Y D, LIU F S, LOU C. Experimental and numerical investigations of soot formation in laminar coflow ethylene flames burning in O_2/N_2 and O_2/CO_2 atmospheres at different O_2 mole fractions[J]. Energy & Fuels, 2018, 32: 6252-6263.

[9] TESNER P A, SMEGIRIOVA T D, KNORRE V G. Kinetics of dispersed carbon formation[J]. Combustion and Flame, 1971, 17(2): 253-260.

[10] LIU F, GUO H, SMALLWOOD G, et al. Numerical modelling of soot formation and oxidation in laminar coflow non-smoking and smoking ethylene diffusion flames[J]. Combustion Theory and Modelling, 2003, 7(2): 301-315.

[11] MOSS J B, STEWART C D, YOUNG K J. Modeling soot formation and burnout in a high temperature laminar diffusion flame burning under oxygen-enriched conditions[J]. Combustion and Flame, 1995, 101(4): 491-500.

[12] 张引弟. 乙烯火焰反应动力学简化模型及烟黑生成模拟研究[D]. 武汉: 华中科技大学, 2011: 4-5.

[13] LEUNG K M, LINDSTEDT R P, JONES W P. A simplified reaction mechanism for soot formation in nonpremixed flames[J]. Elsevier, 1991, 87(3-4): 289-305.

[14] DALLY B B. Challenges and progress in the modelling of heat transfer and NO_x emissions from rotary kiln flames involving unsteady flows[J]. Journal of Nephrology, 2003: 619-626.
[15] 姜涌, 赵爱虎, 许睿, 等. 低NO_x燃烧技术简介[J]. 电站系统工程, 2005, 21(l): 61-62.
[16] 董宜敏. 锅炉数字化视频监测系统的研究与开发[D]. 南京: 东南大学, 2004.
[17] 周怀春. 炉内火焰可视化检测原理与技术[M]. 北京: 科学出版社, 2005.
[18] 薛飞. 基于辐射图像的火焰温度场测量研究[D]. 杭州: 浙江大学, 1999.
[19] 余越峰, 赵铁成, 徐伟勇. 煤粉燃烧火焰的三色法温度测量[J]. 上海交通大学学报, 2000(9): 105-108.
[20] 赵铁成, 张银桥, 徐伟勇. 新型火焰图像检测器及其着火判据[J]. 仪器仪表学报, 2002, 23(1): 98-100.
[21] ZHANG Y D, LIU F S, CLAVEL D, et al. Measurement of soot volume fraction and primary particle diameter in oxygen enriched ethylene diffusion flames using the laser-induced incandescence technique[J]. Energy, 2019, 177: 421-432.

第 3 章

常规氛围下 C_2H_4 预混火焰碳烟生成动力学模拟研究

3.1 一维预混火焰及耦合反应器碳烟生成动力学模拟研究

3.1.1 碳烟动力学发展现状

碳烟是化石燃料燃烧排放的重要颗粒污染物，同时大型锅炉中碳烟的生成降低了燃烧效率。化学动力学的发展使人们较易对燃烧过程中污染物的生成与排放进行详细的计算。特别是近年来对设备的燃烧效率、污染物排放和环境问题的日益关注，促使人们对碳烟的生成与控制机理进行了大量的研究，有关 C_xH_y 的燃烧机理发展相对较成熟，同时也产生了一些用于模拟碳烟及前驱物等中间重要组分的机理。然而，对于碳烟及前驱物的生成路径模拟研究还存在很多争议。因此，理解这些详细的化学和物理过程，对控制碳烟的排放和发展洁净、经济的燃烧设备有重要的意义。

动力学模拟主要考虑的是反应机理和化学反应动力学的问题。化学反应动力学通过研究各种因素（如浓度、温度、压力和催化剂等）对反应速度的影响，可以对提供选择反应条件的技术参数和对最终产物的转化步骤进行控制。另外，通过对反应历程的研究可以找出决定反应速度的关键所在，控制主反应，抑制副反应[1]。理解基本的化学过程对燃烧过程的研究具有重要意义。在许多燃烧过程中，化学反应速率控制着燃烧速率，而且针对几乎所有的燃烧过程，化学反应速率都决定了污染物的生成与抑制速率。燃烧除了向环境排放大量的 SO_x、NO_x、CO_2、粉尘和碳烟等物质外，还向大气中排放多环芳烃。苯（C_6H_6）是多环芳烃中基本的化合物，在碳氢燃料燃烧排出的废气中，均有苯及其同系物（如甲苯、二甲苯和三甲苯）。与其同系物相比，苯的毒性很高，它对人体的心血管系统和神经系统有明显的影响。此外，燃烧产物中还含有芘、蒽等多环芳烃，多为致癌物质。上述芳烃也是碳烟生成重要的中间体和前驱物，因此，对其生成机理的研究十分必要。在近几十年的探索中[2-5]，对 PAHs 和碳烟生成的研究已获得了大量的关于 PAHs 生成的基元化学反应步数的信息。研究者普遍认为碳烟生成预测的计算模拟在火焰中包括三个逻辑部分：①气相中单环芳烃的生成，该过程包括燃料高温分解和氧化与第一个芳香环的生成；②小分子 PAHs 的增长及均相成核，该过程是指单环芳烃增长至某个既定尺寸的大分子 PAHs，超过该既定尺寸的 PAHs 群的均相成核；③球形粒子的生成、增长和氧化，该过程通过粒子凝结、表面反应（生长和氧化）和粒子凝聚[6-7]进行描述。

然而在某些特定的运行条件下，当前的 PAHs 和碳烟生成的模拟工作仍然不能提供满意的预测结果，分析原因主要有：动力学数据的不确定性；反应体系中缺少重要的组成部分；参数应用范围或模型维数的限制等。因此在燃烧过程的研究中，涉及从反应物到生成物详细的化学反应途径，以及结合复杂流场的结构和化学特性来预测燃烧的细节问题仍需继续。

本章基于 CHEMKIN-PRO 软件，即应用程序接口（application programming interface，API）功能进行两方面的模拟研究工作。一方面是基于预混（premix）模型和不同的气相模型，如达戈特（Dagaut）机理[8]和马林诺夫（Marinov）机理[9]，在压力为 0.03～0.05atm①、当量比为 1.0～2.5 条件下，对一维预混的 C_2H_4 / O_2 / Ar 火焰结构及主要中间体进行模拟研究和验证。另一方面是基于前人开发的射流搅拌反应器 / 一维活塞流反应器（jet-stirred reactor/plugflow reactor，JSR / PFR）实验系统[10]，采用一个理想搅拌反应器（perfectly stirred reactor，PSR）与两个活塞流反应器的组合反应器对其进行建模和模拟研究。在模拟工作中，首先采用经典的 C_2H_4 燃烧化学动力学模型［即（Wang 和 Frenklach[11]）气相机理模型，包含的大分子 PAHs 生长机理为氢取代乙炔加成（hydrogen-abstraction-acetylene-addition，HACA）］，对大气压下富燃的 C_2H_4 / O_2 / N_2 火焰后焰区芘及以下小分子中间体进行模拟研究和验证。通过比较预测结果和文献中实验数据的差异，在综合考虑实验误差和模拟误差的基础上，将最新动力学研究成果与 C_2H_4 燃烧化学动力学模型结合对其进行优化，即在 HACA 生长机理的基础上，添加小分子 PAHs-PAHs 的缩合反应与 HACA 共同描述苯到大分子 PAHs 的生长机理。在此基础上，分别采用改进前（HACA 生长机理）和改进后（HACA+PAHs-PAHs 缩合生长机理）的气相化学机理耦合表面化学机理（主要描述碳烟的成核、表面生长和氧化），应用粒子跟踪特性程

① 1atm=101 325Pa。

序对碳烟的体积分数进行模拟，进而采用改进的气相模型对主要碳烟前驱物的生成路径进行敏感性和反应路径分析。

3.1.2 化学反应器模型及控制方程

目前，利用 CHEMKIN 软件开展模拟研究是动力学研究中一种重要的方法。该软件最早的版本始于 1980 年，由 Kee 等[12]编写，后来几经更新和升级，CHEMKIN-PRO 是 2009 年推出的版本，其应用范围逐渐扩大，求解过程图如图 3-1 所示。首先反应解释器读取反应机理和热力学数据并形成链接文件；输运数据导入输运解释器计算出重要的物理参数，如扩散系数、平均黏度系数、热扩散系数和热导率等；最后在反应程序库和输运程序库中求解各控制方程。求解完成后输出结果，CHEMKIN-PRO 有自带的后处理功能，也可单独输出 Excel 文件。

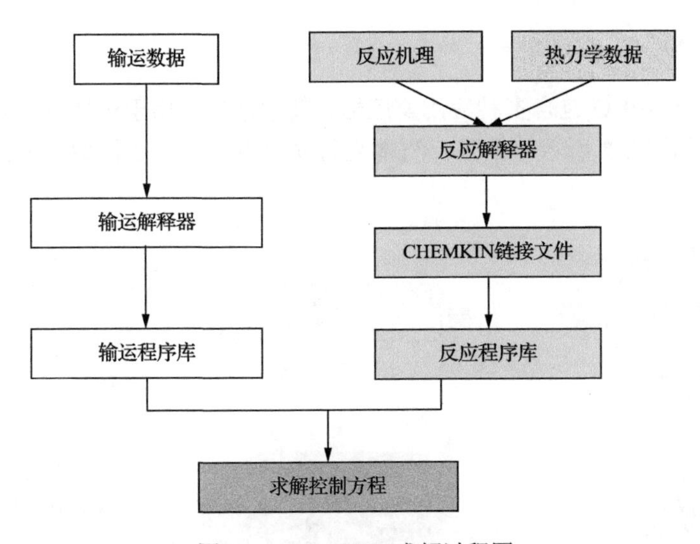

图 3-1 CHEMKIN 求解过程图

CHEMKIN-PRO 软件求解燃烧问题包含如下六个基本步骤。

1）型的选用。对某些简单问题，可用网格或单独的反应器来模拟，如单个完全混合的或完全扰动的反应器就能满足要求；对有些复杂问题，需要将几个模型耦合起来应用。

2）创建反应器或反应网格图，图表中应包含入口和适当连接来定义几何体。

3）加载化学设置，在预处理后进行计算。其中，化学设定气相模型和表面机理等。

4）设定反应器和边界条件，包括几何模型、求解条件和解决方法选项。

5）创造工程输入文件并运行模拟，设定数据输出文件保存格式。

6）利用后处理器进行后处理，或导出数据后应用其他数据分析软件分析处理。

化学反应机理是一个数据库，库中包含化学反应体系中所有可能存在的物质、组分、元素、化学反应及速率常数等。

以反应$c_1\mathrm{C}_1+c_2\mathrm{C}_2=d_1\mathrm{D}_1+d_2\mathrm{D}_2$为例，反应速率$q$表示为

$$q=k_\mathrm{f}[\mathrm{C}_1]^{c_1}[\mathrm{C}_2]^{c_2}-k_\mathrm{r}[\mathrm{D}_1]^{d_1}[\mathrm{D}_2]^{d_2} \tag{3-1}$$

式中，k_r是逆向反应速率常数，可通过化学平衡求得；k_f是正向反应速率常数，$k_\mathrm{f}=BT^n\exp(-E_\mathrm{a}/RT)$，其中$B$是指前因子，$R$是通用气体常数，$n$是温度指数，$E_\mathrm{a}$是活化能，$T$是温度；$c_1$、$c_2$、$d_1$和$d_2$分别为化学计量数；$\mathrm{C}_1$、$\mathrm{C}_2$、$\mathrm{D}_1$和$\mathrm{D}_2$分别为各反应物质；方括号表示反应物的摩尔分数。

热力学文件和输运文件均可通过相关的网站和CHEMKIN自带的数据库获得。

1. CHEMKIN-PRO包含的模型、模拟对象和控制方程

CHEMKIN-PRO包含多种应用反应器，其中常见的用于燃烧分析计算的几种反应器模型如图3-2所示。本节介绍本文研究中用到的主要模型、使用条件及控制方程。

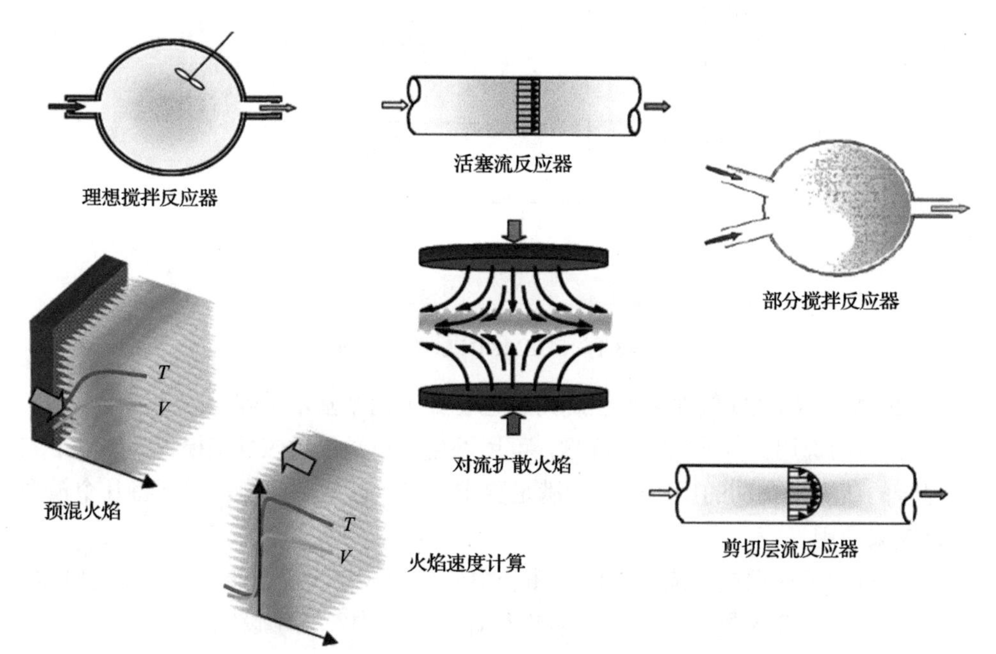

图3-2 CHEMKIN软件包含的主要反应器模型

2. 活塞流反应器

PFR 模型为管状流动反应器，假设流动是稳态、稳定的。在流动的径向，燃料混合均匀，轴向只存在对流作用，无混合作用，即一维流动，流动的介质是理想无黏流体，符合理想气体特性，因此不再受质量传递的限制。求解无输运特征的一阶微分方程，计算效率较高。PFR 模型输运方程的简化形式表示如下。

质量守恒方程为

$$\rho u\frac{\mathrm{d}A}{\mathrm{d}x}+\rho A\frac{\mathrm{d}u}{\mathrm{d}x}+uA\frac{\mathrm{d}\rho}{\mathrm{d}x}=\sum_{m=1}^{M}a_{i,m}\sum_{k=1}^{K_\mathrm{g}}\dot{s}_{k,m}W_k \tag{3-2}$$

式中，ρ 是质量密度；u 是包含 K_g 个组分组成的气相轴向速度；W_k 是组分 k 的摩尔质量；$\dot{s}_{k,m}$ 是通过所有表面反应组分 k 的摩尔产出率；m 和 k 分别表示材料和组分，在反应系统中总共有 M 种材料和 K_g 种气相组分；A 和 $a_{i,m}$ 分别是反应器中单位长度上的横截面积和材料 m 有效的内表面积，两者均是变量 x 的函数。

气态组分守恒方程为

$$\rho uA\frac{\mathrm{d}Y_k}{\mathrm{d}x}+Y_k\sum_{m=1}^{M}a_{i,m}\sum_{k=1}^{K_g}\dot{s}_{k,m}W_k=W_k\left(\sum_{m=1}^{M}\dot{s}_{k,m}a_{i,m}+\dot{\omega}_kA\right) \tag{3-3}$$

式中，Y_k 表示第 k 种组分的质量分数；$\dot{\omega}_k$ 是组分 k 通过均相气相反应引起的摩尔生成速率。

能量方程为

$$\rho uA\left(\sum_{k=1}^{K_\mathrm{g}}h_k\frac{\mathrm{d}Y_k}{\mathrm{d}x}+\overline{C}_\mathrm{p}\frac{\mathrm{d}T}{\mathrm{d}x}+u\frac{\mathrm{d}u}{\mathrm{d}x}\right)+\left(\sum_{k=1}^{K_\mathrm{g}}h_kY_k+\frac{1}{2}u^2\right)\sum_{m=1}^{M}a_{i,m}\sum_{k=1}^{K_\mathrm{g}}\dot{s}_{k,m}W_k$$
$$=a_\mathrm{e}Q_\mathrm{e}-\sum_{m=1}^{M}a_{i,m}\sum_{k=1}^{K_\mathrm{b}}\dot{s}_{k,m}W_kh \tag{3-4}$$

式中，h_k 是第 k 种组分的比焓；$\overline{C}_\mathrm{p}$ 是单位质量气体的平均比热容；T 是气体绝对温度；$\dot{s}_{k,m}$ 是组分 k 通过表面反应在材料 m 上的摩尔产出速率；Q_e 是热流量；a_e 是每单位长度的表面积；K_b 表示固态组分个数。

动量方程为

$$A\frac{\mathrm{d}p}{\mathrm{d}x}+\rho uA\frac{\mathrm{d}u}{\mathrm{d}x}+\frac{\mathrm{d}F}{\mathrm{d}x}+u\sum_{m=1}^{M}a_{i,m}\sum_{k=1}^{K_\mathrm{g}}\dot{s}_{k,m}W_k=0 \tag{3-5}$$

式中，p 是绝对压力；F 是由管壁引起的气体曳力。

3. 理想搅拌反应器

在PSR模型中，假定系统内高的扩散率或强迫性的湍流混合使空间参数分布基本是均匀的，可通过空间的平均或体积属性来描述反应器的充分混合。除了混合较快之外，PSR模型有以下两个假设：一是假设传输到管壁面的组分质量无限快；二是流体在反应器中的流动必须由一个名义上的停留时间来描述，停留时间可由流动率和反应体积推出。均匀零维反应器方程式可以解决稳态和瞬态环境下的问题。基于上面的假设，PSR模型的优点是数学模型要求的计算时间短，该模型还可以与模拟详细分子的化学反应机理和复杂的反应器组合使用。

PSR模型常被用来研究燃烧的许多特性，由一组耦合的非线性代数方程来描述，不考虑与时间有关的项，其控制体的守恒方程如下。

全局质量守恒方程为

$$\frac{\mathrm{d}}{\mathrm{d}t}(\rho V)^{(j)}=\sum_{i=1}^{N_{\text{inlet}(j)}}\dot{m}_i^{*(j)}+\sum_{r=1}^{N_{\text{PSR}}}\dot{m}^{(r)}R_{rj}-\dot{m}^{(j)}+\sum_{m=1}^{M}A_m^{(j)}\sum_{k=1}^{K_g}\dot{s}_{k,m}^{(j)}W_k\qquad(j=1,2,\cdots,N_{\text{PSR}})\tag{3-6}$$

式中，j是反应器编号；ρ是质量密度；V是反应器内容积；$\dot{m}^*$是进口质量流速；$\dot{m}$是出口质量流速；$N_{\text{inlet}(j)}$表示反应器j的进口个数；N_{PSR}是反应链中反应器模块的总数量；R_{rj}表示反应器r出口流出物循环到反应器j中的质量分数；A_m为反应器中定义的第m个材料的表面积。

组分守恒方程为

$$(\rho_k V)^{(j)}\frac{\mathrm{d}Y_k^{(j)}}{\mathrm{d}t}=\sum_{i=1}^{N_{\text{inlet}(j)}}\dot{m}_i^{*(j)}(Y_{k,i}^*-Y_k)+\sum_{r=1}^{N_{\text{PSR}}}\dot{m}_k^{(r)}R_{rj}(Y_k^{(r)}-Y_k^{(j)})$$
$$-Y_k^{(j)}\sum_{m=1}^{M}A_m^{(j)}\sum_{k=1}^{K_g}\dot{s}_{k,m}^{(j)}W_k+(\dot{\omega}_k V)^{(j)}W_k+\sum_{m=1}^{M}A_m^{(j)}\dot{s}_{k,m}^{(j)}W_k\tag{3-7}$$

式中，Y_k表示第k种组分的质量分数；W_k是第k种组分的摩尔质量，$\dot{\omega}_k$是单位体积里通过气相化学反应组分k的摩尔生成速率；$Y_{k,i}$表示入口流处第k种组分的质量分数，上标星号表示入口流。

在定常条件下，停留时间τ与进口质量流量和反应体积有关，定义的停留时间为

$$\tau=\frac{\rho V}{\sum_{i=1}^{N_{\text{inlet}}^{(j)}}\dot{m}_i^{*(j)}+\sum_{r=1}^{N_{\text{PSR}}}\dot{m}_i^{(r)}R_{rj}}\tag{3-8}$$

气相能量方程为

$$\frac{\mathrm{d}U_{\mathrm{sjs}}^{(j)}}{\mathrm{d}t}=\sum_{i=1}^{N_{\mathrm{inlet}(j)}}\dot{m}_i^{*(j)}\sum_{k=1}^{K_g}(Y_{k,i}^{*}h_{k,i}^{*})^{(j)}+\sum_{r=1}^{N_{\mathrm{PSR}}}\dot{m}_k^{(r)}R_{rj}\sum_{k=1}^{K_g}(Y_k h_k)^{(r)}$$
$$-Q_{\mathrm{loss}}^{(j)}+Q_{\mathrm{source}}^{(j)}-P^{(j)}\frac{\mathrm{d}V^{(j)}}{\mathrm{d}t}\qquad (j=1,2,\cdots,N_{\mathrm{PSR}})\tag{3-9}$$

式中，U_{sjs} 表示总的内能，包含气体的内能、表面相的内能、沉积或腐蚀的固体相内能和管壁的内能；Q_{loss} 是流出反应器的净热通量；Q_{source} 是反应器源热通量；$h_{k,i}$ 表示入口流处第 k 种组分的比焓。

4. 一维层流预混火焰（PREMIX）模型

（1）预混火焰的几个基本概念

研究 C_2H_4 的燃烧特性和火焰结构，主要包括层流预混火焰的传播过程、火焰锋面的厚度、传播速度及绝热火焰问题等。层流火焰传播是火焰传播理论的基础，又是可燃混合物的基本物性。对层流火焰的研究可帮助阐明燃烧的许多基本现象，特别是对反应动力学规律有着重要的意义[13]。研究层流预混火焰是研究湍流火焰的基础，无论是层流还是湍流，都是物理过程起的作用，许多湍流理论是以层流火焰结构为基础的。

化学反应速度和过程是化学动力学研究的两个基本问题[13]。因此，在对预混火焰进行研究之前需要理解几个关键概念。

1）当量比。在预混火焰中，当量比定义为

$$\varPhi=\frac{(A/F)_{\mathrm{stoic}}}{A/F}=\frac{F/A}{(F/A)_{\mathrm{stoic}}}\tag{3-10}$$

式中，stoic 表示化学计量；$(A/F)_{\mathrm{stoic}}$ 表示化学计量下的空燃比，可用公式表示为

$$(A/F)_{\mathrm{stoic}}=\left(\frac{m_{\mathrm{air}}}{m_{\mathrm{fuel}}}\right)_{\mathrm{stoic}}\tag{3-11}$$

式中，m_{air} 和 m_{fuel} 分别表示空气和燃料的质量。

由其定义可知，$\varPhi>1$ 时，燃料剩余，富燃；$\varPhi=1$ 时，正好是化学计量比的混合物燃烧；$\varPhi<1$ 时，氧化剂剩余，贫燃。在许多燃烧应用中，当量比是决定一个系统性能的重要参数。

2）阿伦尼乌斯（Arrhenius）方程表示为

$$k'=BT^n\exp\frac{-E_a}{RT}\tag{3-12}$$

这一形式可用来表示大多数化学反应的速率常数。特别是当活化能 E_a 增加时，温度指数 n 的作用变得更加重要。

3）火焰传播速度。火焰传播速度是层流火焰燃烧的基本特性之一，是研究污染排放物生成机理及理论预测燃烧过程的基础数据。

对于无限大平面火焰来说，燃烧火焰传播速度定义为[13]：火焰前锋相对于自身向未燃气体的线性速度，或平面火焰波面沿着垂直其表面方向相对其邻近未燃气体移动的速度。为了使火焰保持稳定，各点的火焰燃烧速度必须与该点未燃气体的法向速度相同，如图 3-3 所示，用公式表示为

$$S_L = v_u \sin\alpha \tag{3-13}$$

式中，S_L 是火焰薄面元燃烧速度；v_u 是垂直向上混合燃气的出口速度；α 是火焰面和原始气流方向的夹角。

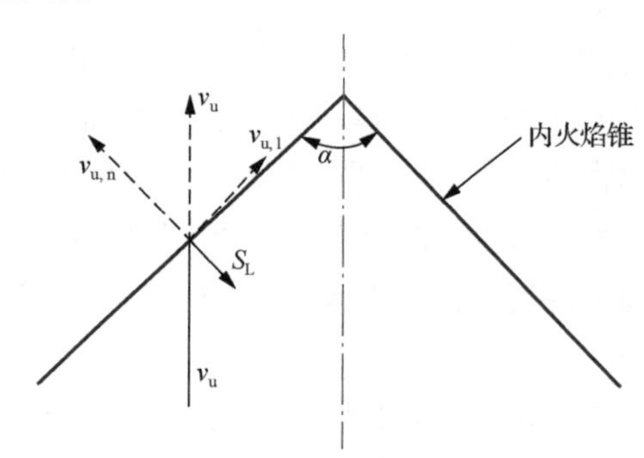

图 3-3　层流火焰速度等于未燃气体法向速度

（2）PREMIX 模型理论基础

在 PREMIX 模型中，存在以下几个假设：

1）该流动状态是一维且等面积的稳态流。

2）忽略动能和势能，忽略黏性力做功，忽略热辐射。

3）忽略火焰前后很小的压力变化，即压力是常数。

4）热扩散和质量扩散分别服从傅里叶定律和菲克定律。假定是二元扩散。

5）刘易斯数（Lewis number，Le）是表示热扩散系数（a）和质量扩散系数（b）比的一个无量纲数，假定刘易斯数等于 1，简化能量方程。

6）各组分的比热容都相等，且与温度无关。

7）燃料和氧化剂通过一步放热反应生成产物。

8）氧化剂等于化学当量或过量混合，燃料在火焰中完全被消耗。

假设一维流动有统一的进口条件，其控制守恒方程分别是连续方程、能量方程、组分方程及气体状态方程，分别表示如下：

$$\dot{M} = \rho u A \tag{3-14}$$

$$\dot{M}\frac{\mathrm{d}T}{\mathrm{d}x}-\frac{1}{c_p}\frac{\mathrm{d}}{\mathrm{d}x}\left(\lambda A\frac{\mathrm{d}T}{\mathrm{d}x}\right)+\frac{A}{c_p}\sum_{k=1}^{K}\rho Y_k v_k c_{pk}\frac{\mathrm{d}T}{\mathrm{d}x}+\frac{A}{c_p}\sum_{k=1}^{K}\dot{\omega}_k h_k W_k=0 \tag{3-15}$$

$$\dot{M}\frac{\mathrm{d}Y_k}{\mathrm{d}x}+\frac{\mathrm{d}}{\mathrm{d}x}(\rho A Y_k v_k)-A\dot{\omega}_k W_k=0 \qquad (k=1,2,\cdots,K_{\mathrm{g}}) \tag{3-16}$$

$$\rho=\frac{p\overline{W}}{RT} \tag{3-17}$$

式（3-14）～式（3-17）中，$\dot{M}$ 表示质量流率；T 表示温度；Y_k 表示第 k 种组分的质量分数，下标 k 代表种数；p 表示压力；u 表示混合物的轴向速度；ρ 表示密度；W_k 表示第 k 种组分的摩尔质量；$\overline{W}$ 表示混合物的平均分子量；R 表示通用气体常数；λ 表示热传导系数；c_p 表示定压热容；c_{pk} 表示第 k 种组分的定压热容；$\dot{\omega}_k$ 表示摩尔生成速率；h_k 为比焓；A 表示火焰传播的横截面积；x 表示空间坐标；v_k 表示第 k 种组分的扩散速度。每种组分的摩尔生成速率 $\dot{\omega}_k$ 是所有涉及该组分的化学反应竞争的结果。

5. *碳烟模型*

从计算机执行的角度来看，一个详细的碳烟动力学模型可认为是由两个基本部分组成的，即气相化学模型和碳烟颗粒动力学模型，它们分别决定火焰结构和描述粒子群的变化[11]。首先，粒子动力学子模型的正确性依赖气相化学模型决定的组分浓度，组分浓度决定碳烟成核和表面生长率。

本章针对 JSR / PFR 实验系统的模拟研究所采用的气相化学模型是由 Wang 和 Frenklach[14]提出的，该机理包含 99 个化学组分和 531 个反应，包含 C_1 和 C_2 组分的高温分解和氧化，更高阶直链烃的形成一直考虑到 C_6 组分，苯生成后进一步生长到芘，芘是一种大分子 PAHs。在模拟工作中，基于 HACA 生长机理对气相模型进行改进，加入小分子 PAHs-PAHs 凝聚反应。针对苯生长到大分子 PAHs 的生长机理分别采用 HACA 和 HACA+PAHs 两种机理来模拟。从气相到碳烟成核、生长和氧化采用表面化学来模拟（应用颗粒跟踪特征模块）。该模块后来扩充到有统一的热力学数据和输运属性的独立模块。该模块是作为独立的应用模型存在的，粒子初生、凝聚和表面反应通过求解 Smoluchowski[15]主方程和矩的方法[16]来实现。更多的关于碳烟生成的模型可参看文献[16]。

3.1.3 C_2H_4 预混火焰中碳烟前驱物生成的特征

准确预测 PAHs 和碳烟生成需要正确地描述火焰结构，同时验证模拟结果的合理性。因此，本节选取的模拟对象是前人实验测试的研究对象。在低压条件下，稳定燃烧预混火焰通常用来研究燃烧环境中的化学动力学，该火焰是一维的，便于有效测量火焰温度和组分浓度。另外，层流火焰速度也是不同燃料 / 氧化剂燃烧的主要特征。因此，对这种火焰化学动力学和传输过程的模拟是非常关键的，其预测结果可用来解释实验结果和理解燃烧本身。

本节采用 CHEMKIN-PRO 中的 PREMIX 模型对预混的 C_2H_4 / O_2 / Ar 火焰在不同的压力（0.03～0.05atm）和当量比（1.0～2.5）条件下进行模拟研究。研究路线：首先基于 Marinov 机理，分别在压力为 0.03～0.05atm、当量比为 1.0～2.0 的条件下进行模拟计算，选用代表性的组分和实验结果进行比较，说明本节所选反应器模型和气相模型合理。在此基础上，在 $p = 0.05$atm，$T_0 = 298$K，当量比 $\Phi = 2.5$ 的条件下，采用 Marinov 机理和 Dagaut 机理，对 C_2H_4 火焰结构和主要中间体的浓度进行计算，并与文献中的实验数据进行比较。

1. 几何模型和采用的气相模型

本节的计算几何模型是一个直径为 8cm、长为 10cm 的圆柱体。本节模拟计算采用的 C_2H_4 化学氧化动力学机理来自表 3-1。其中，Dagaut 机理包含 97 种组分，732 个基元反应用来模拟包含 C_1～C_4 碳氢化合物中氮氧化物的再燃，以及从 CH_4 到煤油的各种燃料的详细化学反应动力学机理；Marinov 机理包含 150 种组分，661 个基元反应用来模拟 CH_4、C_2H_4、C_2H_2 和 C_2H_5OH 等的燃烧过程。模拟建立的工程图如图 3-4 所示，该工程图包括一个入口、一个反应模型和一个反应产物。

表 3-1 C_2H_4 化学氧化动力学机理列表

机理名称	组分数	反应个数	适用条件
GRI-Mech 3.0	53	325	含 C_1～C_3 碳氢化合物氧化，可描述氮氧化物的生成和反应
圣迭戈 San Diego	46	235	模拟 C_1～C_3 碳氢化合物的燃烧过程
王-拉斯金 Wang-Laskin	75	529	计算 C_2H_4 和 C_2H_2 的氧化反应
马林诺夫 Marinov	150	661	模拟 C_2H_4、C_2H_2、C_2H_5OH 的燃烧过程
巴廷 L-巴布 Battin L-Barbe	64	439	描述 C_0～C_2 碳氢化合物的化学反应机理
康诺夫 Konnov	127	1207	描述小分子碳氢化合物的化学反应机理
坦 Tan	78	473	模拟 CH_4、C_2H_4、C_2H_2、C_3H_8、C_3H_6 燃烧过程，包括单一气体或它们的混合物
王-弗伦克拉克 Wang-Frenklach	99	531	模拟 CH_4、C_2H_6、C_2H_4、C_2H_2 燃烧反应

续表

机理名称	组分数	反应个数	适用条件
达戈特 Dagaut	97	732	包含 C_1～C_4 碳氢化合物中氮氧化物的再燃，以及从 CH_4 到煤油的各种燃料的详细化学反应动力学机理
阿佩尔-博克霍恩-弗伦克拉克 Appel-Bockhorn-Frenklach	101	544	包括气相化学和碳烟动力学，用于模拟碳烟的生成过程

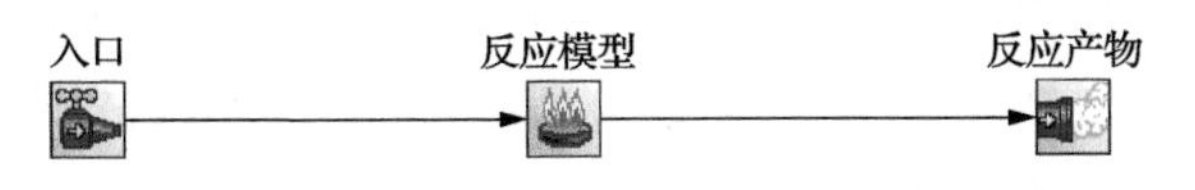

图 3-4　预混稳定火焰工程图

2. 边界条件及数值计算方法

（1）边界条件

本节所采用的模型为 PREMIX 模型，模拟的计算域和边界条件示意图如图 3-5 所示，其边界的设定为：$\dot{M}$ 是一个已知的常数，温度和质量流量分数（$\dot{\varepsilon} = Y_k + \rho Y_k v_k A / \dot{M}$）在冷边界进口处给定，在热边界出口给定为零梯度。

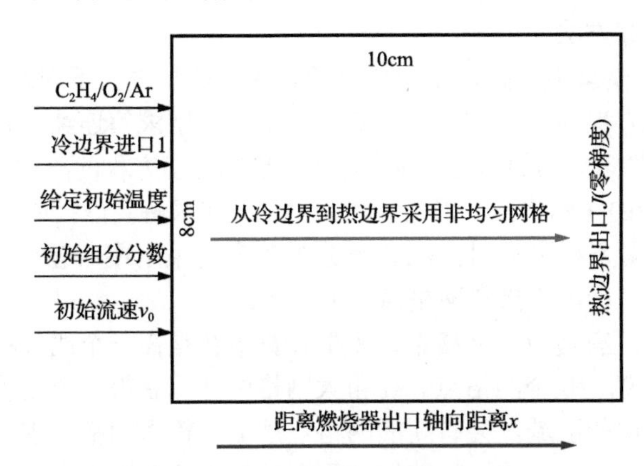

图 3-5　模拟的计算域和边界条件示意图

在冷边界进口处，定义质量流量分数和温度通过如下解决方程来实现：

$$\varepsilon_{k,1} - Y_{k,1} - \left(\frac{\rho Y_k v_k A}{\dot{M}}\right) = 0 \tag{3-18}$$

$$T_1 - T_b = 0 \tag{3-19}$$

式（3-18）、式（3-19）中，$\varepsilon_{k,1}$ 是进口第 k 种组分的反应物质量流量分数；T_b 是指定的燃烧器温度；$\dot{M}$ 表示质量流率；T 表示温度；Y_k 表示第 k 种组分的质量分数；ρ 表示密度；v_k 表示第 k 种组分的扩散速度；A 表示火焰传播的横截面积。

在热边界出口处，两个临界节点的质量分数和温度变化率为零，即定义零梯度通过如下方程来实现：

$$\frac{Y_{k,J}-Y_{k,J-1}}{x_J-x_{J-1}}=0 \tag{3-20}$$

$$\frac{T_J-T_{J-1}}{x_J-x_{J-1}}=0 \tag{3-21}$$

本节数值计算所采用的模拟工况、燃料和氧化剂的组分及冷边界进口设置如表 3-2 所示。其中，$X(i)$表示各组分体积分数；p 表示压力；v_0 表示进口流速；Φ 表示当量比；T_0 表示初始温度。

表 3-2 燃料 / 氧化剂成分和计算条件

模型	火焰标识	Φ	$X(C_2H_4)$	$X(O_2)$	$X(Ar)$	T_0/K	p/atm	v_0/(cm/s)
层流预混火焰模型	F1.0	1.0	0.0675	0.2025	0.7300	298	0.03	78.36
	F1.5	1.5	0.1012	0.2025	0.6963	298	0.04	58.79
	F2.0	2.0	0.1350	0.2025	0.6625	298	0.05	47.03
	F2.5	2.5	0.3300	0.4000	0.2700	298	0.05	40.3

（2）数值计算方法

在 PREMIX 模型中，假定压力是常数，忽略热损失，不求解动量守恒方程。因此，控制守恒方程为式（3-14）～式（3-16）。分别求解连续方程、能量方程和组分方程，得到稳定火焰的温度和组分浓度。控制守恒方程的离散从冷边界点 1 到热边界点 J（J 指的是网格点）采用非均匀网格。在求解离散控制守恒方程时用有限差分近似，能量方程中的对流项和组分扩散项均采用中心差分求解，所有的非微分项，如化学生产率直接在网格点 J 上计算。

PREMIX 模型有适应的网格数，模拟计算最初是在一个比较粗大的网格状态下进行，包括约 9、10 个网格点。在粗大网格中计算获得一个结果后，在温度和组分浓度改变较快的区域，会有新的网格点添加。粗大网格的求解结果将添加为精细网格计算的初始值。该过程持续到不用添加新的网格点为止，精度由用户自己控制。

本节模拟计算采用的计算域长 10cm，要求的最大格子点数是 100，适应的网格点数是 50。求解过程中，梯度和曲率的适应网格控制标准是 0.9。更多的细节可参看 CHEMKIN-PRO 帮助文件。

3. 模拟验证数据来源及条件

首先，在压力分别为 0.03atm、0.04atm 和 0.05atm 及对应的当量比分别为 1.0、

1.5 和 2.0 三种工况下，C_2H_4 / O_2 / Ar 预混火焰的实验数据是由 Musick 等[17]采用分子束质谱分析法测得的，通过该方法可获得火焰中的中间组分的浓度，包括定态组分和激发态自由基的浓度。该文献研究的主要目的是提供一些关于中间组分随当量比变化的主要信息，同时特别关注中间组分 C_2、C_3、C_4 涉及的化合物，进一步的目标是确定反应机理中包含的反应常数，并为模拟计算提供覆盖大范围的实验数据。本文在上述三种工况下只选取 C_2H_4（C_2H_4 代表稳态组分）和氢气（H_2 代表反应过程中的激发态自由基）来比较分析，说明本文选取的反应器模型和气相模型合理。

此外，本节选取的在 $p = 0.05$atm、$\Phi = 2.5$ 条件下 C_2H_4 / O_2 / Ar 预混火焰的实验数据来自文献[18]。该文献研究的主要目标是探测 CO_2、NH_3 和 H_2O 的添加对 C_2H_4 / O_2 / Ar 火焰结构和碳烟生成前驱物的影响。采用的测量方法是分子束质谱（molecular beam mass spectrometry，MBMS）分析法。在该工况下，本节采用 Marinov 机理和 Dagaut 机理两种气相模型对 C_2H_4 氧化火焰中的一些中间组分做模拟计算和分析。

4. 结果分析和讨论

图 3-6 所示为不同的压力（0.03atm、0.04atm、0.05atm）和对应的当量比（1.0、1.5、2.0）条件下，C_2H_4 / O_2 / Ar 预混火焰中模拟的 C_2H_4 ［图 3-6（a）］和 H_2 ［图 3-6（b）］的摩尔分数与实验测量值沿火焰轴心距离的变化曲线[18]（即 C_2H_4 的径向分布曲线）。可以看出，模拟的 C_2H_4 和 H_2 与对应的测量值有很好的一致性。总体上说，三种不同的当量比下，C_2H_4 和 H_2 的最大误差是较小的。考虑测量的系统误差和模拟过程中的模型简化及边界条件的影响，该误差在可接受的范围内。

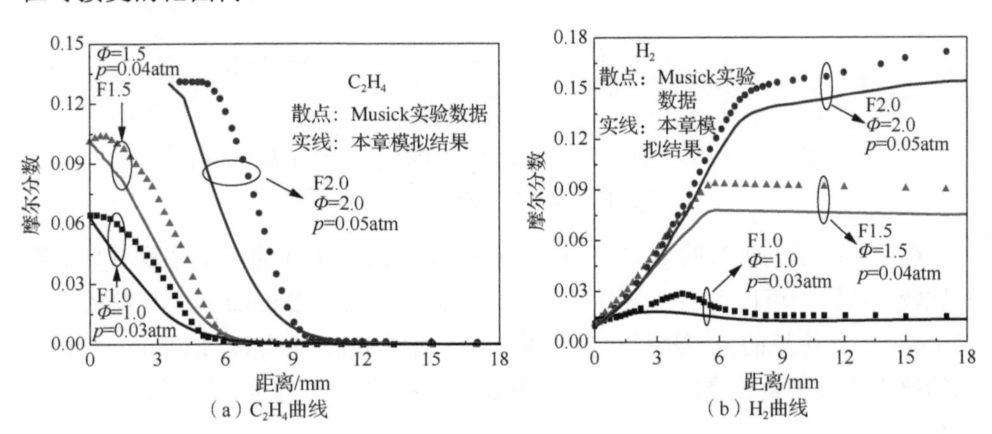

图 3-6 C_2H_4 / O_2 / Ar 预混火焰中不同压力（p）和对应当量比（Φ）时模拟结果和实验数据比较

此外，从图中还可知，C_2H_4 氧化过程中释放的 H_2 的最大值随当量比的增大而增大。该结论与文献[19]研究结果是一致的。因此，本文选用的反应器计算模型、气相机理模型及数值算法合理可行。

为了进一步模拟预混 C_2H_4 / O_2 / Ar 火焰中主要中间体和碳烟前驱物的行为特性，本节又在压力 p = 0.05atm、当量比 Φ= 2.5 条件下，采用不同的气相模型（Marinov 机理和 Dagaut 机理）对 C_2H_4 / O_2 / Ar 预混火焰进行模拟计算，并对计算结果和文献中的实验结果进行对比和分析。

图 3-7 给出了分别采用 Marinov 机理和 Dagaut 机理模拟的温度曲线和实验数据的比较。从图中可以看出，不同的反应机理的模拟结果与实验数据在趋势上一致。Marinov 机理模拟的温度分布相对而言与实验数据吻合得更好一些，而 Dagaut 机理则过高地模拟了火焰的温度，比 Marinov 机理预测的温度最大误差值约高 50K。上文已提到，考虑测量的系统误差和模拟过程中的模型简化及边界条件的影响，还可得出这样的结论：气相模型对模拟结果的影响很大。因此，在预混火焰化学动力学模拟研究方面选择合适的反应机理和模型至关重要。

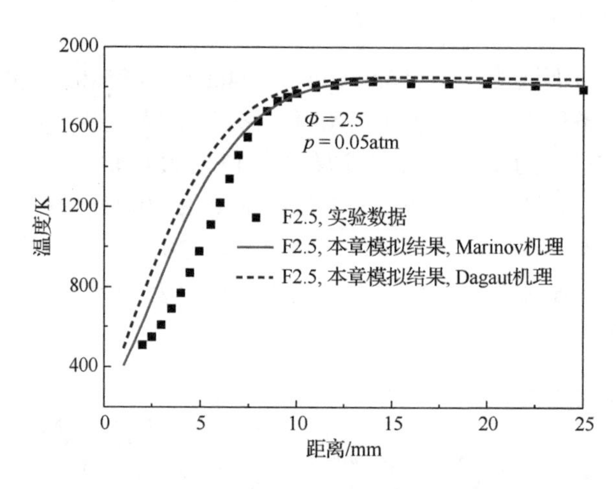

图 3-7 p = 0.05atm、Φ = 2.5 条件下预混 C_2H_4 / O_2 / Ar 火焰中模拟的温度值与实验数据[20]比较

图 3-8 所示为模拟的 C_2H_4 / O_2 / Ar 火焰中生成 H_2O 的摩尔分数与实验数据比较。从图中可以看出，在距燃烧器出口 9mm 之内，Dagaut 机理模拟的值比 Marinov 机理模拟的值更接近实验数据，而在远离 9mm 的区域，Marinov 机理模拟的值更接近实验数据。因此，对于生成物 H_2O 的模拟，两种机理的优势均不明显。

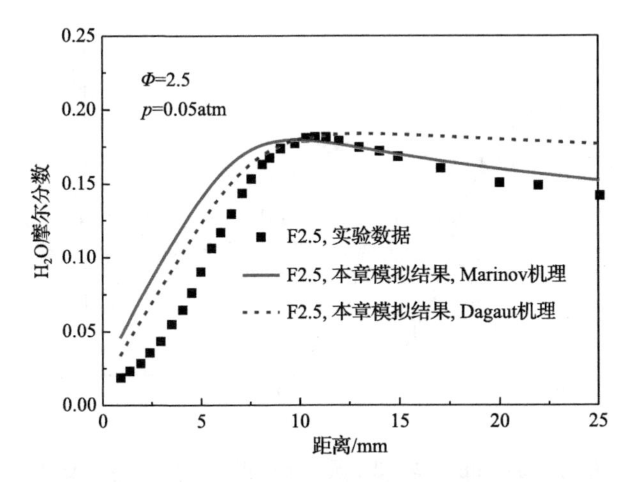

图 3-8 $p = 0.05$atm、$\Phi = 2.5$ 条件下模拟的 C_2H_4 / O_2 / Ar 预混火焰中 H_2O 的摩尔分数与实验数据[20]比较

图 3-9、图 3-10 是在 $p = 0.05$atm、$\Phi = 2.5$ 条件下模拟的 C_2H_4 / O_2 / Ar 火焰中 CO、CO_2 和 C_2H_4、C_2H_2 的摩尔分数与实验数据[20]比较。从两图中可以看出，模拟的结果和实验数据趋势吻合较好。相比较而言，Marinov 机理模拟的值比 Dagaut 机理模拟的值更接近实验数据。Marinov 机理模拟的值与实验数据也存在一定的误差，尤其是预测 CO_2 与 C_2H_2 的分布与实验数据有一定的差距。产生该差距的可能原因是实验的不确定性[20]，或模型中缺少一些组分和反应，以及模拟过程中边界条件设置的影响。

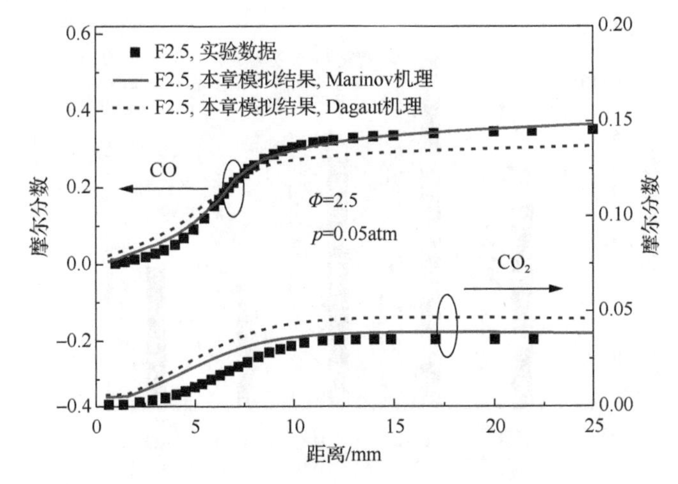

图 3-9 $p = 0.05$atm、$\Phi = 2.5$ 条件下模拟的 C_2H_4 / O_2 / Ar 火焰中 CO 和 CO_2 的摩尔分数与实验数据[20]比较

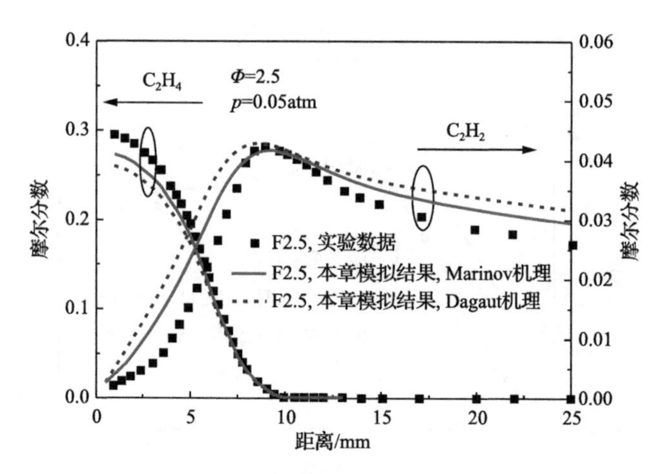

图 3-10 $p = 0.05$atm、$\Phi = 2.5$ 条件下模拟的 C_2H_4 / O_2 / Ar 火焰中 C_2H_4和 C_2H_2 的摩尔分数与实验数据[20]比较

图 3-11 所示是 $p = 0.05$atm、$\Phi = 2.5$ 条件下模拟的 C_2H_4 / O_2 / Ar 火焰中主要 C_3～C_{10} 组分（C_3H_3、C_6H_6、C_6H_6O、C_8H_8、$C_{10}H_8$）的摩尔分数最大值与实验数据最大值之间的比较。从图中可以看出，采用两种机理模型模拟的各组分摩尔分数最大值均与实验数据的最大值吻合较好。然而，比较采用两种机理模型模拟的结果与实验数据之间的异同，发现其规律性不是很明显，如 Marinov 机理模拟的 C_3H_3、C_6H_6、C_8H_8 与实验数据较接近，而 Dagaut 机理模拟的 C_6H_6O、$C_{10}H_8$ 与实验数据较接近。因此，可得出及推测出以下规律和结论：对于 C_6H_6 以上的大分子中间体

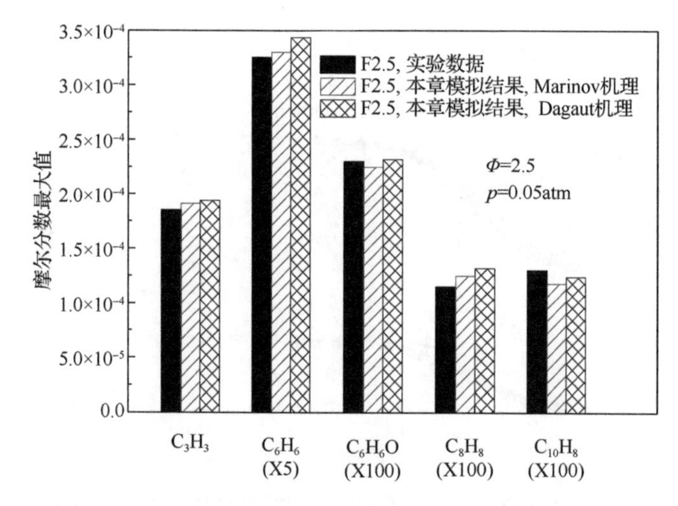

图 3-11 $p = 0.05$atm、$\Phi = 2.5$ 条件下模拟的 C_2H_4 / O_2 / Ar 火焰中主要 C_3～C_{10} 组分（C_3H_3、C_6H_6、C_6H_6O、C_8H_8、$C_{10}H_8$）的摩尔分数最大值与实验数据最大值比较

的模拟，两种模型之间的优劣将不再明显。产生图 3-11 所示结果的主要原因有：实验测量的系统误差及大分子中间体测试的不确定性；采用的模型中可能缺少一些重要的组分和反应；模拟过程中边界条件设置的影响。因此，开展大分子中间体和碳烟生成的路径及模型的研究是一个持续进行的过程。

3.1.4 射流搅拌反应器 / 活塞流反应器耦合反应器中 C_2H_4 氧化碳烟生成的转化行为

JSR / PFR 实验系统是由 Marr[10]开发的，该系统提供了一个碳烟生成动力学研究的平台。因为在 JSR 和 PFR 条件下，质量扩散对气相组分的影响最小。JSR 作为一个预热、预混火焰的区域常与 PFR 结合来模拟火焰后焰区的燃烧特性和碳烟生成。从模型模拟的前景来看，使用 JSR / PFR 模拟系统能够较大地降低数值运算的复杂性和计算时间。其结构示意图如图 3-12 所示。

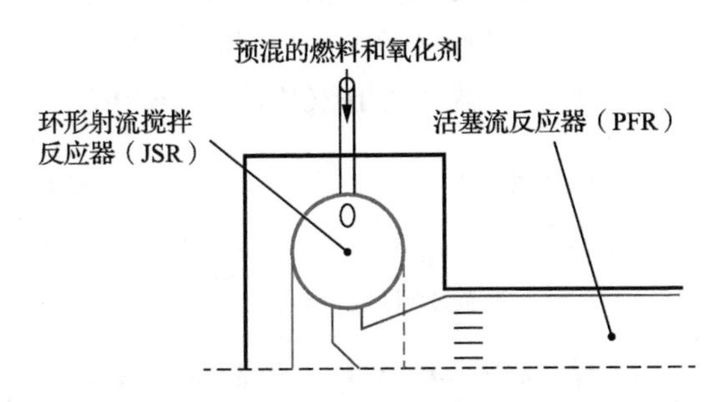

图 3-12 Marr[10]的 JSR / PFR 实验结构示意图

本节基于 Marr[10]的 JSR / PFR 实验系统，采用由一个 PSR 反应器和两个 PFR 反应器组成的综合反应器模型来模拟预混的 C_2H_4 / O_2 / N_2 实验反应系统。在建模的基础上，对 C_2H_4 火焰中主要中间气相组分、PAHs 的摩尔分数及碳烟体积分数进行模拟计算，并改进气相模型。在模拟计算过程中，验证粒子跟踪特性模型的有效性，提供一个对成核动力学和碳烟生长进行描述的表面反应的认识。

本节模拟研究的思路是：首先采用一个 PSR 反应器与两个 PFR 反应器的组合反应器对 JSR / PFR 实验系统进行建模和模拟研究。在模拟中，基于经典的 C_2H_4 燃烧化学动力学模型，即 Wang-Frenklach 气相机理模型，对大气压下富燃的 C_2H_4 / O_2 / N_2 火焰的后焰区芘及以下小分子中间体的生成做模拟研究和验证。在综合考虑实验误差和模拟误差的基础上，通过比较将最新动力学研究成果与 C_2H_4 燃烧化学动力学模型结合并对其进行优化，添加小分子 PAHs-PAHs 的缩合反应与 HACA 的大分子 PAHs 生长路径，共同描述苯到大分子 PAHs 的生长路径。同时，采用 Wang-Frenklach 的气相机理及改进的气相机理模型耦合表面化学的方法（粒子跟踪特征模块的应用）对碳烟的体积分数做模拟计算，进而采用改进的气相模型对主要碳烟前驱物的生成路径做敏感性和反应路径分析。

为了确认大分子 PAHs 生长机理，本节做两个模拟计算，一个是单独的 HACA 反应，另一个是 HACA+PAHs-PAHs 缩合生长反应。在 HACA 模拟研究的基础上改进该机理，添加 PAHs-PAHs 缩合的主要反应。由于可用的不同变量数超过限定的范围，CHEMKIN-PRO 软件后处理系统将会过滤一些小分子变量。为了便于研究，本节采用不同的字符代号代表不同的苯及高阶芳烃物质。例如，A1 表示苯，A2 表示萘，$A1C_2H$ 表示苯基乙炔，A4 表示芘等。

1. 几何模型和采用的碳烟模型

Marr[10]的 JSR / PFR 实验建立的工程图如图 3-13 所示。PSR 反应器是对 JSR 的模拟，接下来的 PFR1 反应器是对 JSR 与 PFR 之间结合过渡区域的模拟，最后一个 PFR2 反应器是对火焰后焰区的模拟。其中，Marr 的实验测量数据是在 PFR2 处取得的，而 PFR1 反应器模拟过渡区域的主要目标是耗散 JSR 反应器中的热量，即在进入测试部位（PFR2）前，温度从 1630K 降至 1620K。

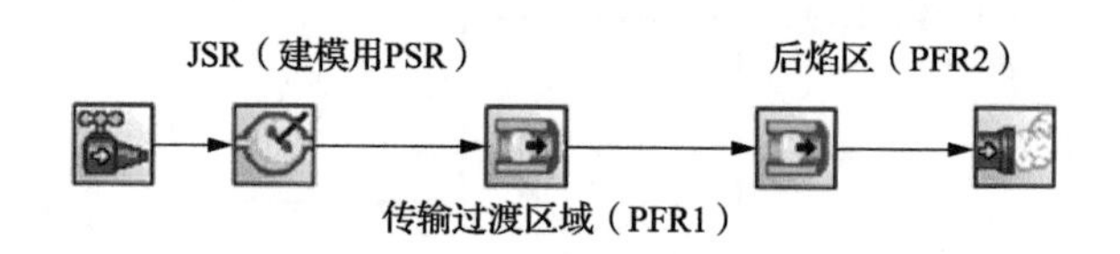

图 3-13 模拟 JSR / PFR 实验建立的工程图

本节模拟计算采用的碳烟模型分为两部分：一部分是气相模型，用来计算一些重要的中间组分、芘以下的组分分数和火焰温度。气相模型决定火焰的结构，是定义碳烟成核及表面生长速度的基础；另一部分是用来模拟芘以上的组分和碳烟的成核、凝聚及表面生长和氧化。其中，气相模型采用 Wang-Frenklach 机理，该模型包含 99 个组分和 531 个反应，用来模拟 CH_4、C_2H_4 和 C_2H_2 等碳氢化合物的燃烧。在 Wang-Frenklach 机理中，大分子 PAHs 生长机理是单独的 HACA 反应。本节采用的改进模型也是基于 HACA 生长机理，添加 PAHs-PAHs 缩合的主要反应，改进后的模型中大分子 PAHs 生长机理为 HACA+PAHs-PAHs 缩合反应。芘以上组分、碳烟的成核、凝聚及表面生长和氧化等过程，采用由 Frenklach 与合作者[3,5-6,14,16]提出的粒子跟踪特征模型来模拟，采用表面化学的方式与气相化学耦合实现。所用的热力学数据和输运数据来自 CHEMKIN 数据库和桑迪亚国家实验室（Sandia National Laboratories）数据库。

本节中苯以上 PAHs 组分的生长思路分为两个过程，一个是单独的 HACA 反应，另一个是基于 HACA 模型添加 PAHs-PAHs 缩合反应的 HACA+PAHs 模型。

在粒子跟踪特征模型中粒子初生只考虑均相成核（或自身成核），即假设粒子核大多数由一种组分的化学混合物组成，同时要求粒子通过复成核反应生成。粒子初生在粒子跟踪模型中通过成核反应来模拟，成核反应是一个表面反应的特殊形式，该反应涉及新粒子的形成和属性，是不可逆的且所有的反应物必须是气相组分，这些气相组分必须是前驱物。粒子凝聚是在一个气溶胶系统中的连续反应，通过相互碰撞黏附形成更大的粒子。由于凝聚是单纯的粒子大小的重新分配，因此不影响气溶胶系统总的粒子质量。表面反应是粒子与周围的气体混合物之间在粒子表面的一种相互作用，粒子的表面反应机理如表 3-3 所示。更多的有关粒子跟踪特征模型可参看相关文献。

表 3-3 粒子的表面反应机理

反应步数	化学反应	$k' = BT^n \exp(-E_a / RT)$		
		B [cm^3, mol^{-1}, s^{-1}]	n	E_a [cal/mol]
S1	$2A4 \longrightarrow 32C(b)+20H(s)+28.72(s)$	2.00×10^8	0.5	0.0
S2	$H+H(s) \longrightarrow (s)+H_2$	4.20×10^{13}	0.0	13000.0
S3	$H_2+(s) \longrightarrow H(s)+H$	3.90×10^{12}	0.0	9320.0
S4	$H+(s) \longrightarrow H(s)$	2.00×10^{13}	0.0	0.0
S5	$H(s)+OH \longrightarrow H_2O+(s)$	1.00×10^{10}	0.734	1430.0
S6	$H_2O+(s) \longrightarrow OH+H(s)$	3.68×10^8	1.139	17100.0
S7	$C_2H_2+(s) \longrightarrow H(s)+2C(b)+H$	8.00×10^7	1.56	3800.0
S8	$A1+6H(s) \longrightarrow 6C(b)+6(s)+6H_2$	0.2	0.0	0.0
S9	$A1C_2H+6H(s) \longrightarrow 8C(b)+6(s)+6H_2$	0.21	0.0	0.0
S10	$A2+16H(s) \longrightarrow 10C(b)+16(s)+12H_2$	0.1	0.0	0.0
S11	$A2R5+16H(s) \longrightarrow 10C(b)+16(s)+11H_2+C_2H_2$	0.1	0.0	0.0
S12	$A3+20H(s) \longrightarrow 14C(b)+20(s)+15H_2$	0.1	0.0	0.0
S13	$A4+20H(s) \longrightarrow 16C(b)+20(s)+15H_2$	0.1	0.0	0.0
S14	$OH+(s)+C(b) \longrightarrow CO+H(s)$	0.20	0.0	8000.0

注：(b)是指圆态的，表中指碳烟；(s)是指吸附到固体表面的状态。

2. 边界条件及数值计算方法

（1）边界条件

本节所采用的模型为一个 PSR 和两个 PFR（分别用 PFR1 和 PFR2 来表示）的组合反应器模型，模拟计算的计算域和边界条件示意图如图 3-14 所示。

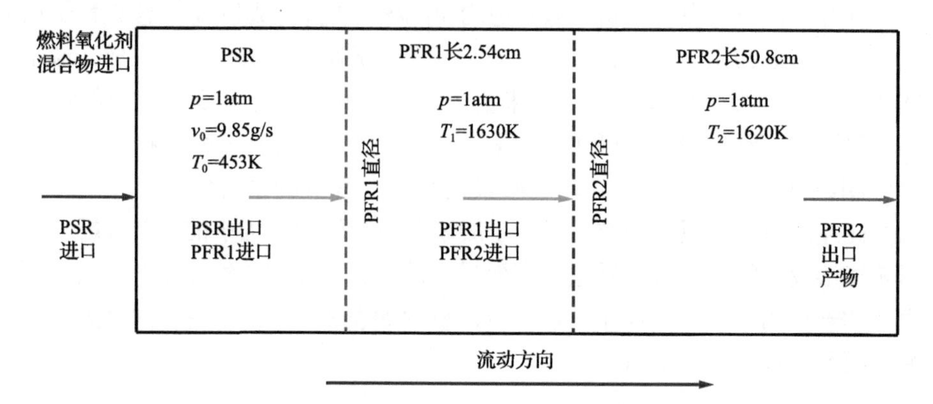

图 3-14 计算域和边界条件示意图

组合反应器中的 PSR 反应器为一个 250mL 的圆柱体，其进口初始条件为 p = 1atm，当量比 Φ = 2.2，混合物流速 v_0 = 9.85g/s，混合物初始温度 T_0 = 453K，初始停留时间 τ_0 = 0ms，详细的燃料和氧化剂的组分构成和初始条件如表 3-4 所示。PFR1 是长为 2.54cm，直径为 5.08cm 的圆柱体，其压力和温度分别为 p = 1atm，T_1 = 1630K。PFR2 是长为 50.8cm，直径为 5.08cm 的圆柱体，其压力和温度分别为 p = 1atm，T_2 = 1620K。PFR1 进口的初始值为 PSR 反应器出口的温度、组分摩尔分数、密度及流速，PFR2 反应器的初始值为 PFR1 反应器出口的温度、密度、组分摩尔分数及流速等。

表 3-4 燃料和氧化剂的组分构成和初始条件

反应器模型	Φ	$X(C_2H_4)$	$X(O_2)$	$X(N_2)$	p/atm	v_0/(g/s)	T_0/K	τ_0/ms	文献
PSR/PFR 组合	2.2	0.1005	0.1370	0.7625	1	9.85	453	0	[31]

（2）数值计算方法

PFR 反应器假设为稳态、稳定流动，无轴向混合，是一种理想无黏流动。忽略径向质量和能量的传输，忽略流向扩散，即流动方向上分子扩散和湍流质量扩散均可忽略。垂直于流动方向的参数都相同，是一维流动，且任何一个横截面上单个参数的速度、温度、组分的摩尔分数等可以完全描述这一流动。描述该反应器的方程为质量守恒方程、气态组分守恒方程、能量守恒方程及 x 向动量守恒方程［式（3-2）～式（3-5）］，是一组耦合的常微分方程，其变量是空间坐标的变量。常微分方程组采用 CHEMKIN 软件自带刚性方程组的数值积分方法来求解。

在模拟过程中，粒子跟踪特征的实现方法如下：在表面反应机理中，粒子跟踪特征的活性通过专门的关键字来标识。在碳烟的模拟中，需要气相化学和表面化学输入文件。一旦化学文件被预处理，离散相按钮将会出现在反应器的物理特性面板上。大多数的颗粒跟踪特征的物性参数将在这个面板设置。粒子大小动量矩的初始条件也在此处设置，初始大小的动量可由粒子数密度单独构建。另外，粒子的大小信息，如粒子质量密度或粒子体积分数也能设定。由于离散相不能在反应器管壁上存在，粒子的表面积组分在材料设定数据面板上设置为 0。在本节的计算中，设置碳为 0，管壁为 1.0，最小数密度设定为 100，矩的数目为 3 个，凝聚碰撞效率为 1.0。

粒子跟踪特征方法是一种新颖和有效的数值方法，该方法用来预测粒子形成和跟踪粒子大小分布的变化，其功能已经得到证实。例如，基于 CHEMKIN 的表面反应和 Frenklach 等提出的矩方法基础上应用粒子跟踪特征。粒子跟踪特征的创新在于粒子初生、生长和氧化过程，这三个过程通过表面反应来表述，该表面过程的模拟是比较直观和灵活的。除此之外，这种执行方法大大简化了不同前驱物的假定、测试及生长和消耗路径。粒子跟踪特征方法的数值求解运行流程图如图 3-15 所示。

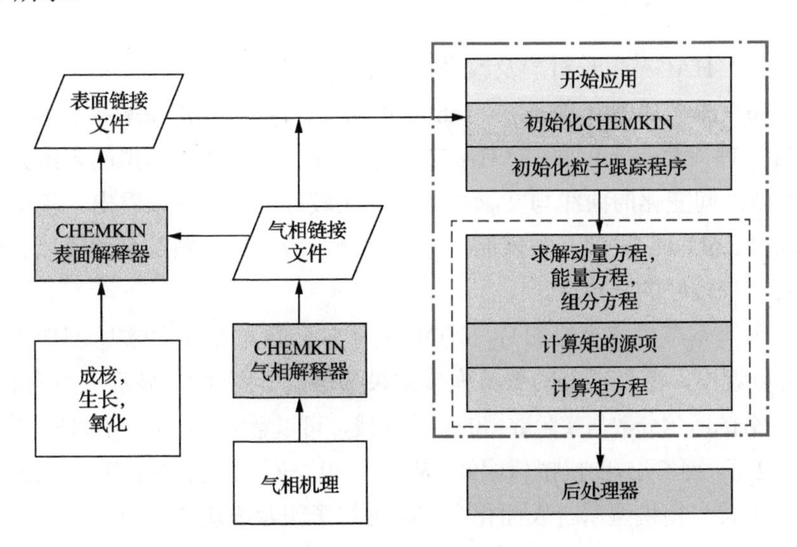

图 3-15 粒子跟踪特征方法的数值求解运行流程图

由图可知，粒子跟踪特征程序的运行是需要气相机理文件与表面机理文件的，即需要气相化学与表面化学的耦合应用。其中，气相机理描述碳烟成核前所有气相组分的反应和分解过程，气相模型（包括气相机理、热力学数据及输运数据）在气相解释器中生成气相链接文件，而粒子的成核、生长和氧化则用表面机理文件给出，在表面解释器中生成表面链接文件，气相链接文件与表面链接文件共同开启 CHEMKIN 应用程序，调用并初始化粒子跟踪特征程序模块，该模块是作为一个应用模型植入 CHEMKIN 中的。当粒子跟踪特征程序开启后，先求解动量、能量及组分等控制方程，再计算矩方程的源项和求解矩方程。最后，所有求解的特征量统一输出到 CHEMKIN 后处理器中。控制方程的求解第 2 章已经提及，这里不再详述。

3. 数值验证数据的来源及条件

1993 年 Marr[10]对一富燃（Φ =1.2, 2.2）的 C_2H_4 / O_2 / N_2 预混火焰在封闭的 JSR / PFR 耦合反应系统中进行了实验研究。实验的主要关注点是测量主要气相组分的摩尔分数、PAHs 的摩尔分数及碳烟体积分数。本节选取在 p = 1atm、Φ =2.2、T_1 = 1630K、T_2 = 1620K 条件下的实验测量数据与本章的模拟数据比较。同时，为了对苯以上的多环芳烃到碳烟生成的过程有较好的理解，本节选取文献[18]、[20]中的模拟数据来与本节计算结果进行比较分析。

4. 结果分析和讨论

（1）基于 HACA 生长机理及改进模型的模拟研究

图 3-16～图 3-19 显示的是 p = 1atm、Φ =2.2、T_2 = 1620K 条件下，基于 Wang-Frenklach 机理（大分子 PAHs 的 HACA 生长机理），PFR2 中模拟的各组分的摩尔分数随停留时间变化的曲线与文献中数据的比较。从图中可以看出，基于气相化学（Wang-Frenklach 机理）与表面化学的耦合，应用粒子跟踪模型模拟的结果与实验结果[21]有较好的一致性。

图 3-16 是本节数值模拟的 H_2 和 $^{\cdot}OH$ 的摩尔分数与 Marr[10]实验测量数据的对比图。可以看出，两种组分的数值模拟结果都偏低。图 3-17 显示了预测的 C_1-组分和 C_2-组分的摩尔分数与实验数据的对比曲线，可以看出，除了 C_2H_2 外，其他三种组分吻合良好，而 C_2H_2 的模拟值偏低。从图中的比较分析可得出：基于大分子 PAHs 的 HACA 生长气相模型耦合表面化学，应用粒子跟踪模块特征程序模拟的低碳分子组分和中间组分大体上偏小。这种偏差由很多因素引起。例如，Marr 没有提供 JSR 进口气体混合物详细的成分和温度；JSR 的温度是通过调整进口气流中 N_2 的摩尔分数实现的；进口条件的不确定性、反应器热损失和反应器停留时间影响在 JSR 后面 PFR 部位模拟结果。

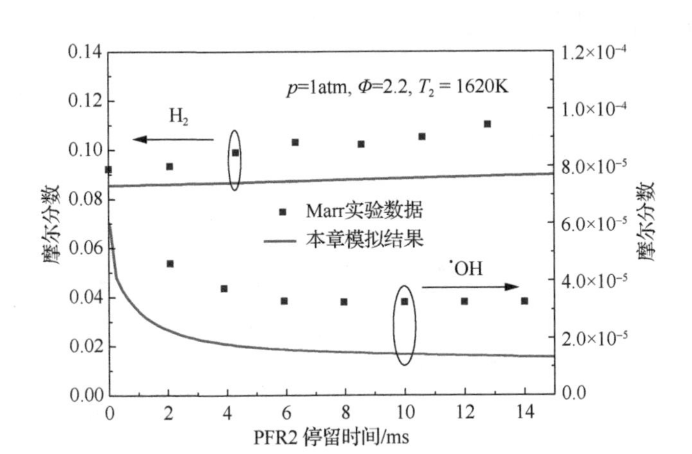

图 3-16 p = 1atm、Φ =2.2、T_2 = 1620K 条件下，C_2H_4 / O_2 / N_2 火焰中模拟的 ·OH 和 H_2 的摩尔分数与实验数据[10]比较

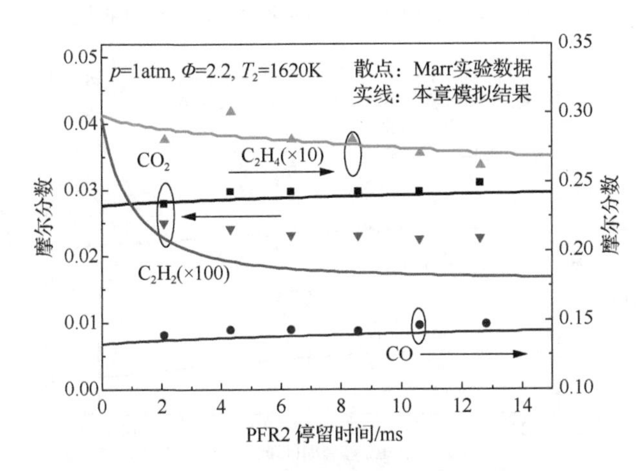

图 3-17 p = 1atm、Φ =2.2、T_2 = 1620K 条件下，C_2H_4 / O_2 / N_2 火焰中模拟的 C_1-组分和 C_2-组分的摩尔分数与实验数据[10]比较

此外，对于 A1～A4 等芳烃分子摩尔分数的模拟结果，本节还与文献[10]、[19]中的研究结果进行了比较，如图 3-18、图 3-19 所示。从图 3-18 可知，本文模拟的 C_6H_6(A1)与 $C_{10}H_8$(A2)的数值在 Marr 与哈里斯（Harris）等的研究结果的中间，这说明本章的建模和研究方法是合理的，并能反应碳烟生成过程中的一些重要信息。从图 3-19 可知，$C_{14}H_{10}$(A3)的模拟值较文献中的偏差较大，而 $C_{16}H_{10}$(A4)的模拟结果与 Grow 的数据趋势一致，与 Marr[10]的测量结果却相差较大。引起这些偏差的原因除了上文所讨论的一些实验不确定性之外，碳烟生成的模型也是产生这种误差的原因之一。可能的原因有：碳烟生成的气相模型中缺少了某些重要的组分或反

应；模型中的一些简化和假设是否合理地反映了真实情况；边界条件设置的合理性。

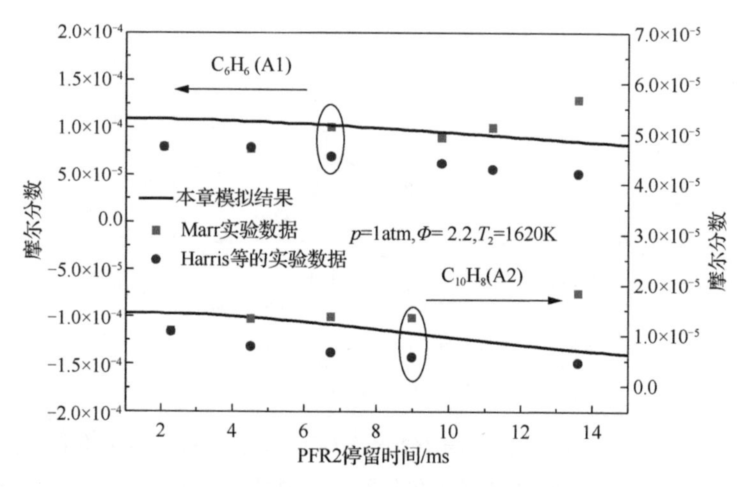

图 3-18 p = 1atm、Φ =2.2、T_2= 1620K 条件下，C_2H_4 / O_2 / N_2 火焰中模拟的 C_6H_6 (A1)和 $C_{10}H_8$ (A2)组分的摩尔分数与文献数据比较

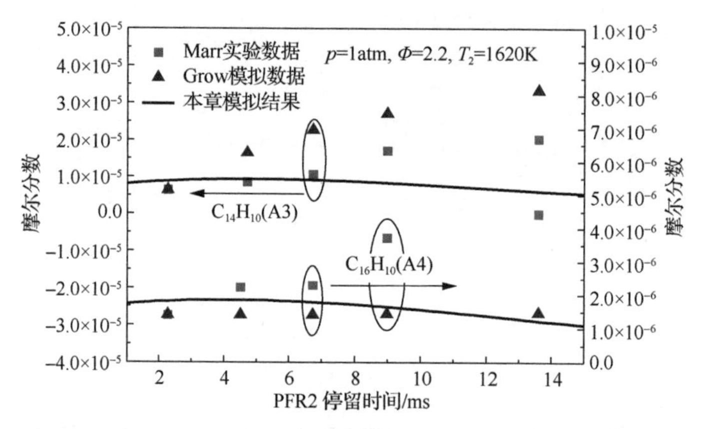

图 3-19 p = 1atm，Φ =2.2、T_2= 1620K 条件下，C_2H_4 / O_2 / N_2 火焰中模拟的 $C_{14}H_{10}$ (A3)和 $C_{16}H_{10}$ (A4)组分的摩尔分数与文献数据比较

综上所述，气相化学（Wang-Frenklach 机理 ，大分子 PAHs 的 HACA 生长机理）与表面化学的耦合并应用粒子跟踪模型模拟的结果与实验结果[10]吻合较好。粒子跟踪特性程序对 C_2H_4 / O_2 / N_2 火焰中的 A1 以下小分子中间体的模拟，给出了很强的规律性，趋势一致，在数量上模拟值均低于实验值。然而，对于大分子芳烃（A1～A4）的模拟，模拟的结果和文献中的实验数据在趋势上大体一致，但是在数量上有一定的偏差。引起这种偏差的可能原因包括实验测试条件限制，高阶芳烃分子本身形成机理的复杂性和不确定性，以及模拟计算中应用的碳烟模型是否缺少了某些重要的组分或反应。

基于以上的推测，本节在大分子 PAHs 的 HACA 生长机理，即 Wang-Frenklach 机理的基础上，添加 PAHs-PAHs 缩合反应的生长路径，对 Wang-Frenklach 机理进行改进。改进后的模型中大分子 PAHs 的生长机理由 HACA+PAHs-PAHs 生长机理共同描述。

在前面工作的基础上，本节又做了两个模拟计算。分别采用改进前后的 HACA 生长机理和 HACA+PAHs-PAHs 缩合两种不同生长机理对碳烟体积分数进行模拟。模拟结果与测量结果的比较如图 3-20 所示。由图可知，应用唯一的大分子 PAHs 的 HACA 生长机理时，模拟的碳烟体积分数与测量结果只有在 PFR2 进口处一致，而其曲线倾斜度远远低于测量数据的趋势。这表明独自的 HACA 生长机理在后焰区给出的碳烟生长率太小。因此，可以推测还有其他的生长机理，如 PAHs-PAHs 缩合也可能有助于碳烟的质量增长；另外，HACA+PAHs-PAHs 生长机理模拟的结果和测量结果有很好的一致性。由此可得出，PAHs-PAHs 缩合有助于碳烟生长是合理的。

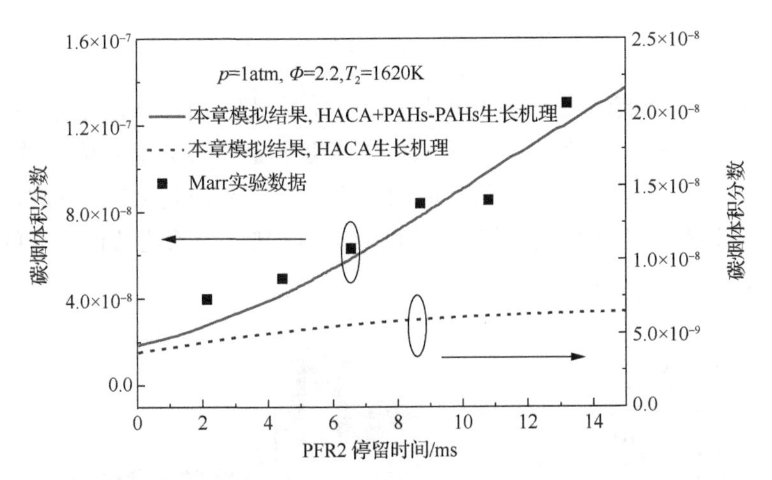

图 3-20　p=1atm、Φ=2.2、T_2=1620K 条件下，C_2H_4 / O_2 / N_2 火焰中改进前后两种机理模拟的碳烟体积分数与实验数据[10]的比较

然而，HACA+PAHs-PAHs 生长机理在 PFR2 进口没有过高地预测碳烟体积分数。Marr 的实验数据表明，在 PFR2 中的第一个 5ms 内碳烟体积分数增加到 4×10^{-8}。这是因为 JSR 中的停留时间是 5ms，且其内的温度比 PFR2 中的温度仅高 10K。因此，在进口，碳烟的体积分数应该比测量值要高。当然，这种评价是基于碳烟一旦进入 JSR 就开始生长的假设，这种假设的真实性还有待进一步研究。

（2）基于 HACA+PAHs-PAHs 生长机理的大分子 PAHs 模拟研究

碳氢化合物氧化分解时，A1 的形成是碳烟生成过程中从气相物质到固相物质转变过程中较重要的一步。因为它不仅是简单的多环芳烃，对于理解更高阶的大分子 PAHs 生成也具有重要意义；而且，苯也是很重要的碳烟生成前驱物。文献[22]～[24]开展了相关的研究。另外，从 A1 到最后一个大分子气态芳烃芘（A4）的生成是碳烟生成过程中必不可少的研究环节，对该部分的理解也是目前比较有争议的问题之一。因此，本节针对大分子 PAHs 的生成，基于 HACA+PAHs-PAHs 的生长机理，对苯的生成做了敏感性分析和反应路径分析，如图 3-21、图 3-22 所示。同时，对 A1 到有代表的大分子芳烃 A3 的生成进行反应路径分析，如图 3-23 所示。反应路径图可以帮助对大分子 PAHs 的生成过程有个直观的了解和认识。

图 3-21 所示是 $p = 1\text{atm}$、$\varPhi = 2.2$、$T_2 = 1620\text{K}$ 条件下，$C_2H_4 / O_2 / N_2$ 火焰中 A1 的敏感性分析图。为了表述清楚，该图只给出有代表性的 17 步反应。由图可知，在 1620K 的温度下，敏感性最高的前三个反应分别为 R234、R224 和 R193：

$$2C_3H_3 \longrightarrow A1 \qquad \text{R234}$$

$$C_3H_3 + {}^{\bullet}OH \rightleftharpoons C_2H_3 + HCO \qquad \text{R224}$$

$$C_2H_2 + CH_2 \rightleftharpoons C_3H_3 + {}^{\bullet}H \qquad \text{R193}$$

R224 的敏感性系数绝对值相对其他反应较大，因此它们是 A1 生成过程中占重要优势的反应路径。除此之外，对 A1 生成有重要影响的反应依次是 R375、R369、R468、R451 和 R194。从上面的分析可知，要控制 A1 的形成，可通过改变 A1 的生成路径来实现，即通过抑制上文提到占统治优势的 A1 的生成反应来实现。

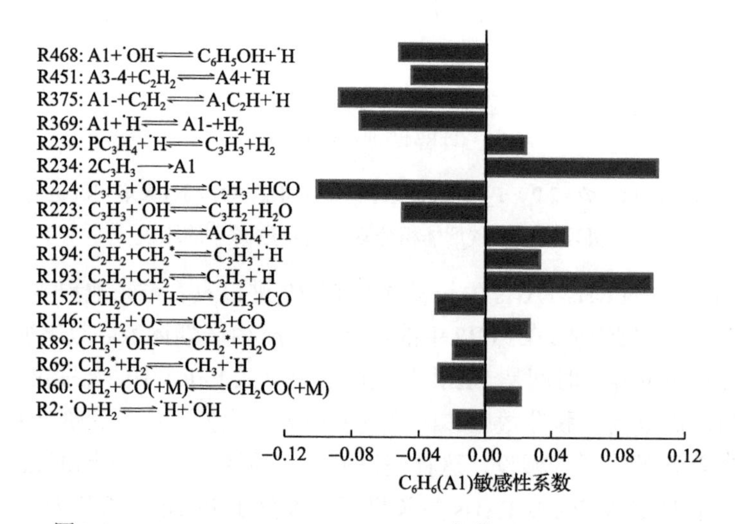

图 3-21 $p = 1\text{atm}$、$\varPhi = 2.2$、$T_2 = 1620\text{K}$ 条件下，$C_2H_4 / O_2 / N_2$ 火焰中 A1 的敏感性分析图

图 3-22 所示是在 p = 1atm、T_2 = 1620K、Φ =2.2 条件下，C_2H_4 在 O_2/N_2 氛围下燃烧生成 A1 的反应路径图。借助该图可直观地看出，苯生成过程中组分之间的转化。图中，紫色、绿色和黑色分别表示各组分和激发态自由基˙OH、˙O 及˙H 的反应。可以看出，苯生成的主要路径为 $C_2H_4 \rightarrow C_2H_2 \rightarrow$ A1、$C_2H_4 \rightarrow C_2H_3 \rightarrow C_2H_2 \rightarrow C_3H_3 \rightarrow$ A1、$C_2H_4 \rightarrow C_2H_2 \rightarrow C_3H_3 \rightarrow$ A1。结合图 3-21 和图 3-22 可知，苯生成过程中，最关键的组分是 C_2H_3、C_2H_2、C_3H_3、C_6H_5OH、A1C_2H 和 A1-，其中直接影响其生成的关键基元反应为 $2C_3H_3 \longrightarrow$ A1，A1C_2H+˙H $\longrightarrow$ A1-+C_2H_2，A1-+$H_2 \longrightarrow$ A1+˙H 和 C_6H_1OH+˙H $\longrightarrow$ A1+˙OH。综上可得出，对于 A1 生成，最主要的反应路径为 $2C_3H_3 \longrightarrow$ A1，转化为 A1 最直接的组分是 C_3H_3。除此之外，还有少量的 C_2H_2 直接转化为 A1。根据 Miller、Klippenstein[25]及 Marinov 等[26]对 A1 生成路径的研究，其中 C_3+C_3 路径为其主要的生成路径，即 $2C_3H_3 \longrightarrow$ A1。这与本节的模拟研究结果是一致的。

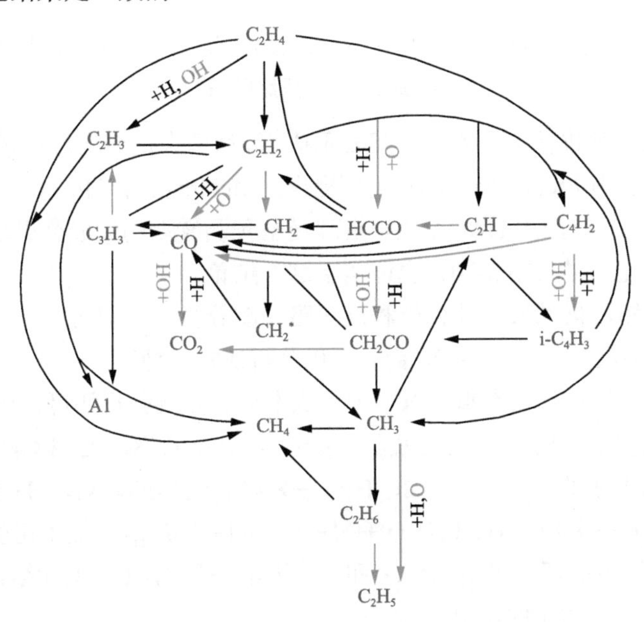

图 3-22　p = 1atm、T_2=1620K、Φ =2.2 条件下，

C_2H_4 在 O_2 / N_2 氛围下燃烧生成 A1 的反应路径图

本节针对大分子 PAHs 的生成，基于 HACA+PAHs-PAHs 的生长机理，对 A1 到有代表的大分子芳烃 A3 的生成进行了反应路径分析。图 3-23 所示为在 p = 1atm、T_2 = 1620K、Φ =2.2 条件下，C_2H_4 / O_2 / N_2 火焰中 A1 到 A3 的生成路径图。A3 的生成路径为 A1→A3、C_2H_2→A3、A1→A1-→A1C_2H→A3。第一个路径可理解为两个小分子 PAHs，通过 PAHs-PAHs 凝聚生长为较大组分的 PAHs。Minutolo

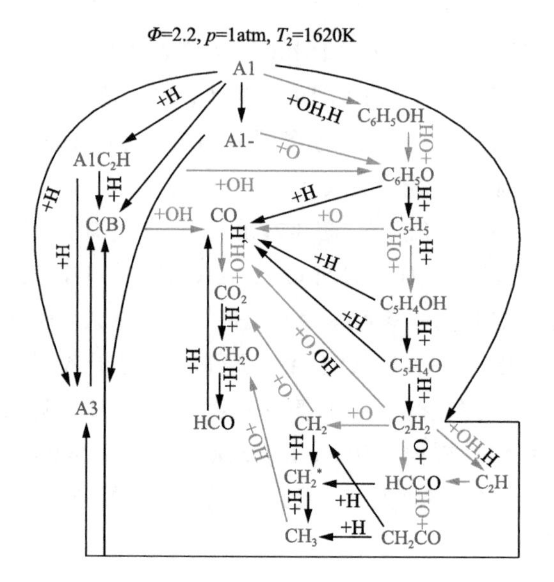

图 3-23　$p = 1\text{atm}$、T_2=1620K、Φ =2.2 条件下，C_2H_4 / O_2 / N_2 火焰中 A1 到 A3 的生成路径图

等[27]对该生长机理进行了研究并对其表示认可。后两个反应均可理解为 HACA 生长机理，该机理由 Frenklach 和 Wang[28]提出，Mckinnon 和 Howard[29]对其进行了研究，并得出结论，应用 HACA 生长机理模型预测碳烟的生成会引起其过低的预测。本文的研究结果（图 3-20）也证实了这一结论。

从上文可知，借助敏感性分析和反应路径图分析，不但可以帮助理解碳氢化合物氧化过程中组分的转化路径，而且可以分析决定某种组分生成的主要反应，这对抑制有害物质的转化是有重要意义的。从本节的预测分析还可得出，C_2H_4 在空气中的氧化过程中苯的转化主要来自 C_2H_3、C_2H_2、C_3H_3、C_6H_5OH、A1C_2H 和 A1-等组分，苯生成的主要路径为 $2C_3H_3 \longrightarrow A1$。此外还有 A1$C_2H$+$\dot{H} \longrightarrow$ A1-+C_2H_2、A1-+$H_2 \longrightarrow$ A1+$\dot{H}$、C_6H_5OH+H $\longrightarrow$ A1+$\dot{O}H$ 等路径也可生成苯。从单环芳烃 A1 生长到多环芳烃 A2、A3 和 A4 等组分是 HACA 与 PAHs-PAHs 凝聚两个生长机理共同作用的结果。

总之，本节基于 Marr 的 JSR / PFR 实验系统建模合理，改进后的气相模型（基于 Wang-Frenklach 气相机理，大分子 PAHs 的生长由 HACA+PAHs-PAHs 缩合两个途径来描述）与表面化学耦合后，应用粒子跟踪特征程序能较好地预测 C_2H_4 氧化过程中碳烟生成的转化行为。

通过上文的模拟研究和验证可得出以下结论。

1）针对 C_2H_4 / O_2 / Ar 预混火焰的预测结果与实验结果吻合良好，说明选用的反应器计算模型、气相模型及计算方法合理可行。

2）在本章的模拟条件下，利用 Marinov 机理预测的 C_2H_4 / O_2 / Ar 火焰温度和 C_6H_6 以下小分子物质给出计算结果和实验结果吻合较好。对于 C_6H_6 以上的大分子中间体的预测，Marinov 机理和 Dagaut 机理两种模型之间的优劣将不再明显。因此，开展大分子的中间体和碳烟生成路径与模型的研究将是一个持续进行的过程。

3）针对 JSR / PFR 实验系统的建模及模拟研究结果表明，Wang-Frenklach 气相机理模型（HACA 生长机理）预测 A1 以下小分子中间体时给出的规律明显，而对于 A1 以上中间体和碳烟体积分数的预测差异较大。说明本章的建模合理，选用的气相模型有待改进。

4）基于 HACA 生长机理，通过添加小分子 PAHs-PAHs 的缩合反应对其进行了改进。分别采用改进前后的两个气相模型耦合表面化学对碳烟体积分数的预测结果表明，粒子跟踪特性程序和改进的模型（HACA+PAHs-PAHs 缩合生长机理）能够有效地预测碳烟前驱物及体积分数分布。

5）对 A1 的敏感性分析及反应路径分析表明，A1 的转化主要来自 C_2H_3、C_2H_2、C_3H_3、C_6H_5OH、$A1C_2H$ 和 A1-等组分，苯生成的主要路径为 $2C_3H_3 \longrightarrow A1$。另外，$A1C_2H+H \longrightarrow A1\text{-}+C_2H_2$、$A1\text{-}+H_2 \longrightarrow A1+\dot{H}$、$C_6H_5OH+\dot{H} \longrightarrow A1+\dot{O}H$ 等路径也可生成苯。对于 A1 到 A3 的反应路径分析表明，从单环芳烃 A1 到多环芳烃 A2、A3 和 A4 等物质的生长，是沿 HACA 和 PAHs-PAHs 缩合两条路径进行的。

3.2 C_2H_4 氧化化学反应动力学模型的简化

3.2.1 动力学模型简化概述

随着计算机技术的提高和发展，数值计算方法在燃烧室的设计研究和锅炉运行优化过程中得到了越来越广泛的应用。然而，详细的化学反应动力学模拟多维燃烧系统时，会在计算过程中产生“刚性”（stiffness）问题[30]，从而导致计算无法进行。这是因为计算过程中涉及成百上千的组分和基元反应，且这些基元反应的时间尺度相差甚远（10^{-9}～10^{2}s）。这些大量的物质、基元反应及相差较大的时间尺度对计算机运算速度和存储容量的要求非常苛刻。以碳氢燃料来说，碳氢燃料的燃烧是一个非常复杂的化学反应过程，反应中会产生许多中间产物，如自由基、原子、离子等。以小分子碳氢化合物为例，描述其详细燃烧反应的机理 GRI-Mech2.11[31]由 49 种组分、279 个基元反应组成。Konnov[32]提出的有关小分子碳氢化合物的详细化学动力学模型包含 127 种组分、1207 个基元反应。大量的化学反应模型耦合到流场计算中会出现两个问题："刚性问题"和计算效率问题[30]。

化学反应动力学模型共有三种：①详细模型，数百至数千种组分，数千到数万个基元反应；②简化模型，约几十个反应，其中，骨架模型也包含在简化模型中；③总包反应模型，通常为单步反应或多步反应模型。详细的化学反应机理能够揭示污染物形成的微观过程，但是机理复杂，计算量过大，目前只适用于零维或多维模型。一般地，CFD 模拟计算重点考虑的是流动问题中的湍流模型和燃烧问题中的燃烧模型，以及两者之间的相互作用。模拟计算中应用的化学反应模型通常是比较简单的总包单步反应或两步反应。对于工程问题来说，可以给出较准确的生成物组分浓度、流场和温度场分布。因此，总包模型与 CFD 的耦合模拟是优化设计和改造设备很重要的辅助方法。由于在实际燃烧过程中涉及热力学、流体力学、传质和传热，以及化学反应动力学等输运的知识，是耦合质量能量交换复杂的物理化学过程。因此，对污染物形成过程的详细理解对控制污染物的排放有重要的意义。同时，发展实用的化学反应动力学模型与流体力学、传质和传热耦合的计算燃烧学，对于实际燃烧系统的有效模拟来说具有重要的实用意义。针对某特定氧化反应系统而言，一个既包含全面性又可降低计算耗时的简化动力学模型是非常必要的。

当前，多维的耦合模拟主要是总包机理，为了考虑中间的重要组分，简化模型也尤为必要。不同的简化模型都有使用限制条件，缺乏普适性。因此，掌握模型的简化方法是必要的。

3.2.2 化学反应机理的简化方法

本节简要介绍化学反应机理的三种简化方法。

1. 敏感性分析、反应路径分析和生成率分析

对问题解的敏感性分析允许定量理解模型中不同参数对解的影响。在理解 PSR 和火焰模型方面，该方法是一个有价值的工具。在动力学模拟中，相对于反应速率系数而言，优先考虑的是气体温度、组分浓度和合适的体积相生成率的敏感性系数。在有效的敏感性系数计算方面，一般认为实际描述敏感性系数的微分方程是线性的，而与模型中任何非线性问题无关。针对每个反应对组分链生成率的直接贡献而言，生成率分析可提供一种补充信息。

敏感性系数 $S_{k,j}$、标准化的生成率 $R_{k,j}^{\mathrm{p}}$ 和消耗率 $R_{k,j}^{\mathrm{c}}$ 分别表示为

$$S_{k,j}=\frac{\partial \ln X_k}{\partial \ln k_j} \tag{3-22}$$

$$R_{k,j}^{\mathrm{p}} = \frac{\max(\nu_{kj},0)q_j}{\sum_j^{\mathrm{NR}} \max(\nu_{kj},0)q_j} \tag{3-23}$$

$$R_{k,j}^{\mathrm{c}} = \frac{\min(\nu_{kj},0)q_j}{\sum_j^{\mathrm{NR}} \min(\nu_{kj},0)q_j} \tag{3-24}$$

式（3-22）～式（3-24）中，X_k 是组分 k 的摩尔分数；k_j 是反应 j 的正向速率常数；ν_{kj} 是在反应 j 中组分 k 的化学计量系数；q_j 是反应 j 的反应率；NR 是总的反应数。基元反应率 $S_{k,j}$、$R_{k,j}^{\mathrm{p}}$ 和 $R_{k,j}^{\mathrm{c}}$ 的值小于一个截止水平则认为是不重要的，可从整个燃烧过程中剔除。满足的标准为

$$\max_k \left| \frac{V_k^{\mathrm{d}} - V_k^{\mathrm{s}}}{V_k^{\mathrm{d}}} \right| < \delta \qquad (k = 1,2,\cdots,\mathrm{NS}+1) \tag{3-25}$$

式中，V_k^{d} 表示采用 DRGASA 法得到的组分的摩尔分数；V_k^{s} 表示标准组分的摩尔分数；NS 是总的组分数；δ 是用户自己定义的一个小的数字。

2. 准定态近似（quasi-stationary state approximation, QSSA）

在应用 QSSA 方法中，其关键是准定态组分的认定，可通过浓度水平和生成率分析来认定。每一个被认为是准定态物质的组分必须满足的方程为

$$\sum_{j=1}^{\mathrm{NR}} \nu_{kj} q_j = 0 \tag{3-26}$$

式（3-26）每用一次，便可消去一个基元反应率 q_j。QSSA 方法的策略是消除定态物质，它们的消耗率和生成率都非常快，因此可以认为是定态的。于是，在化学反应过程中，真正对整个反应率起决定作用的是消耗率和生成率都较慢的反应，或者是其中一项较慢的反应。

通过敏感性分析、反应路径分析及生成率分析，可剔除一些不重要的组分及不重要的基元反应，这样剩下的组分和基元反应将构成一个骨架模型。在此基础上，通过 QSSA 方法，再剔除部分稳态物质和基元反应后，剩下的组分和反应便构成了简化模型。模型形成的最后一步是由质量平衡所涉及的线性计算。简化模型最后的形式和对应的净生成率是基元反应率的线性组合。

3. 计算机辅助机理简化（computer assisted reduction mechanism，CARM）[33-34]

基于骨架机理，机理的进一步简化由 CARM 软件包自动生成。简化过程中，基于 QSSA 假设的准定态组分，其认定和选择方法有几种。本节采用 Chen[33]提出

的一个判断标准，称为 QSS 误差，表示方法如下：

$$\varepsilon = \left(\frac{\left| \dot{\omega}_k^{\mathrm{p}} - \dot{\omega}_k^{\mathrm{c}} \right|}{\max\left(\left| \dot{\omega}_k^{\mathrm{p}} \right|, \left| \dot{\omega}_k^{\mathrm{c}} \right| \right)} \right)^n X_k^m \tag{3-27}$$

式中，分子部分代表组分 k 的净生成率；X_k 是第 k 种组分的摩尔分数；$\dot{\omega}_k^{\mathrm{p}}$ 和 $\dot{\omega}_k^{\mathrm{c}}$ 分别是组分 k 的生成率和消耗率，在本节中，依照 Chen[33]的推荐，应用 $n = m = 1$。

3.2.3 GRI-Mech 3.0 化学反应机理的简化

GRI-Mech 反应模型是由加州大学伯克利分校、斯坦福大学、得克萨斯大学奥斯汀分校和斯坦福国际研究院开发的，用于研究模拟天然气等碳氢化合物燃烧的详细机理。近期也加入了 NO_x 生成和再燃的相关反应部分。当前 GRI-Mech 有三个版本，分别是 GRI-Mech 1.2[35]、GRI-Mech 2.11 和 GRI-Mech 3.0，包含的组分和反应个数分别是 32 组分、177 基元反应；49 组分、279 基元反应；53 组分、325 反应。GRI-Mech 3.0 与前两个版本相比，主要是扩展了化学反应动力学数据，同时添加了新的碳原子的氧化产物，如乙醛（CH_3CHO）等，可以更好地描述 C_2H_4 的氧化。除此之外，GRI-Mech 3.0 还包含了一些 C_3 组分、H_2CO 和 NO_x 等的相关反应。

本节基于 GRI-Mech 3.0[36]（不考虑含氮物质的反应），对该详细机理的简化流程图如图 3-24 所示。

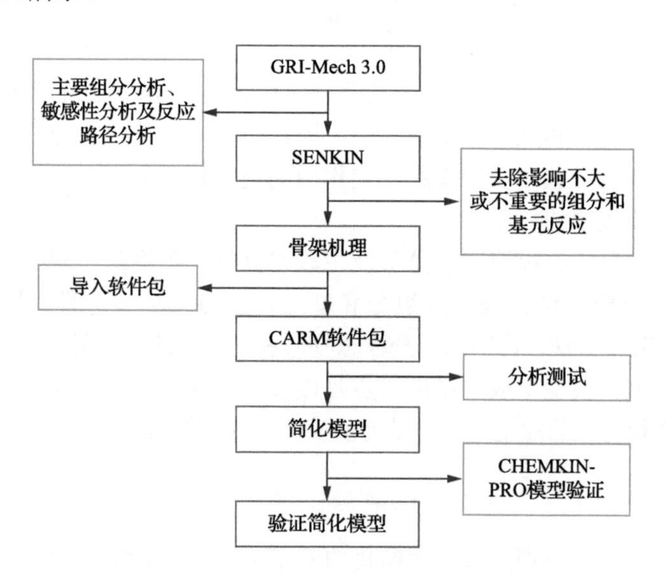

图 3-24　详细化学反应机理简化流程图

首先采用 CHEMKIN-PRO 中的 PREMIX 模型分析 CO_2 敏感性、CO_2 总生成率及 C_2H_4 氧化反应路径，消去一些在整个反应过程中对结果影响不大或者不重要的组分和基元反应，得到一个包含相对较少基元反应的骨架机理。在此基础上基于骨架机理，采用 QSSA 方法结合 CARM[37]软件包自动生成一系列步数的简化机理。进而对这一系列的简化机理在 PSR 反应器中进行测试，保留预测结果与详细模型预测结果吻合较好的一个简化模型。最后，对简化模型的有效性和适用范围在 PREMIX 模型中进行验证，验证通过对简化模型预测的火焰传播速度与详细模型预测的结果和文献中的实验测试数据及其他模型预测的结果进行比较，同时也比较了简化模型与详细模型预测的火焰温度及一些组分浓度。

1. 骨架机理的构建

详细的 GRI-Mech 3.0 包含 53 个组分、325 个基元反应，由于本节主要考虑 C_2H_4 氧化过程中污染物碳烟和 CO_2 的生成，因此去掉 GRI-Mech 3.0 中与 NO_x 有关的组分和反应，保留的组分为 35 个，基元反应为 219 个，本节基于该相对详细的反应机理来简化模型。此外，本书第 4 章的研究表明，碳烟生成的温度范围大约是 1400～1800K，本节选取的研究温度为 1500K。由于 CO_2 本身是一种被关注的温室气体，后续工作将考虑 C_2H_4 / CO_2 / O_2 火焰中碳烟的生成行为特征，因此，本节选择 CO_2 作为敏感性分析的对象。

（1）主要物质的确定和骨架机理的构成

目前，骨架机理中主要物质的确定还没有一个成熟的、适用范围较广的准则。本章对主要物质的选取考虑如下：首先，反应体系中的燃料（C_2H_4）和空气（O_2 和 N_2）必不可少，主产物 H_2O、CO_2 和副产物 CO、H_2 也不可缺少，它们构成了 C_2H_4 氧化反应的基本途径，因此骨架机理中需要保留上述组分；其次，一些中间产物和活性自由基，如 CH_3O、CH_2CHO、$^{\cdot}H$、$^{\cdot}OH$、$^{\cdot}CH_2$、$^{\cdot}CH_3$ 等，由于承担了 C_2H_4 氧化反应的链传播过程，因此这些组分也需要保留在骨架机理中；C_2 物质（C_2H_2、C_2H_3）在富燃时浓度较高，将它们作为主要物质，一方面可以更加精确地计算富燃条件下的组分变化，另一方面可以降低简化机理反应系统的“刚性”，使计算更快收敛（尤其是层流火焰），因此保留；在试算过程中，发现若不将 HO_2 和 H_2O_2 作为主要物质，则用简化机理计算的自由基（如$^{\cdot}H$）浓度与用详细机理计算的结果相比会有数量级上的差别，因此这两种物质也作为主要物质。

在确定了主要物质后，从去掉 NO_x 有关的组分和反应的详细机理出发，在当量比 $\Phi = 1$、压力 $p = 1atm$ 的条件下，应用 PREMIX 模型对 CO_2 进行敏感性分析和生成率分析，对 C_2H_4 的氧化分解进行反应路径分析。

（2）CO_2的敏感性分析、生成率分析及C_2H_4氧化分解的反应路径分析

本节基于CHEMKIN-PRO中的PREMIX模型，在当量比$\Phi=1$、压力$p=1$atm和初始温度$T_0=298$K条件下，用一个相对详细的GRI-Mech 3.0对$C_2H_4/O_2/N_2$火焰进行模拟计算，并对CO_2进行敏感性分析和生成率分析，对C_2H_4的氧化分解进行反应路径分析。

为减少计算量和适应各种不同的初值，本节采用修正的、有弛豫的牛顿迭代和时间积分相结合的方法[38]求解非线性方程，在计算中还采用了网格修正的方法来处理计算化学反应时所碰到的“刚性”问题。计算初始条件的设置如表3-5所示。

表3-5 计算所采用的工况和边界条件

参数	当量比（Φ）	未燃混合气体温度（T_0）/K	压力（p）/atm	质量流量（q_m）/[g/（cm^2·s）]
数值	1	$T_0=298$	$p=1$	0.04

在上面工作的基础上，通过判断敏感性系数的绝对值大小可以去掉一些敏感性系数绝对值较小的反应。这些反应是对本次研究关注对象影响不大或不重要的反应，去掉这些不重要的基元反应后得到一个骨架机理。构成骨架机理考虑的因素有CO_2的敏感性分析结果（图3-25）、生成CO_2各反应的生成率分析（图3-26）、C_2H_4氧化分解的路径分析（图3-27），以及反应中主要物质的分析等。

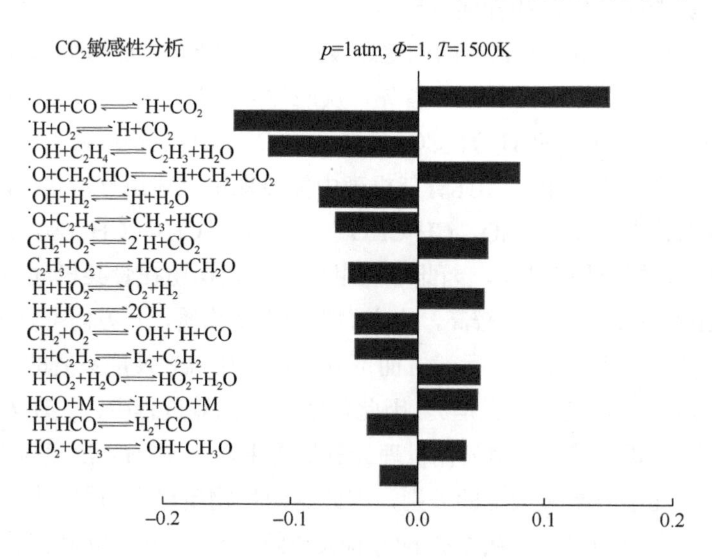

图3-25 CO_2敏感性分析结果

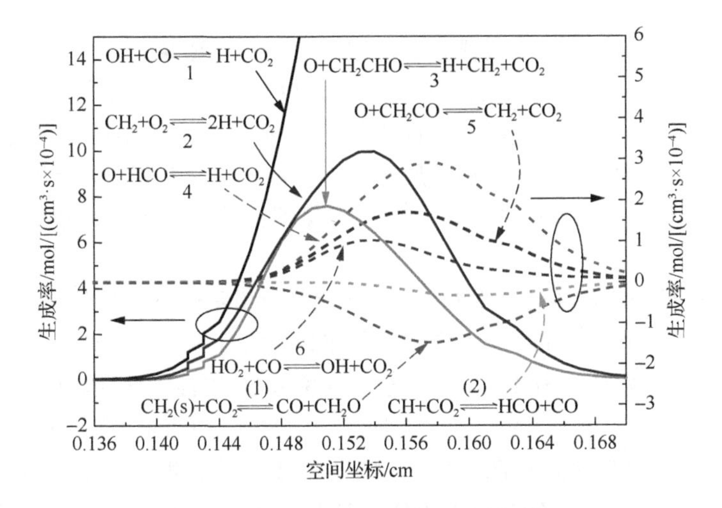

图 3-26 影响 CO_2 生成率的主要反应

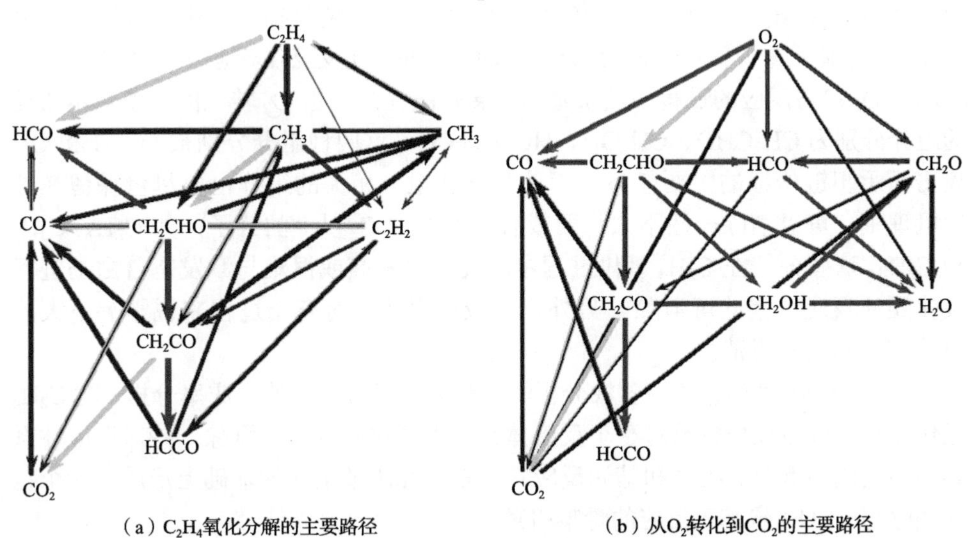

（a）C_2H_4氧化分解的主要路径 （b）从O_2转化到CO_2的主要路径

图 3-27 $\Phi=1$、$p=1\text{atm}$、$T=1500\text{K}$ 时 C_2H_4 反应路径图

图 3-25 所示的是 $\Phi=1$、$p=1\text{atm}$、$T=1500\text{K}$ 时，C_2H_4 在空气中氧化时 CO_2 的敏感性分析图（为了图片清晰，本节只给出对 CO_2 影响较大的 16 步反应）。对于 CO_2 生成来说，反应 $^{\cdot}OH+CO \rightleftharpoons {^{\cdot}H}+CO_2$ 是非常重要的一步，因此要重点考虑。其他依次要考虑的反应为 $^{\cdot}H+O_2 \rightleftharpoons {^{\cdot}H}+CO_2$、$^{\cdot}OH+C_2H_4 \rightleftharpoons C_2H_3+H_2O$ 等。这些反应对 CO_2 生成影响较大，因此保留。按照敏感性分析结果，在骨架机理中保留敏感性系数绝对值比较大的基元反应。同时，构建骨架机理除了借助敏感性分析结果外，影响 CO_2 生成的一些重要反应的生成率（图 3-26）也是重要的参考对象。图 3-26（为了图像清晰，本文只给出了 8 个主要的反应）是对 CO_2 影响较大的

8 个主要的反应生成率图。在骨架机理的构建过程中，图 3-26 与图 3-25 重复出现的反应式必定保留。同时，图 3-25 敏感性分析过程中，未得到保留的反应式将通过图 3-26 分析而补充保留。从某些方面来说，生成率分析是敏感性分析的有效补充。因此，对于 CO_2 生成有重要影响的反应也将保留，如 $^{\cdot}OH+CO \rightleftharpoons {}^{\cdot}H+CO_2$（1）和 $CH_2+O_2 \rightleftharpoons 2{}^{\cdot}H+CO_2$（2）等反应也将保留在骨架机理中，其他的反应依此类推。

除了敏感性分析和生成率分析外，反应路径分析不但可以帮助确认保留在骨架机理中的主要物质，还可以帮助选取保留在骨架机理中的一些化学反应。图 3-27 是 C_2H_4 在空气中氧化过程中 C_2H_4 的分解路径和 O_2 的转化路径。图中，紫、绿、黑分别代表激发态自由基 $^{\cdot}OH$、$^{\cdot}O$ 和 $^{\cdot}H$ 与相关组分之间的反应。图 3-27（a）是 C_2H_4 氧化分解组分转化路径图，其中，C_2H_4 高温分解过程中主要的链传播路径分别为 $C_2H_4 \rightarrow C_2H_3 \rightarrow CH_2CHO \rightarrow CH_2CO \rightarrow HCCO \rightarrow CO \rightarrow CO_2$、$C_2H_4 \rightarrow HCO \rightarrow CO \rightarrow CO_2$、$C_2H_4 \rightarrow C_2H_3 \rightarrow C_2H_2 \rightarrow CO \rightarrow CO_2$。这三条重要的链传播过程中出现的一些组分对于整个体系来说影响较大，因此涉及的组分和基元反应较多地保留。图 3-27（b）给出了 O_2 参与反应的过程中四条基本的转化路径，承担 O_2 转化的四条基本路径的组分分别为 CH_2CHO、CH_2OH、HCO 和 CO，这四种组分分别被 O、H 和 OH 攻击而承担链传播的主要任务，因此与这些组分相关的组分也要尽量保留在骨架机理中。可以消除一些不太重要或含量不高的 C_2 以上的分子，如 C_2H、C_3H_7 和 C_3H_8。这些分子在 C_2H_4 氧化过程中浓度含量不高或很难与激发态自由基进行氧化还原反应，因此可消除。另外，反应速率快，对整个过程来说影响不大的组分和基元反应将消去。

总之，结合对 CO_2 的敏感性分析、对 CO_2 生成有影响的生成率分析、对 C_2H_4 氧化分解反应路径分析及对整个反应体系的主要物质分析，删除一些对反应体系影响不大或不重要的组分和基元反应。于是，在本节工作的基础上形成了一个包含 29 组分、114 步基元反应的骨架机理。

2. 骨架机理的进一步简化

本节基于上一节构建的骨架机理，采用 QSSA 方法和 CARM 软件包生成一系列的简化机理，然后再用 CHEMKIN-PRO 中的 PSR 模型对这些简化后的机理进行测试，保留与详细机理吻合较好的简化模型。

准定态近似首先要判断准定态组分，本节以组分的生成率和消耗率作为判断标准［即满足式（3-28）］。本节给定的准定态误差（QSS 误差）阈值为 10^{-8}，对于 QSS 误差小于 10^{-8} 的组分则认为其反应生成率和消耗率都非常快，两者相当，因此作为准定态物质，可以从骨架机理中删除。对于大于 10^{-8} 的组分则认为反应生成率和消耗率，两者相差较大，其中有一方反应进行较慢，而化学反应过程就是由比较慢的反应所控制，因此这些组分不能作为准定态物质，不能删除。同时，准定态物质的设定还要参考相关文献。例如，本节选取 CH_2O 作为准定态物质，除了其本身误差阈值小于 10^{-8} 之外，Sung 等[39]也曾将该组分列为准定态物质，而 CH_2O 和 CH_3 曾被 Stefanidis 等[40]列为准定态物质。本节生成的准定态误差如表 3-6 所示。

表 3-6 化学计量比的碳氢化合物燃料燃烧最大的 QSS 误差值

组分	最大 QSS 误差	组分	最大 QSS 误差
HCCOH	1.15×10^{-11}	CH_3	4.78×10^{-7}
CH_2CHO	1.09×10^{-10}	C_3H_8	8.80×10^{-7}
HCCO	2.11×10^{-10}	C_2H_6	2.83×10^{-6}
CH_3O	2.72×10^{-10}	O	3.36×10^{-5}
C_2H_5	3.82×10^{-10}	OH	4.06×10^{-5}
C_3H_7	1.14×10^{-9}	H	9.81×10^{-5}
C_2H_3	1.08×10^{-9}	H_2	4.14×10^{-4}
CH_3CHO	1.07×10^{-8}	CH_4	7.22×10^{-4}
C_2H_2	1.09×10^{-8}	N_2	2.54×10^{-3}
CH_2CO	1.50×10^{-8}	O_2	1.37×10^{-2}
C_2H_4	2.07×10^{-8}	CO	1.37×10^{-2}
HO_2	2.74×10^{-8}	H_2O	3.42×10^{-2}
CH_2O	1.64×10^{-7}	CO_2	5.43×10^{-2}

基于骨架机理，选择适当的准定态物质和不同准定态误差控制阈值后，通过 CARM 软件包自动产生 25 步、20 步、18 步、15 步等机理。由于涉及输出型的误差，本节分别用 CHEMKIN-PRO 中的 PSR 模型对上面四个简化的模型进行测试，结果表明，20 步反应机理最优，将其作为本节的简化模型。其形式如表 3-7 所示。

表 3-7 本节简化的 20 步机理模型

步数	反应式	指前因子/［cm^3/（$mol^{-1}\cdot s^{-1}$)］	活化能/（KJ/mol）
R1	$H+O_2 \rightleftharpoons O+OH$	3.52×10^{16}	71.40
R2	$O+H_2 \rightleftharpoons H+OH$	5.06×10^{4}	6.29
R3	$O+HO_2 \rightleftharpoons OH+O_2$	2.00×10^{13}	0.00
R4	$OH+H_2 \rightleftharpoons H+H_2O$	1.19×10^{9}	15.20
R5	$2H+M \rightleftharpoons H_2+M$	7.00×10^{17}	0.00

续表

步数	反应式	指前因子/［cm^3/（$mol^{-1}\cdot s^{-1}$）］	活化能/（KJ/mol）
R6	$H+OH+M == H_2O+M$	2.20×10^{22}	−1.00
R7	$H+HO_2 == 2OH$	1.70×10^{14}	3.70
R8	$H+HO_2 == O_2+H_2$	4.28×10^{13}	5.90
R9	$H+O_2+H_2O == HO_2+H_2O$	7.20×10^{13}	−0.37
R10	$OH+CO == H+CO_2$	4.40×10^{6}	0.07
R11	$HCO+M == H+CO+M$	1.56×10^{14}	0.00
R12	$H+HCO == H_2+CO$	9.00×10^{13}	0.00
R13	$HO_2+CH_3 == OH+CH_3O$	1.80×10^{13}	0.00
R14	$H+CH_3 == CH_4$	6.26×10^{23}	0.27
R15	$CH_2+O_2 == 2H+CO_2$	6.90×10^{11}	500.00
R16	$OH+C_2H_4 == C_2H_3+H_2O$	5.53×10^{5}	12.40
R17	$O+C_2H_4 == CH_3+HCO$	2.25×10^{6}	21.10
R18	$O+CH_2CHO == H+CH_2+CO_2$	1.05×10^{37}	186.00
R19	$H+C_2H_3 == H_2+C_2H_2$	1.21×10^{13}	0.00
R20	$C_2H_3+O_2 == HCO+CH_2O$	7.00×10^{14}	22.00

最后，反应率通过准定态物质反应速率关系式表示为

$$\dot{\omega}_k = f_1(w_1,\cdots w_n,\cdots,w_N) \tag{3-28}$$

式中，$\dot{\omega}_k$ 是第 k 种主要物质的摩尔生成速率；$w_n = f_n(c_1,\cdots,c_n,\cdots,c_N)$ 为第 n 种准定态物质的摩尔反应率，c_n 为第 n 种准定态物质的摩尔分数，通过准定态近似表示为主要物质的摩尔分数的函数形式，即 $c_n = f_{cn}(X_1,\cdots,X_k,\cdots,X_K)$，$X_k$ 为第 k 种主要物质的摩尔分数。

3.2.4 简化模型的测试与验证

由于火焰的传播速度是预混火焰的重要特征之一，本节为了测试所用详细化学反应模型及简化模型的合理性，采用三种不同的详细反应机理，对 C_2H_4 混合物的层流燃烧速度进行计算，并与文献中的实验数据进行对比，结果如图 3-28 所示。

图中，GRI 3.0 模拟的结果与 Varatharajan、Williams[41-42]及 Wang 等[11]机理模拟的结果大致上吻合，然而燃烧速度的最大值有一定的差别，最大值的出现

大约在 $\Phi = 1.1 \sim 1.2$ 处。三种模拟结果与 Law[43]及 Egolfopoulos 等[44]实验结果相比，除了最大值出现位置有些偏差外，其他吻合良好。简化后的 20 步机理模拟的燃烧速度与其他详细机理模拟结果和实验测试结果吻合较好。因此可得出，本节简化的模型能够在一个大的当量比范围（0.01～2.5）内对 C_2H_4 燃烧特性进行预测。

除此之外，本节分别用 GRI-Mech 3.0 详细机理和简化的 20 步机理计算在 p = 1atm、$\Phi = 1$、T = 1500K 的条件下，温度、速度、反应物（C_2H_4、O_2）、主要产物（CO_2、H_2O）和中间产物（CO、H_2、$^{\cdot}H$、$^{\cdot}OH$）的浓度，以及反应率随空间坐标变化关系，如图 3-29 所示。

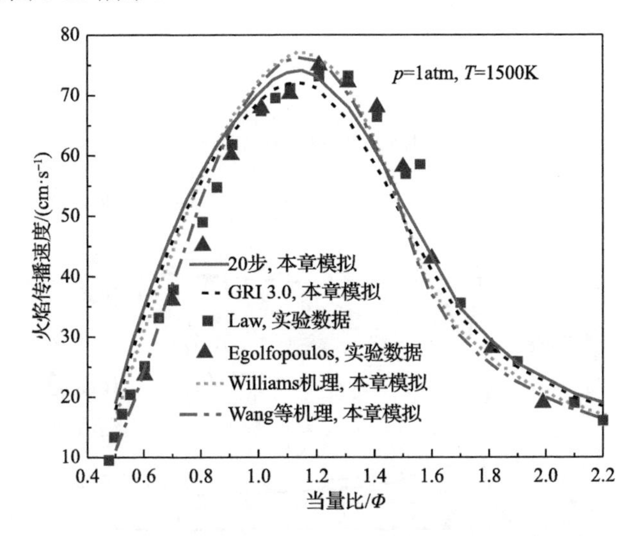

图 3-28　不同详细机理模拟的 C_2H_4 燃烧速度和实验数据的对比

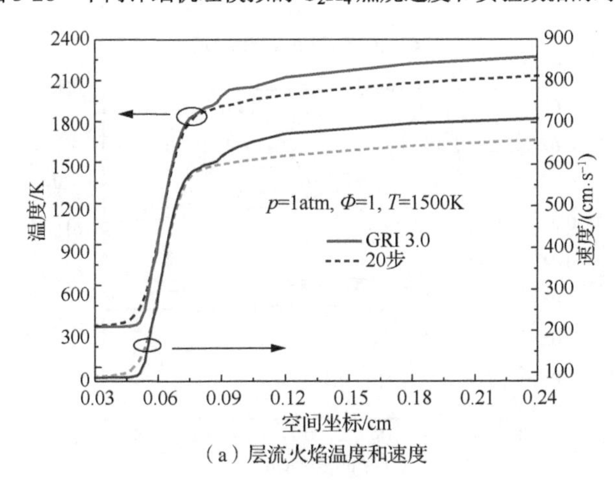

（a）层流火焰温度和速度

图 3-29　p = 1atm、Φ = 1、T = 1500K 条件下，温度、速度、反应物、主要产物和中间产物浓度，以及总反应率随空间坐标变化的曲线

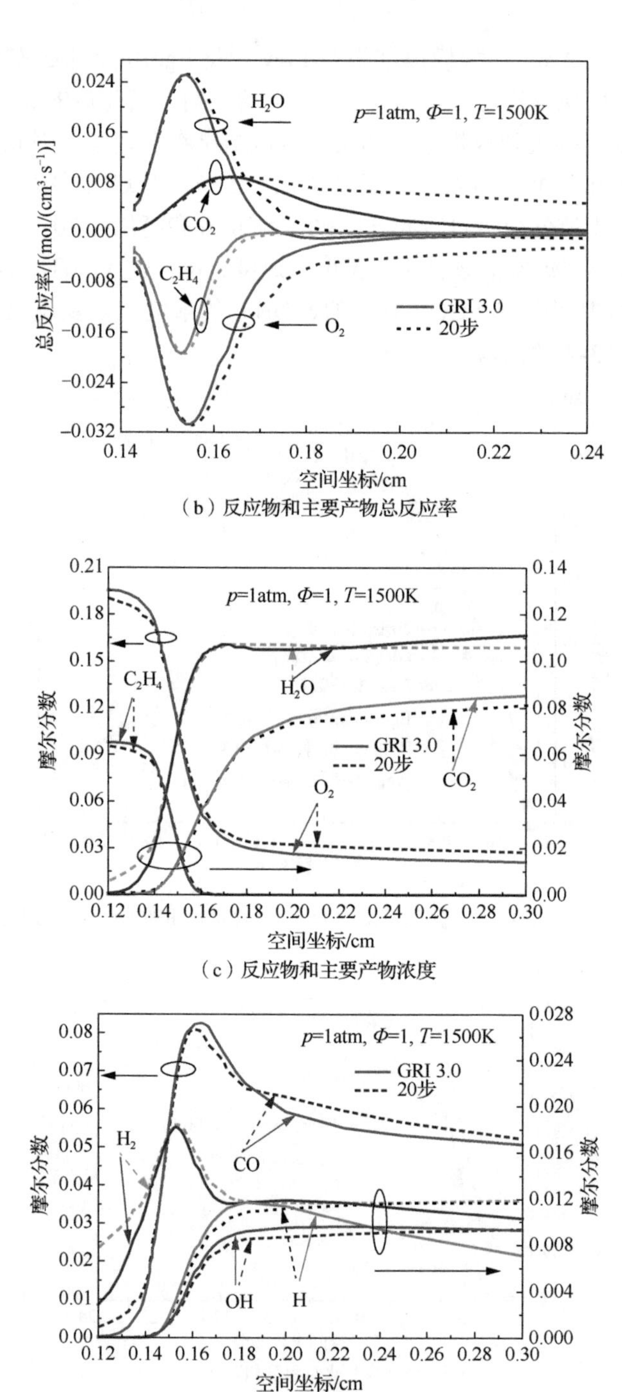

（b）反应物和主要产物总反应率

（c）反应物和主要产物浓度

（d）中间产物浓度

图 3-29（续）

从图中可以看出，简化模型与详细模型模拟的各值吻合较好。图 3-29（a）中简化模型在温度和轴向流速上分别比详细模型低了约 65K 和 60cm/s，然而误差均在 10%内（两者误差分别为 3.09%和 8.57%）。图 3-29（b）所示的反应物和主要产物的总反应率随空间坐标变化的曲线也给出了满意的模拟结果。图 3-29（c）和（d）所显示的反应物和主要产物浓度及中间产物的浓度也都显示出了较好的一致性。

3.3 本章小结

本章基于 CHEMKIN-PRO 和高级功能 API 进行了两个方面的模拟研究工作。一个方面为基于 PREMIX 模型和不同的气相模型（Dagaut 机理和 Marinov 机理），在压力为 0.03～0.05atm、当量比为 1.0～2.5 条件下，对一维预混的 C_2H_4 / O_2 / Ar 火焰结构及主要中间体进行了模拟研究和验证。另一个方面为基于前人的 JSR / PFR 实验系统，采用一个 PSR 与两个 PFR 组合反应器对其进行了建模和模拟研究。在模拟工作中，首先采用经典的 C_2H_4 燃烧化学动力学模型（Wang-Frenklach 气相机理模型，包含的大分子生长机理为 HACA），对大气压下富燃的 C_2H_4 / O_2 / N_2 火焰后焰区芘及以下小分子中间体进行了模拟研究和验证。通过比较模拟结果和文献中实验数据的差异，在综合考虑实验误差和模拟误差的基础上，将最新动力学研究成果与 C_2H_4 燃烧化学动力学模型结合起来对其进行了优化，即在 HACA 生长机理的基础上，添加了小分子 PAHs-PAHs 的缩合反应与 HACA 共同描述苯到大分子 PAHs 的生长机理。在此基础上，分别采用改进前（HACA 生长机理）和改进后（HACA+PAHs-PAHs 缩合生长机理）的气相化学耦合表面化学（主要描述碳烟颗粒的成核、表面生长和氧化），应用粒子跟踪特性程序对碳烟的体积分数进行了预测。在比较两个模拟结果与实验数据的基础上，证实了改进后的模型能够很好地预测碳烟体积分数。进而基于上述研究方法和改进后的气相模型，采用敏感性分析和反应路径分析对碳烟主要前驱物（A1,A3）的转化路径进行了分析。

基于 GRI-Mech 3.0 详细反应机理，在 $p = 1$atm、$\Phi = 1$ 条件下，对 C_2H_4 在空气中的燃烧在 PREMIX 模型中进行了动力学模拟计算。计算过程中，对 CO_2 进行了敏感性分析和主要生成率分析，对 C_2H_4 的氧化分解进行了反应路径分析。在此基础上，结合对整个反应体系的主要物质分析，得到了一套半详细的骨架机理。基于该骨架机理，应用 QSSA 方法和 CARM 软件包，构建出一套由 19 种主要物质

构成的 C_2H_4 / 空气燃烧的 20 步反应机理。经过在 PSR 反应器中分析测试和一维预混火焰中验证，得出如下结论。

1）在常压 $p = 1\text{atm}$ 和当量混合比 $\Phi= 1$ 的条件下，应用简化模型计算层流火焰温度、速度、各组分浓度及总的反应率随空间坐标的变化情况。比较模拟值和文献中的部分数据，结果表明，简化模型和详细模型的模拟结果及文献中部分数据吻合较好。

2）简化后的模型能够在一个较大当量比范围（0.01～2.5）内合理地模拟 C_2H_4 在空气中燃烧的各特征量。

参考文献

[1] 刘易斯, 埃尔贝. 燃气燃烧与瓦斯爆炸[M]. 王方, 译. 3 版. 北京: 中国建筑工业出版社, 2007.

[2] MCENALLY C S, PFEFFERLE L D, ATAKAN B, et al. Studies of aromatic hydrocarbon formation mechanisms in flames: progress towards closing the fuel gap[J]. Progress in Energy & Combustion Science, 2006, 32(3): 247-294.

[3] APPEL J, HENNING B, MICHAEL F. Kinetic modeling of soot formation with detailed chemistry and physics: laminar premixed flames of C_2 hydrocarbons[J]. Combustion and Flame, 2000, 121(1): 122-136.

[4] 张引弟. 乙烯火焰反应动力学简化模型及烟黑生成模拟研究[D]. 武汉: 华中科技大学, 2011.

[5] FRENKLACH M. Reaction mechanism of soot formation in flames[J]. Physical Chemistry Chemical Physics, 2002, 4(11): 2028-2037.

[6] BOCKHORN H. Soot formation in combustion[M] //FRENKLACH M, WANG H. Detailed mechanism and modeling of soot particle formation. Berlin: Springer-Verlag, 1994: 165-192.

[7] ANNA A D, VIOLI A, ALESSIO A D, et al. A reaction pathway for nanoparticle formation in rich premixed flames[J]. Combustion and Flame, 2001, 127(1-2): 1995-2003.

[8] DAGAUT P, NICOLLE A. Experimental and detailed kinetic modeling study of hydrogen-enriched natural gas blend oxidation over extended temperature and equivalence ratio ranges[J]. Symposium on Combustion, 2005, 30(2): 2631-2638.

[9] MARINOV N M, PITZ W J, WESTBROOK C K, et al. Modeling of aromatic and polycyclic aromatic hydrocarbon formation in premixed methane and ethane flames[J]. Combustion Science and Technology, 1996, 116-117(1-6): 211-287.

[10] MARR J A. PAH chemistry in a jet-stirred/plug-flow reactor system[D]. Cambridge: Massachusetts Institute of Technology, 1993.

[11] WANG H, FRENKLACH M. A detail kinetic modeling study of aromatics formation in laminar premixed acetylene and ethylene flames[J]. Combustion and Flame, 1997, 110(1-2): 173-221.

[12] KEE R J, MILLER J A, JEFFERSON T H. Chemkin: a general-purpose, problem-independent, transportable, Fortran chemical kinetics code package[R]. Albuquerque: Sandia National Laboratories, 1980: 8000-8003.

[13] TURNS S R. 燃烧学导论: 概念与应用[M]. 姚强, 李水清, 王宇, 译. 2 版. 北京: 清华大学出版社, 2009.

[14] WANG H, FRENKLACH M. Calculations of rate coefficients for the chemically activated reactions of acetylene with vinylic and aromatic radicals[J]. Journal of Physical Chemistry, 1994, 98(44): 11465-11489.

[15] SMOLUCHOWSKI M V. Mathematical theory of the kinetics of the coagulation of colloidal particle[J]. Chemical Physics, 1917, 92:129.

[16] FRENKLACH M, HARRIS S J. Aerosol dynamics modeling using the method of moments[J]. Journal of Colloid and Interface Science, 1987, 118(1): 252-261.

[17] MUSICK M, TIGGELEN P J, VANDOOREN J. Flame structure studies of several premixed ethylene - oxygen - argon flames at equivalence ratios from 1.00 to 2.00[J]. Combustion Science and Technology, 2000, 153(1): 247-261.

[18] RENARD C, DIAS V, TIGGELEN P, et al. Flame structure studies of rich ethylene-oxygen-argon mixtures doped with CO_2, or with NH_3, or with H_2O[J]. Proceedings of the Combustion Institute, 2009, 32(1): 631-637.

[19] HARRIS S J, WEINER A M, BLINT R J. Formation of small aromatic molecules in a sooting ethylene flame[J]. Combustion and Flame, 1988, 72(1): 91-109.

[20] RENARD C, DIAS V, TIGGELEN P, et al. Flame structure studies of rich ethylene-oxygen-argon mixtures doped with CO_2, or with NH_3, or with H_2O[J]. Proceedings of the Combustion Institute, 2009, 32(1): 631-637.

[21] GRIESHEIMER J, HOMANN K H. Large molecules, radicals ions, and small soot particles in fuel-rich hydrocarbon flames: Part II. Aromatic radicals and intermediate PAHs in a premixed low-pressure naphthalene/oxygen/argon flame[J]. Symposium on Combustion, 1998, 27(2): 1753-1759.

[22] CASTALDI M J, MARINOV N M, MELIUS C F. Experimental and modeling investigation of aromatic and polycyclic aromatic hydrocarbon formation in a premixed ethylene flame[J]. Symposium(International) on Combustion, 1996, 26(1): 693-702.

[23] ZHANG Y D, LI S, LOU C. Dynamics simulation and reaction pathway analysis of characteristics of soot particles in ethylene oxidation at high temperature[J]. Russian Journal of Applied Chemistry, 2014, 87(4): 525-535.

[24] CIAJOLO A, TREGROSSI A, BARBELLA R, et al. The relation between ultraviolet-excited fluorescence spectroscopy and aromatic species formed in rich laminar ethylene flames[J]. Combustion and Flame, 2001, 125(4): 1225-1229.

[25] MILLER J A, KLIPPENSTEIN S J. The recombination of propargyl radicals and other reactions on a C_6H_6 potential[J]. The Journal of Physical Chemistry A, 2003, 107(39): 7783-7799.

[26] MARINOV N M, CASTALDI M J, MELIUS C F, et al. Aromatic and polycyclic aromatic hydrocarbon formation in a premixed propane flame[J]. Combustion Science and Technology, 1997, 128(1-6): 295-342.

[27] MINUTOLO P, GAMBI G, ALESSIO A D. Properties of carbonaceous nanoparticles in flat premixed C_2H_4/air flames with C/O ranging from 0.4 to soot appearance limit[J]. Symposium(International) on Combustion, 1998, 27(1): 1461-1469.

[28] FRENKLACH M, WANG H. Detailed modeling of soot particle nucleation and growth[J]. Symposium(International) on Combustion, 1991, 23(1): 1559-1566.

[29] MCKINNON J T, HOWARD J B. The roles of pah and acetylene in soot nucleation and growth[J]. Symposium (International) on Combustion, 1992, 24(1): 965-971.

[30] ZHANG Y D, ZHOU H C, XIE M L et al. Modeling of soot formation in gas burner using reduced chemical kinetics coupled with CFD code[J]. Chinese Journal of Chemical Engineering, 2010, (6): 967-978.

[31] HASSAN G, POURKASHANIAN M, INGHAM D, et al. Predictions of CO and NO_x emissions from steam cracking furnaces using GRI2.11 detailed reaction mechanism—A CFD investigation[J]. Computers & Chemical Engineering, 2013, 58(nov.11):68-83.

[32] KONNOV A A. Implementation of the NCN pathway of prompt-NO formation in the detailed reaction mechanism[J]. Combustion & Flame, 2009, 156(11):2093-2105.

[33] CHEN J Y. A general procedure for constructing reduced reaction mechanisms with given independent relations[J]. Combustion Science and Technology, 1988, 57(1-3): 89-94.

[34] KEE R J, WARNATZ J, MILLER J A. A Fortran computer program package for the evaluation of gas phase viscosities, conductivities, and diffusion coefficients[R]. Albuquerque, New Mexico: Sandia National Laboratories, 1983.

[35] FRENKLACH M, WANG H, GOLDENBERG M, et al. GRI-MECH: An optimized detailed chemical reaction mechanism for methane combustion, report No. GRI-95/0058[R]. Gas Research Institute, USA, 1995.

[36] 胡贤忠，于庆波，李延明. 甲烷在 O_2/CO_2 气氛下的框架和总包简化机理[J]. 高等学校化学学报，2018, 39(1):95-101.

[37] NIKOLAOU Z M,CHEN J Y, SWAMINATHAN N. A 5-step reduced mechanism for combustion of $CO/H_2/H_2O/CH_4/CO_2$ mixtures with low hydrogen/methane and high H_2O content[J]. Combustion and Flame, 2013, 160(1): 56-75.

[38] GRCAR J F, KEE R J, SMOOKE M D, et al. A hybrid Newton/time-integration procedure for the solution of steady, laminar, one-dimensional, premixed flames[J]. Symposium(International) on Combustion, 1988, 21(1): 1773-1782.

[39] SUNG C J, LAW C K, CHEN J Y. An augmented reduced mechanism for methane oxidation with comprehensive global parametric validation[J]. Symposium(International) on Combustion, 1998, 27(1): 295-304.

[40] STEFANIDIS G D, HEYNDERICKX G J, MARIN G B. Development of reduced combustion mechanisms for premixed flame modeling in steam cracking furnaces with emphasis on no emission[J]. Energy & Fuels, 2006, 20(1): 103-113.

[41] VARATHARAJAN B, WILLIAMS F A. Ethylene ignition and detonation chemistry, part 1: Detailed modeling and experimental comparison[J]. Journal of Propulsion and Power, 2002, 18(2): 344-351.

[42] VARATHARAJAN B, WILLIAMS F A. Ethylene ignition and detonation chemistry, part 2: Ignition histories and reduced mechanisms[J]. Journal of Propulsion and Power, 2002, 18(2): 352-362.

[43] LAW C K. A compilation of experimental data on laminar burning velocities[M]. Berlin: Springer, 1993.

[44] EGOLFOPOULOS F N, ZHU D L, LAW C K. Experimental and numerical determination of laminar flame speeds: Mixtures of C_2-hydrocarbons with oxygen and nitrogen[J]. Symposium(International) on Combustion, 1991, 23(1): 471-478.

第4章

CO_2氛围下C_2H_4扩散火焰碳烟生成数值模拟研究

4.1 基于简化动力学模型的二维扩散火焰数值模拟

第3章对C_2H_4燃烧化学动力学模型GRI-Mech 3.0进行了简化，得出了一个19种组分、20步反应的简化模型，并在一维预混火焰中进行了验证。本章主要采用该简化模型并利用CFD代码耦合对C_2H_4/空气二维扩散火焰进行模拟研究，同时利用辐射成像图像处理的测量方法对数值计算结果进行实验验证。

工程实际中遇见的大多数是扩散火焰，选择二维扩散火焰为研究对象是综合考虑基础研究和应用领域两个方面的因素。因此，本章选用扩散火焰作为简化模型的应用平台，以这种类型火焰的一种理想状态综合研究火焰模型的一些重要方面，如可见火焰高度、多维的对流和扩散对火焰结构的影响。理解层流扩散火焰中不同的物理和化学过程，有助于获得对湍流非预混火焰燃烧在实际燃烧系统中的处理。碳氢扩散火焰的碳烟生成在火焰辐射和火焰传播方面起着越来越重要的作用。当前，针对扩散火焰的实验研究局限于给出一些统计数量，不能给出详细的有关流动、化学反应、传质和传热，以及碳烟之间相互作用的信息。由于碳烟的生成直接与火焰辐射和热传输、微粒从燃烧系统中的释放和燃烧效率相关[1]，因此理解碳烟生成的物理和化学机理至关重要，理解其生成机理，使控制碳烟的成核过程、表面生长和氧化成为可能。

近十年来，有大量的关于轴对称同向扩散火焰碳烟模拟的研究，这些研究更多的是关注燃烧过程中碳烟生成机理及对其影响因素（包括重力、压力、燃料组分和燃烧器类型等）的研究，大多数是采用详细的化学反应动力学与简单的碳烟模型以及辐射热传递不同的处理方法耦合研究，这对目前的研究条件来说是一个极大的挑战。因此，开展简化后的化学动力学模型与 CFD 的耦合研究有助于缩短研究时间，同时为多维的模拟研究奠定基础。

实验探测给出的一些统计信息除了对模拟结果进行验证和帮助发展动力学模型外，还可以独立地对工程应用问题进行直接测量。因此，许多学者致力于精确地研究火焰温度和碳烟体积分数分布。非接触的光学诊断方法已经大量应用于火焰温度和碳烟体积分数的测量。该方法直接测量的是碳烟辐射在视线方向的累积值，在测量数据的非均匀区域需要一种反演方法重建火焰温度和碳烟体积分数分布的局部值。Snelling 等[2]针对高空间分辨率的轴对称扩散火焰，发展了一种多波长辐射技术重建火焰温度和碳烟体积分数分布。近期，火焰图像处理技术在可见光区域已经成功地应用于温度测量和燃烧诊断[3]。对于不均匀火焰温度和碳烟体积分数分布的瞬态估算，Lou 等[4]提出了图像处理方法，该方法通过应用牛顿迭代运算法则和最小二乘法对光谱辐射强度进行估算。由于火焰中包含的辐射信息较复杂，发展碳烟测量技术，给出火焰中碳烟的空间分布，对于碳烟生成动力学模型的建立以及降低碳烟排放标准有着重要意义。然而，对于碳烟生成的模拟和计算研究经常是相互独立的。结合计算和实验研究火焰温度和体积分数之间的相互关系是有必要的。

本章将数值计算和辐射成像图像处理的测量方法结合研究火焰结构和碳烟体积分数，通过数值计算研究 C_2H_4 / 空气层流扩散火焰中温度分布和碳烟的生成，该计算采用简化的气相化学模型耦合复杂的热传输特性，碳烟的生成用一个简单的二方程模型预测。DOM 用来计算火焰中辐射气体及碳烟的辐射热传递，其辐射特性计算基于 SNBCK。图像处理技术和解耦的重建方法将同时用来测量与模拟计算同等条件下火焰温度和碳烟体积分数。

4.1.1 碳烟生成机理与模型研究

1. 碳烟生成原理

研究表明，无论火焰和燃料的类型如何，碳烟生成的化学和物理过程极其复杂且非常相似。图 4-1 所示为燃烧器中碳烟生成和演变过程示意图[5]，燃料与 O_2 发生燃烧反应时，燃料高温裂解成对碳烟生成发挥重要作用的小分子及活性自由基，随着燃烧的进行，O_2 不断减少，小分子碳氢化合物之间发生一系列反应生成更稳定的大分子芳烃，芳烃经过聚合反应生成碳烟颗粒。

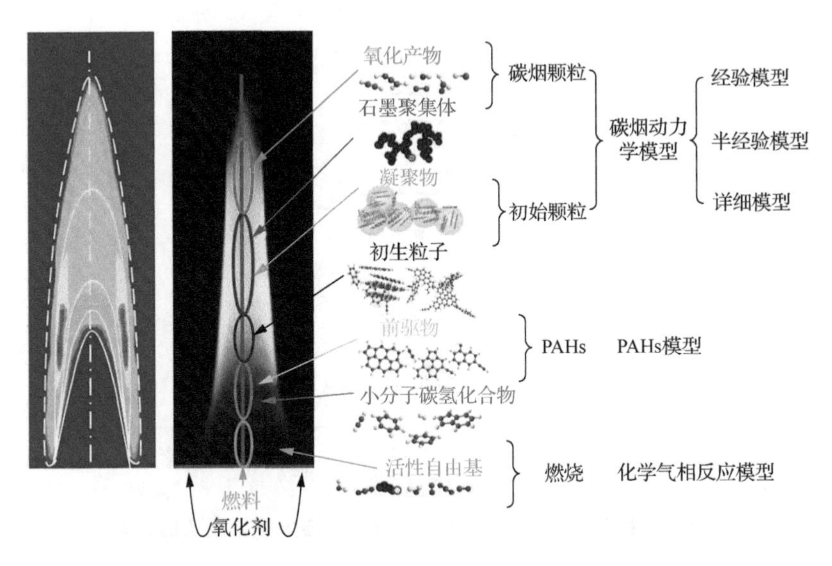

图4-1 燃烧器中碳烟生成和演变过程示意图

研究燃料污染源排放的有机污染物的一般规律，寻找有效控制其排放量的方法是目前燃烧学研究的重要推动力。大部分燃烧污染物的生成是由不完全燃烧引起的，即使在贫燃条件下，混合不均匀或其他因素都会引起局部区域发生燃料氧化剂之比过高的情况，导致燃料燃烧不完全，产生CO、醛类、PAHs和碳烟等污染物。

碳烟颗粒的初始形态为直径20～40nm的小颗粒[6]，能够通过人体的呼吸系统进入体内。碳烟本身不具有致癌性，但其在燃烧过程中吸附的1,3-丁二烯、苯和PAHs等致癌物质会诱导有机体突变和生物体畸形。碳烟是气液燃料燃烧的仅有固体产物，其光学和辐射特性很早就被研究者们所重视。

在众多的污染物中，碳烟及其前驱物的生成比较特殊。它们多来自碳氢化合物的复合／加成反应，对燃料分子结构和火焰温度比较敏感。碳烟生成阈值的碳氧比$(C/O)_{cr}$与火焰温度T的关系如图4-2所示。从图中可以看出，不同燃料的碳烟生成阈值$(C/O)_{cr}$都发生在温度1400～1600K之间，说明在该温度范围内最易生成碳烟。对于碳氢燃料燃烧过程中碳烟的生成，国内外很多学者对其进行了大量的试验和模拟研究，但碳烟生成过程详细的转化行为目前仍然不清楚。

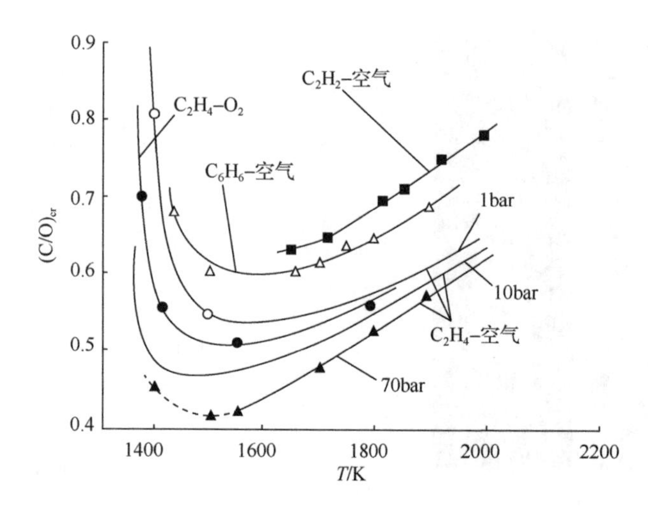

图 4-2 碳烟生成阈值的碳氧比$(C/O)_{cr}$与火焰温度 T 的关系

2. 碳烟生成机理

目前对碳烟生成的模拟研究还存在诸多争议。但对燃料分解、苯的生成和PAHs 的生长过程中间体的检测已初见成效，特别是苯的生成机理和 PAHs 的生长机理已有了大量的理论和模型研究。当前，得到很多研究者认可的结论是在碳烟生成过程中苯和 PAHs 是其非常重要的前驱物。因此，燃料在氧化分解过程中，研究的焦点是碳烟生成的中间体单环芳烃苯环和 PAHs 的生长。

（1）单环芳烃苯环和 PAHs 的生长

近 20 年来，燃烧研究者对苯的生成机理和 PAHs 的生长机理进行了大量的理论和模型研究。当前，C_1～C_4低碳碳氢化合物燃烧火焰中，苯的生成路径包括以下四种。

1）两个$^{\cdot}C_3H_3$共轭稳定自由基之间的复合反应，化学表达式为$^{\cdot}C_3H_3+^{\cdot}C_3H_3 = C_6H_6$，或者$^{\cdot}C_6H_5+^{\cdot}H$和$^{\cdot}C_3H_3+^{\cdot}C_3H_5 = C_6H_6+2H$。该路径是由 Miller 和 Melius[7]在 1992 年提出的，后来 Miller 和 Klippenstein[8]及 Marinov 等[9]在 C_3+C_3 路径基础上相继做了研究。上述研究者得出一个共同结论，炔丙基的复合反应是苯生成的重要路径，这是由于火焰中炔丙基通常有较高的浓度。

2）两个自由基 n-C_4H_5和乙炔的反应，化学表达式为n-$C_4H_5+C_2H_2 = C_6H_6+H$和 n-$C_4H_3+C_2H_2 = C_6H_5$。这些反应生成的苯基和苯是通过乙炔添加到 n-C_4H_3和 n-C_4H_5 上实现的。该路径是由 Westmoreland[10]在 1986 年提出的，后来 Wang和 Frenklach[11]对两个反应的速率常数做了计算。对于该生成路径目前比较有争议，

Miller 和 Melius[7]认为该路径对苯和苯基的贡献不大，因为自由基不稳定。也有研究者将 i-C_4H_5 和 i-C_4H_3 与乙炔的反应列为苯生成的重要路径。

3）环戊二烯与甲基之间的反应，化学表达式为 $C_5H_5 + CH_3 = C_6H_6 + 2H$。该反应路径由环戊二烯激发态自由基的扩环作用生成苯环。该反应是由 Moskaleva 等[12]和 Senkan 等[13]分别提出的。但是该路径目前并没有被应用在大多数机理中，因为环戊二烯与甲基之间的反应在两者较高浓度时的贡献还不确定。由于单环芳烃苯的生成路径目前比较有争议，因此，多环芳烃 PAHs 的生成也引起了相当大的关注。

4）环己二烯通过消去 H_2 的单分子生成苯环，化学表达式为 $C_6H_8 \longrightarrow C_6H_6 + H_2$。对于 PAHs 生成和碳烟生成所提出的模型很多，其中由 Wang 和 Frenklach[11]提出的 HACA 模型、由 Marinov 等[9]提出的共轭自由基加成机理和 PAHs 生成模型、由 Appel 等[14]提出的 ABF 模型和 Richter 等[15]提出的 HAVA 和 PAHs 凝聚机理具有代表性。

（2）粒子成核或初生

碳烟颗粒的初生是颗粒物从气相反应物中通过均相成核形成的。Bartok 和 Sarofim[16]解释最小可以确认的固体粒子在发光火焰中可见的直径范围是 1.5～2nm，在该范围内一般已成核。粒子初生初期过程中可能由小的激发态自由基、脂肪族或碳氢化合物添加到大分子芳烃上形成。有报告指出，粒子初生温度范围为 1300～1600K，这些成核的粒子对碳烟生成总量的贡献不大，但是对后来碳烟颗粒质量的增加有贡献。这是因为这些成核的粒子为表面生长提供了活性部位，成核是受限于一个靠近原发反应的区域，该区域的温度、激发态自由基和粒子的浓度在预混扩散火焰中最高。

根据 Glassman[17]的研究，燃料和生成的碳烟是独立存在的，两者之间所要到达的路径是中间组分，该路径受温度和原始燃料类型的影响。这意味着从燃料到碳烟的倾向路径是由第一和第二个环形结构的初始形成率决定的，而更大芳香环状结构的生长过程将会导致成核和生长，这种过程在所有燃料里是相似的且生成要快于第一个苯环的生成。因此，相对较慢的苯环控制着碳烟初生率且决定碳烟的生成量。两个丙炔基激发态自由基 C_3H_3 的加成最有可能生成第一个苯环。芳香环被认为是添加到烷基组织然后转变为 PAHs 结构，该途径在乙炔的表面生长和其他气相碳烟前驱物中也存在。在一些包含大量氢的场所，PAHs 足够大可以直接发展成核。Haynes 和 Wagner[18]指出环的破裂会降低碳烟生成率且减小最终的产量。

Harris 和 Weiner[19]提出三个碳烟成核规则：①进入环结构的分子链的环化作用，如乙炔分子结合形成苯环；②一个直接的路径就是芳香环在低温下脱氢并形成多环；③高温下环的断裂和重新环化。

（3）碳烟颗粒的表面反应

表面生长过程是一个成核的碳烟颗粒表面质量增加的过程。目前对成核的结束和表面生长的开始还没有严格的区别，实际上两个过程是同时发生的。在表面生长过程中，碳烟颗粒的热反应表面比较容易接受气相碳氢化合物，尤其是乙炔。这将引起碳烟表面质量的生长，同时粒子数仍然不变。持续的表面生长可看作粒子从原发反应区移动到冷却区。大量的碳烟质量在表面生长过程中增加，因此表面生长过程的停留时间对总的碳烟质量和碳烟体积分数有很大的影响。

一个碳烟模型需要包含生成和氧化两个方面。成核动力学控制粒子的初生，凝聚控制粒子数密度的变化，碳烟中碳的质量积聚主要是由表面反应、生长和氧化控制。在层流预混火焰实验中已经证实乙炔是参与表面反应的主要气相组分，并且在碳的沉积过程中伴随着一阶动力学。这一结论尽管在质量和数量上的研究有一些疑问，但是这种经验的一级速率定律和实验测量的速率常数在碳烟的简化模型里经常使用。在层流扩散火焰中[20]发现表面生长与乙炔的消耗是一致的，并且乙炔是主要的生长组分。碳烟颗粒的表面生长与表面氧化是互相平衡的，氧化主要由$^{\cdot}O_2$和$^{\cdot}OH$自由基引起。

（4）凝聚和团聚

凝聚和团聚是粒子联合的两个过程。凝聚在粒子碰撞和结合时发生，因此减少了颗粒数，形成了两个粒子质量的结合。在凝聚过程中，两个球状碳烟颗粒结合成一个类似球状的粒子。团聚是由个别粒子或基本粒子粘在一起时发生的，该过程产生原始粒子群，且原始粒子维持它们各自的形状。特别是团聚的碳烟颗粒形成一个链状的结构，但是在一些研究中也发现了粒子丛生的现象。

3. 碳烟模型

基于碳烟模型本身的属性可以分为经验模型、半经验模型和详细模型[21]。

经验模型常常因数学简化的参与而产生一些不太可靠的预测。半经验模型通过结合实验检测值得到模型参数，随着实验检测技术和计算方法的不断发展，精度也在逐步提高。详细模型可以基于机理方面研究碳烟生成特性。显而易见的问题就是运行流体力学代码，采用详细的模型对大尺度的问题进行研究，需要应用不同的数学方法减小计算的尺度，而不歪曲初始详细模型的物理属性。

（1）经验模型

经验模型一般通过关联实验数据模拟碳烟的生成趋势。经验模型在定性预测方面有一定的可取性，却经常忽略数量和对不同燃烧环境的要求。Calcote 和 Manos[22] 提出了一个模拟碳烟生成的方法——临界碳烟指数法。该方法综合考虑了喷嘴的结构参数和燃料转化为碳烟的参数，能够考虑不同燃烧装置中所测的发烟点（即生成碳烟的位置）高度的变化，是一个有效模拟评估燃料和混合物的碳烟生成趋势的方法。

（2）半经验模型

半经验模型通过结合实验检测值得到模型参数，利用简单的碳烟模型计算碳烟前驱物和碳烟成核、表面生长和氧化的反应速率方程，一直以来都是碳烟研究领域的一个热点方向。随着实验检测技术和计算方法的不断发展，半经验模型的模拟性能也逐步提升。

Tesner 等[23]提出了一个简化的动力学模型，该模型使用一个两步机理来描述碳烟的成核速率，模型表达式为

$$\frac{\mathrm{d}n}{\mathrm{d}t}=n_0+\left(f-g\right)n-g_0Nn\frac{\mathrm{d}n}{\mathrm{d}t}$$

式中，n_0是一个与温度有关的颗粒成核速率；f和g是分支和终止系数；g_0是碳烟相互碰撞引起的核心损失率；N为碳烟的数量密度。

Leung 等[24]采用一个双方程模型描述碳烟的成核、表面生长和氧化过程。该模型假设C_2H_2是碳烟成核和表面生长的主要物质，而 O_2 和$^{\cdot}OH$ 是主要的氧化物质，$C_2H_2 \longrightarrow 2C(s)+H_2$， $C_2H_2+nC(s)\longrightarrow(n+2)C(s)+H_2$， $0.5O_2+C(s)\longrightarrow CO$， $^{\cdot}OH+C(s)\longrightarrow CO+^{\cdot}H$。成核的速率和表面生长的速率分别见式（2-27）和式（2-28）。

之后，有很多学者从化学反应、热辐射损失等方面对该模型进行了改进，使其模拟性能逐步提升。

（3）详细模型

详细模型是在化学动力学的基础上建立形成的。一般而言，详细模型包括小分子碳氢化合物的热解与氧化、芳香环的生成和环的增长、碳烟的成核及碳烟的表面生长和氧化。

Frenklach 等[11]一直致力发展详细的碳烟模型，其提出的模型包含两个部分：一个是描述燃料热解、碳烟前驱物生成、成长和氧化的气相化学反应模型；另一个是描述碳烟成核、表面生长和氧化的粒子动力学模型。其中，PAHs 的生成和生

长主要基于典型的HACA过程和环与环的缩合，C_2H_2和PAHs是碳烟表面生长的主要物质，˙OH是主要的碳烟氧化物。通过矩方法描述碳烟的平均性质，如碳烟数量密度、体积分数和平均颗粒直径等。

Correa和Smooke[25]提出的碳烟模型考虑了辐射热损，该模型包括碳烟的初生、表面生长和氧化、辐射能损失、碳烟的衰老等。通过使用分段颗粒尺寸表述法，碳烟的生长被建模为一个自由分子气溶胶动力学问题。其中，表面生长采用HACA机理，O_2和˙OH是主要的氧化物，表面生长和氧化速率与颗粒的表面积成正比。

4. 影响碳烟生成的基本物理特性

探究各个物理参数对燃烧过程中碳烟生成和氧化的影响有助于更好地设计燃烧器和选择燃料组分。这些物理参数包括温度、压力、燃料分子结构、燃料成分以及燃料／空气的化学计量比等。

（1）温度的影响

温度是影响碳烟生成的最大因素，该影响是通过增加碳烟生长和氧化过程中所有组分的反应率完成的。Glassman[26]指出碳烟初生的开始温度大约是1400K，低于1300K时停止。随着温度的升高，氧化率比生长率增加得更快。在一个良好的搅拌反应器中，生长和氧化是同时发生的，生长率发生的高峰温度范围是1500～1700K。在预混火焰中，碳烟的体积分数随温度升高会达到一个最大值，在该最大值对应的温度之上，净生长率下降。在扩散火焰中，碳烟的体积分数随温度升高而增加。

（2）压力的影响

火焰中压力的变化会改变温度、流动速度、火焰结构和热扩散率。因此压力对碳烟生成的影响很难被隔离。Haynes等[18]指出在预混火焰中碳烟生成随压力的增大很明显。Böhm等[27]研究了预混的C_2H_4和苯火焰。他们发现当恒定的火焰温度高于1500K且C／O的比率从0.65～0.75、压力从0.1～0.5MPa时，碳烟体积分数正比于压力的平方。

在扩散火焰中，压力改变了火焰的结构和热扩散率，但是热扩散率与压力的变化是相反的[28]。Glassman[26]也指出，在扩散火焰中质量燃烧速率随着外界压力的增大而增加。Flower[29]测量了C_2H_4扩散火焰中的碳烟体积分数，实验条件是压力为0.1MPa～0.25MPa且发现碳烟体积分数的增加与压力的平方成正比。更大的压力在产生更大的颗粒和更多的颗粒数密度的同时能轻微降低火焰的温度。在0.8MPa的高压下，生成碳烟体积分数随停留时间的延长而降低。该现象可能是由较高的辐射损失导致较低的温度和碳烟生成率所致。

（3）其他影响因素

O_2对碳烟的影响是比较复杂的，O_2的影响可以通过改变燃料的组分或燃料和空气的预混比来实现。一般地，无论是在燃料中增加氧化剂还是减小燃料比都会减少碳烟生成，但并非总是这样的情况，因为O_2经常不可避免地与温度联系在一起，温度对碳烟的生成和氧化都成指数的影响，因此很难分辨是O_2还是温度的改变影响了碳烟生成过程。

过去有关燃料组分和分子结构对碳烟影响的研究工作大多是在实验室条件下完成的，尽管目前还存在一些争议，但是文献中一致的观点是针对不同的火焰，在所有影响碳烟生成的因素中燃料组分所占比重最大。在扩散火焰中，燃料的分子结构对碳烟的生成有影响，但是在预混火焰中影响不大或可忽略。

总之，研究者目前一致的意见是在所有的火焰中，燃料组成对碳烟的生成影响最大。燃料分子结构在扩散火焰中对其生成影响较大，在预混火焰中影响较小或可忽略。对于所有的火焰，碳-碳体中碳原子数的增加通常会增大燃料燃烧生成碳烟的趋势；在扩散火焰中，高温会增加碳烟生成率；在火焰中，压力对碳烟生成的影响是不同的；燃料分子结构中的氧通常降低碳烟的体积分数，但是这种影响通常与温度的影响耦合。

4.1.2 简化的动力学模型与CFD代码的耦合

2D火焰程序包是由加拿大国家研究院与多伦多大学的Liu等[30]联合开发的。程序中的代码采用原始变量，考虑流动、传热、化学反应、辐射模型和碳烟模型等因素。本节主要研究的内容有两部分，一部分是化学反应动力学模型与主程序simple.f的耦合，即采用本文所简化的机理文件，相应的热力学数据和输运数据采用CHEMKIN II生成CHEMKIN.BIN链接文件。除此之外，主程序和所有子程序与化学机理修改的有关数据都做相应的调整；另一部分是在子程序full.f里定义和修改本节研究所涉及改动的各个参数。

4.1.3 C_2H_4/空气扩散火焰温度及碳烟体积分数的数值模拟

1．控制方程

本节研究的火焰结构是一个轴对称层流同向C_2H_4/空气扩散火焰，计算结构、边界条件和网格分布如图4-3所示。其质量、动量、能量和化学组分方程，是在轴对称圆柱坐标（x, y）下完全耦合的椭圆守恒方程[30]。

连续性方程见式（2-14），动量方程见式（2-15a）、式（2-15b），能量方程见式（2-16），组分方程见式（2-17），状态方程见式（2-18）。

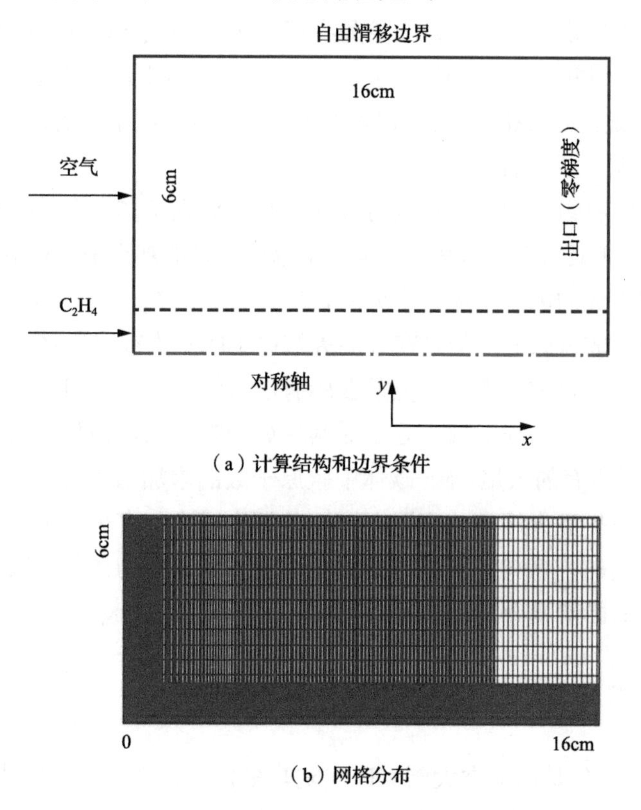

（a）计算结构和边界条件

（b）网格分布

图 4-3　计算结构、边界条件和网格分布

2. 数值计算方法及边界条件

本节模拟计算是在一个 6cm（y）×16cm（x）的二维矩形域中进行的，如图 4-3（a）所示。燃料从一个内径为 10.9mm 的管中流进，流速和温度分别为 1.9cm/s 和 300K；空气从燃料管和空气管（直径为 100mm）之间包围的一个环面流出，流速在常温常压下为 65.93cm/s，进口的全局当量比 Φ=0.01，燃料管壁厚为 0.95mm。

在计算过程中，包含 16cm（x）× 6cm（y）的计算域划分为 333（x）× 88（y）个控制体积，采用非均匀的网格来离散是为了节省计算时间和分解参数的大梯度，如图 4-3（b）所示。在 y 方向，细网格的分辨率从 0.2mm 增加到 0.8mm，在接近燃烧器出口的 x 方向，网格分辨率从 0.5mm 增加到 0.8mm。在此基础上，在计算过程中经过检验表明，网格的进一步细化对计算结果的影响不明显。因此，本节划分网格时的设置如上所述。假设进口燃料速度是一个抛物剖面，且在空气流速中假定为一边界层剖面，燃料和空气的进口温度均假设为300K。出口边界设定为零梯度，中心线给定为对称边界，燃烧器外部壁面设定为自由滑移边界。

控制方程采用有限体积的方法离散，压力和速度的耦合求解采用SIMPLE数值算法，中心差分和逆风差分用来离散守恒方程中的扩散和对流项。针对每个网格，碳烟质量分数、碳烟的数密度及离散的气相组分方程均在耦合的条件下求解，这样是为了快速收敛。同时，动量、能量和压力的修正采用TDMA方法求解。H_2O、CO_2和CO的非灰性辐射特性采用DOM法求解。上述方法由Thurgood等[31]提出，其中DOM法中的离散坐标是使用T3求积定义的。Liu等[30]发展的SNBCK模型求解H_2O、CO_2和CO在每个带的吸收系数。相关-*k*（correlated-*k*，CK）方法的起点是，对任何辐射量Φv唯一依靠的是气体吸收系数（对于窄带来说这是正确的，窄带模型中黑体函数可看作常数)，整个多波长上的积分由吸收系数的积分来代替。基于Buckius和Tien[32]的实验测量，碳烟的光谱吸收系数假定为$5.5f_V v$，f_V是碳烟的体积分数，v是每个光谱带的波数。每个光谱带完整的辐射强度采用四点高斯-勒让德算法。光谱的积分辐射源项通过对所有的光谱带求和计算，光谱波数范围是150～9300cm^{-1}。

本节模拟计算应用的化学反应动力学模型来自第3章发展的简化模型，反应机理文件包含19种组分和20步反应。应用的热力学数据和输运数据均来自GRI-Mech 3.0数据库。在当前的研究中，轴对称同向C_2H_4 / 空气扩散火焰在全局当量比Φ=0.01的条件下进行模拟计算，并且对数值计算结果和实验测量结果进行对比分析。

4.2 CO_2氛围下C_2H_4燃烧数值模拟

为了验证C_2H_4燃烧热物性模拟实验结果，同时开展FLUENT气体燃料燃烧特性数值模拟可行性研究，选取与实验相同的工况进行数值模拟是有必要的。本节依据实验所用燃烧器建立模型，针对各种工况分别进行研究，并将其结果与实验检测结果进行对比。

4.2.1 几何模型

1. 几何模型外形与尺寸

对实验室用伴流燃烧器进行简化，采用GAMBIT建立燃烧器模型。简化后的燃烧器物理模型如图4-4所示。燃料从燃料管流出，氧化剂流从燃烧器环形区域匀速流出，二者接触混合生成同向流动且稳定的扩散火焰。模拟过程中主要研究燃烧器出口情况，为了更真实地反映燃烧器喷嘴处的燃烧情况，在燃烧器出口之后确定 0.088m（r）×0.25m（z）的燃烧区域。燃烧器各参数如表 4-1 所示。

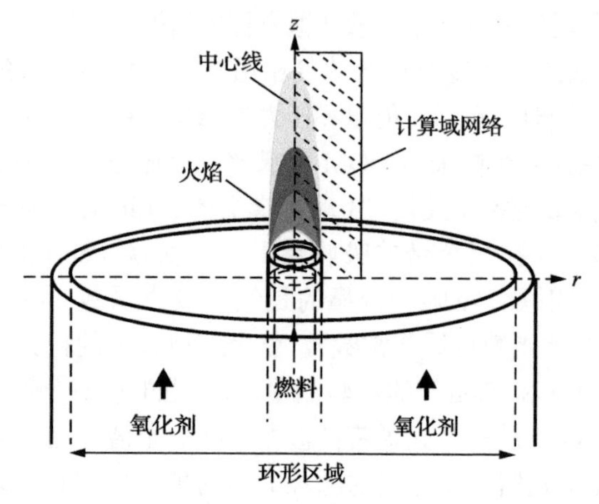

图 4-4　燃烧器物理模型

表 4-1　燃烧器进出口直径参数

燃料管内径/mm	燃料管外径/mm	氧化剂入口内径/mm	燃烧器外径/mm
10.9	12.8	88	100

2. 网格划分

整个计算区域通过 FLUENT 的前置软件 GAMBIT 生成网格。整体模型结构较简单，燃烧器出口位置截面尺寸变化较大，流动变化剧烈。模型均采用四边形网格，网格随流动发展趋于平缓而逐渐变得稀疏。在燃烧器内部和喷嘴附近，由于气流速度较高，网格划分比较密集，在其他区域，气流速度相对较小，网格划分较稀疏，可以得到更好的计算结果，更有利于收敛，减少计算时间。总网格数约为 28599 个。图 4-5 所示为燃烧器模型燃烧区域的网格划分图。

图 4-5　燃烧器模型燃烧区域的网格划分图

4.2.2 计算结果分析

1. O_2/N_2氛围下C_2H_4燃烧火焰温度分布

图4-6所示为五种O_2/N_2氛围下（氧指数分别为21%、30%、40%、50%、100%）C_2H_4燃烧数值模拟温度二维分布。从图中可以看出，燃烧火焰温度分布的模拟结果与实验结果（见4.3.2节）具有相同规律。模拟所得的燃烧火焰温度最高点略高于实验中的最高点，这是由于模拟过程中燃料与助燃气体从喷嘴流出没有阻力，生成的火焰高度更高。燃烧火焰最高温度位于外焰，因此火焰最高点的位置略高。随着氧指数的增大，高温区域逐渐下降。

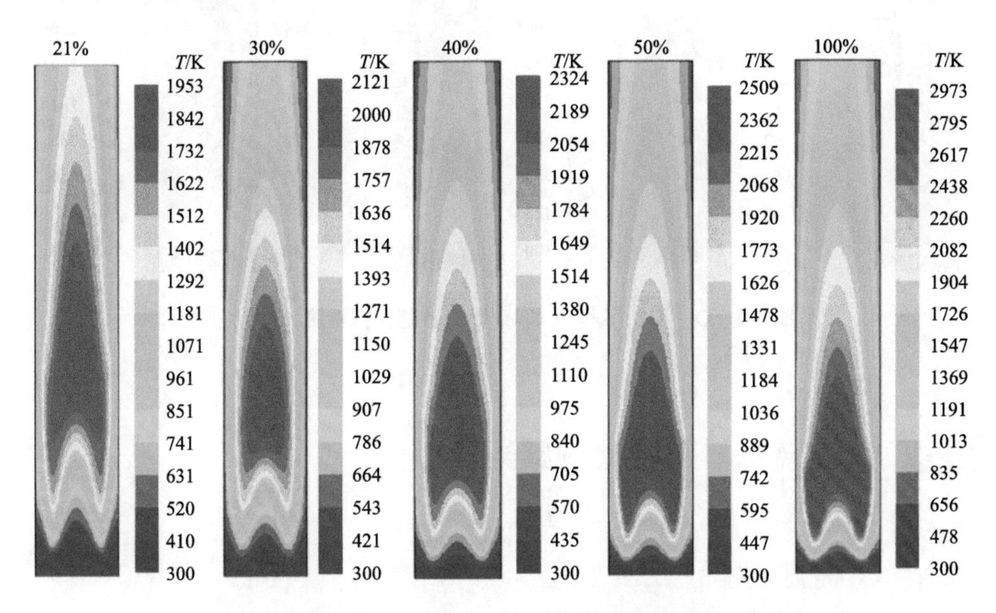

图4-6 五种O_2/N_2氛围下C_2H_4燃烧数值模拟温度二维分布

2. O_2/CO_2氛围下C_2H_4燃烧火焰温度分布

图4-7所示为O_2/CO_2氛围下（氧指数分别为30%、40%、50%、100%）C_2H_4燃烧数值模拟温度二维分布。模拟结果显示，火焰的宏观特征变化趋势与O_2/N_2氛围下的燃烧数值模拟温度分布相似，且与相应的实验研究结果一致，这说明FLUENT软件对O_2/CO_2氛围下的C_2H_4燃烧的火焰特性研究可行性较好。

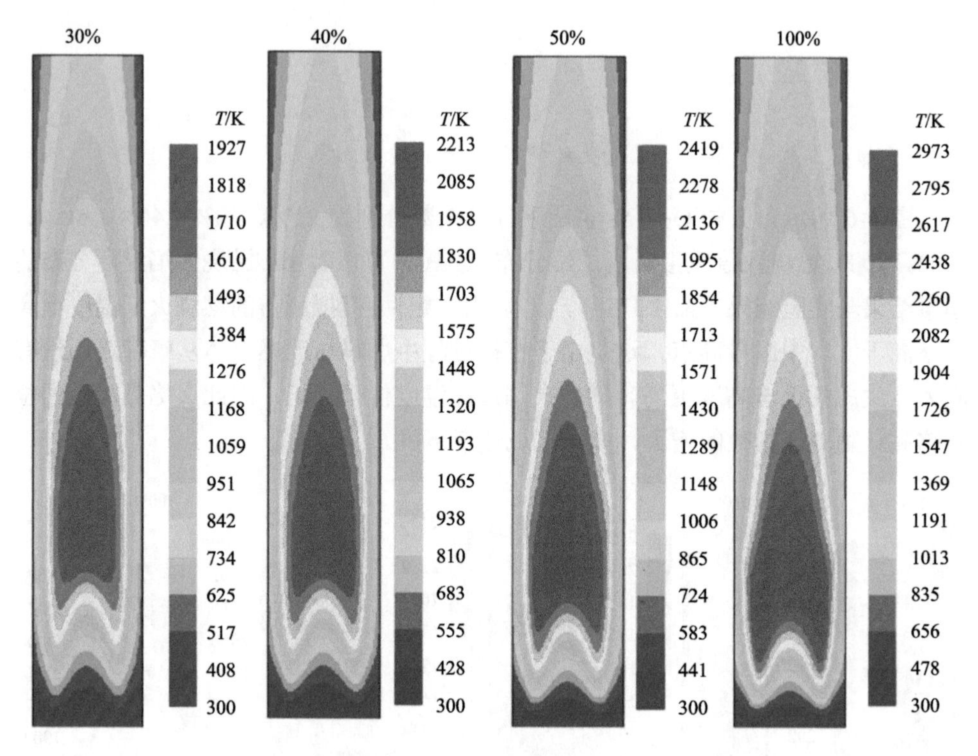

图 4-7 O_2 / CO_2氛围下 C_2H_4燃烧数值模拟温度二维分布

4.3 数值模拟与实验检测结果比较

4.3.1 C_2H_4层流扩散火焰特征

图 4-8 所示为在 O_2 / N_2氛围和 O_2 / CO_2氛围下（氧指数分别为 21%、30%、40%、50%、100%）C_2H_4燃烧火焰图像，其曝光时间为 10000μs。可以看出，C_2H_4燃烧的火焰在不同的燃烧氛围中随着氧指数的增大具有如下相同的特性。

1）火焰颜色由黄色逐渐变为亮白色。

2）火焰高度降低。在氧指数低于 40%的范围内，火焰高度大幅下降，氧指数高于 40%后，火焰高度缓慢下降。

3）火焰亮区逐渐缩小。发光区在燃烧器出口处逐渐缩小。

4）火焰结构发生变化，燃料的热解区逐渐减小，纯氧燃烧的热解区不明显。同时，与 O_2 / N_2 燃烧氛围相比，O_2 / CO_2 氛围中 C_2H_4 燃烧火焰上部更亮，反应更剧烈，火焰稳定性差，发生水平抖动，低氧指数下抖动更明显。

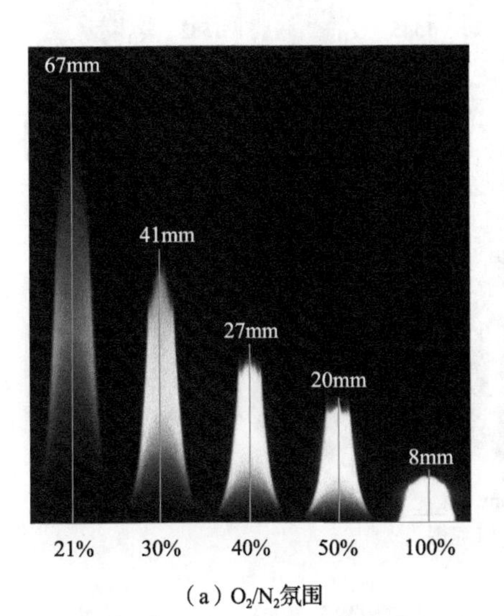

（a）O_2/N_2氛围

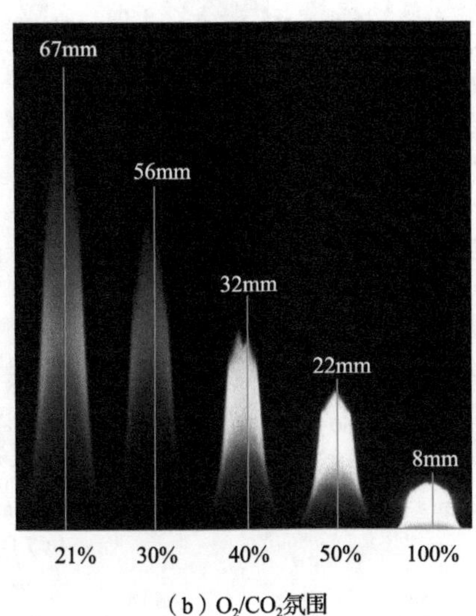

（b）O_2/CO_2氛围

图 4-8 O_2 / N_2 氛围和 O_2 / CO_2 氛围下 C_2H_4 燃烧火焰图像

4.3.2 C_2H_4 燃烧实验检测温度分布特征

采用三色法对采集到的火焰图像进行处理，得到两种氛围、不同氧指数下 C_2H_4 燃烧实验检测温度分布特征，如图 4-9 所示。从图中可以看出，随着氧指数的增大，燃烧器出口火焰的最高温度在两种燃烧氛围中升高。常规燃烧方式下火焰的最高温度为 1860K，纯氧燃烧方式下火焰的最高温度为 2800K，当氧指数相同时，O_2 / CO_2 大气中的火焰温度略低，这是由于燃烧气体中 CO_2 的比热低于 N_2 的比热。在不同的操作条件下，火焰最高温度的位置随氧指数的增大而上升。随着氧指数的增大和温度的升高，化学反应速率增大，火焰表面停留时间变短，火焰高度相应降低。

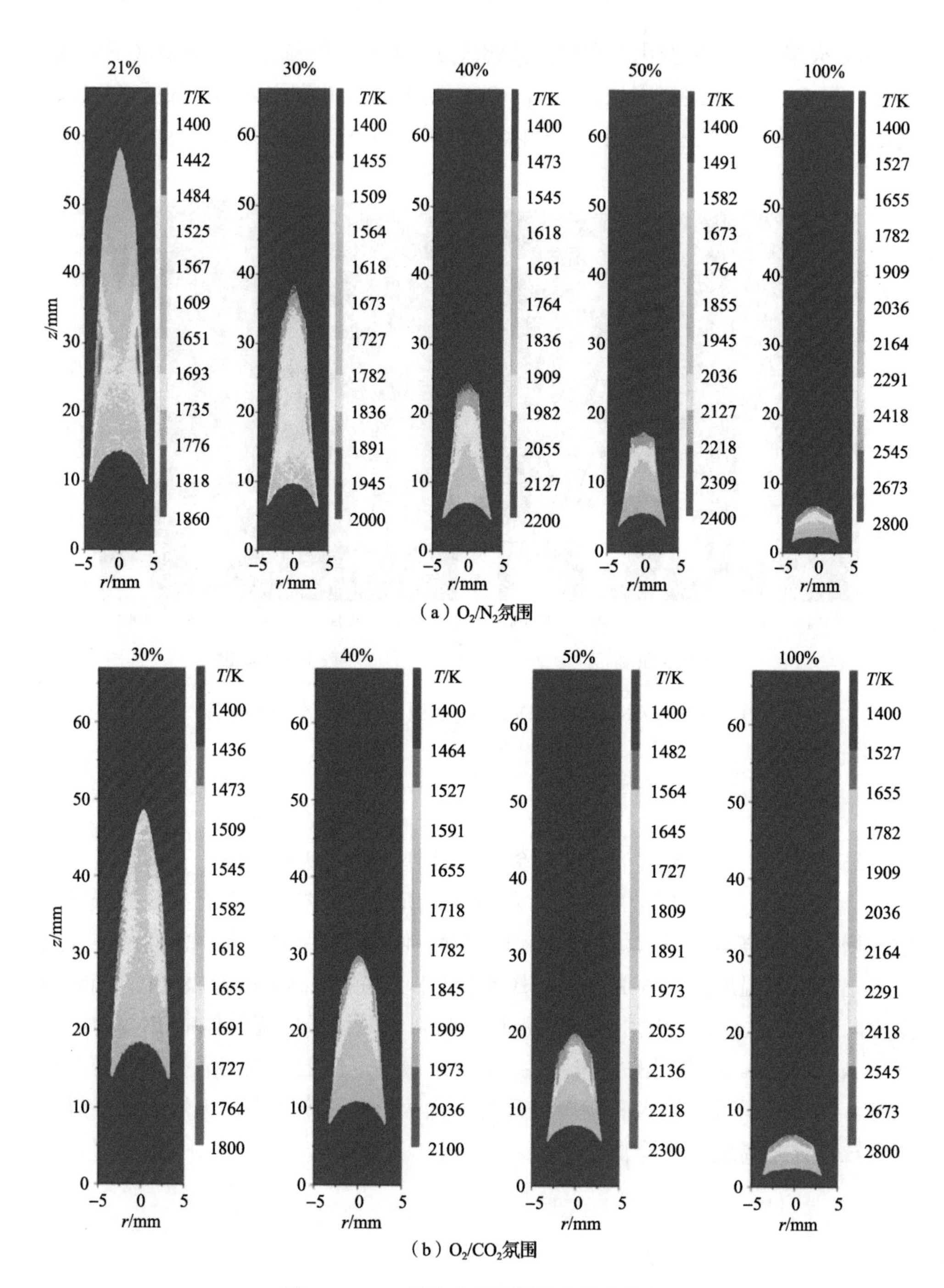

图 4-9　C_2H_4燃烧实验检测温度分布特征

4.3.3 火焰温度和碳烟体积分数测量与数值模拟的比较

图4-10所示为O_2/N_2氛围下五种实验工况（氧指数分别为21%、30%、40%、50%、100%）C_2H_4燃烧数值模拟温度二维分布。从图中可以看出，火焰温度分布的模拟结果与实验结果一致。模拟结果表明，最高火焰温度略高于实验火焰温度峰值，这是由于在模拟过程中燃料与助燃气体之间没有阻力流出喷嘴，产生的火焰高度较高。由于火焰的最高温度位于外焰中，火焰最高点的位置略高。随着氧指数的增大，高温区域逐渐下降。

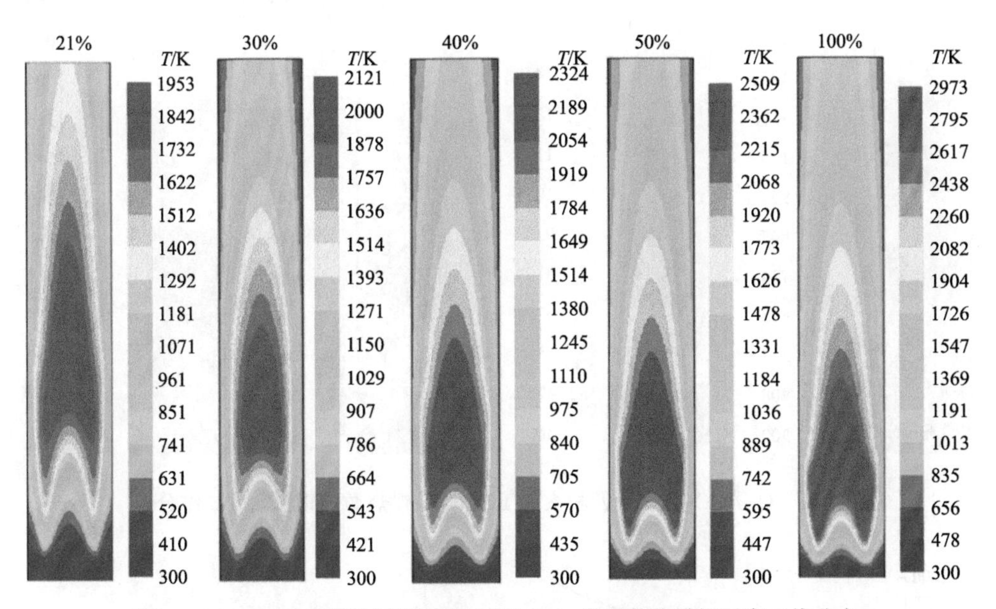

图4-10 O_2/N_2氛围下五种实验工况C_2H_4燃烧数值模拟温度二维分布

图4-11所示为O_2/CO_2氛围下四种实验工况（氧指数分别为30%、40%、50%、100%）C_2H_4燃烧数值模拟温度二维分布。模拟结果显示，火焰的宏观特征变化趋势与O_2/N_2氛围下的燃烧数值模拟温度分布相似，且与相应的实验研究结果一致，这说明数值预测O_2/CO_2氛围下的C_2H_4燃烧的火焰特性研究可行性较好。

通过二维云图可以看出，两种富氧燃烧氛围下的模拟火焰温度与实验结果相吻合。为了更清晰地对比两种结果，选取O_2/N_2氛围下四种实验工况火焰中心线平均温度分布，如图4-12所示，所选取的氧指数分别为30%、40%、50%、100%。不同工况下火焰中心线温度的变化趋势相同。从图中可以看出，火焰中心线温度的模拟值略高于实验值。这是为了清楚地显示燃烧过程，建立一个虚拟燃烧区。燃烧区为绝热壁，燃烧过程中没有边界热损失。在实际的燃烧过程中，火焰将热量散发到外界。可降低火焰高度和火焰温度。计算结果表明，模拟结果与实验结果的平均误差为 8.06%，在工业生产中是可以接受的。

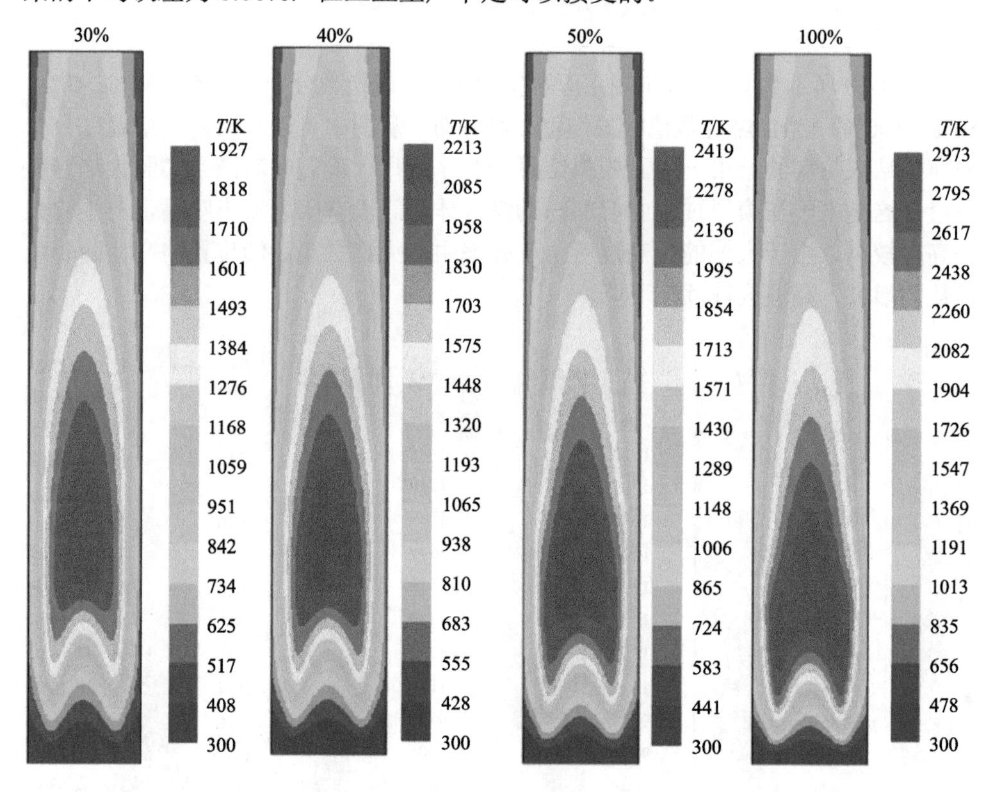

图 4-11 O_2 / CO_2 氛围下四种实验工况 C_2H_4 燃烧数值模拟温度二维分布

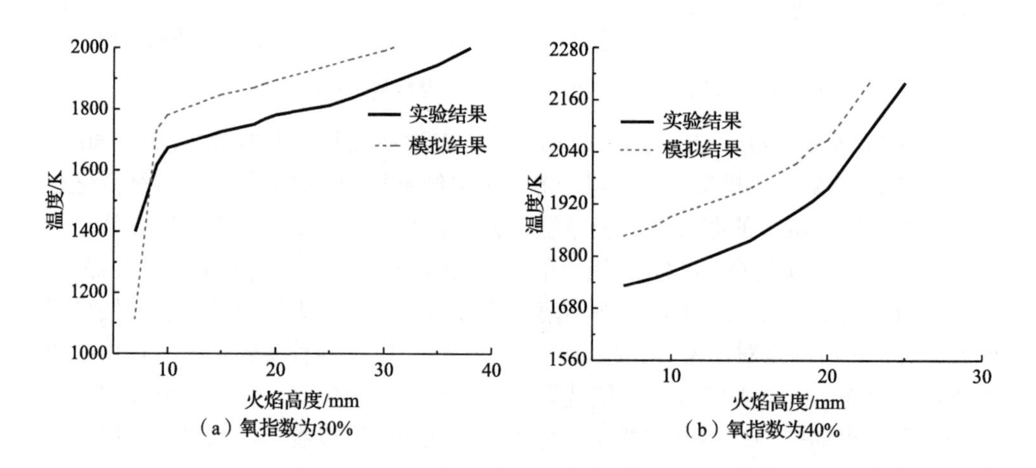

图 4-12 O_2 / N_2 氛围下四种实验工况火焰中心线平均温度分布

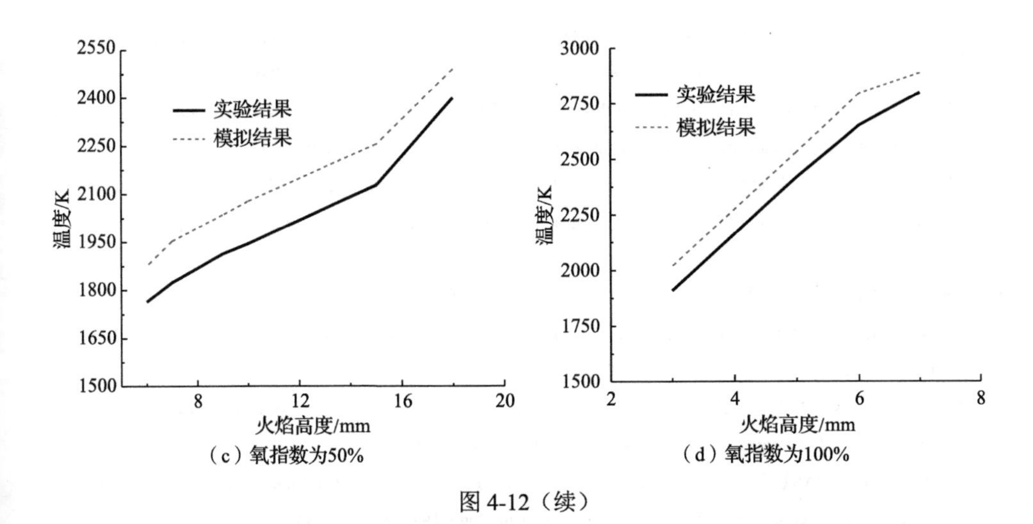

（c）氧指数为50%　（d）氧指数为100%

图 4-12（续）

4.4 本章小结

本章介绍了碳烟生成机理和碳烟模型，将动力学模型和代码耦合对同向 C_2H_4 / 空气二维扩散火焰温度和碳烟体积分数进行了模拟研究。数值模拟中，采用一个简化的气相化学与复杂的热传输及碳烟模型耦合的方法进行，热辐射采用 DOM 法计算，碳烟生成采用一个半经验的二方程碳烟模型预测，并对 FLUENT 软件模型建立及求解过程进行简述，完成了 C_2H_4 在 O_2 / N_2 和 O_2 / CO_2 两种氛围共九种工况下燃烧过程的数值模拟研究，分析了燃烧过程中的火焰温度分布。本章通过模拟研究得出如下结论。

1）简化的模型与 CFD 代码耦合后可以节省 52.5%的计算时间。

2）不同氛围下的燃烧数值模拟结果与实验结果具有相同的温度分布特征，随着氧指数的增大，燃烧反应速率增大，火焰温度升高。

参 考 文 献

[1] ZHANG Y D, LIU F S, CLAVEL D, et al. Measurement of soot volume fraction and primary particle diameter in oxygen enriched ethylene diffusion flames using the laser-induced incandescence technique[J]. Energy, 2019, 177: 421-432.

[2] SNELLING D R, THOMSON K A, SMALLWOOD G J, et al. Spectrally resolved measurement of flame radiation to determine soot temperature and concentration[J]. AIAA Journal, 2002, 40(9): 1789-1795.

[3] HUANG Y, YAN Y. Transient two-dimensional temperature measurement of open flames by dual-spectral image analysis[J]. Transactions of the Institute of Measurement and Control, 2000, 22(5): 371-384.

[4] LOU C, ZHOU H C. Deduction of the two-dimensional distribution of temperature in a cross section of a boiler furnace from images of flame radiation[J]. Combustion and Flame, 2005, 143(1-2): 97-105.

[5] ZHANG Y D, LIU F S, LOU C. Experimental and numerical investigations of soot formation in laminar coflow ethylene flames burning in O_2/N_2 and O_2/CO_2 atmospheres at different O_2 mole fractions[J]. Energy & Fuels, 2018, 32: 6252-6263.

[6] 王宇. 电场作用下火焰中碳烟颗粒的分布与聚积规律[D]. 北京: 清华大学, 2009.

[7] MILLER J A, MELIUS C F. Kinetic and thermodynamic issues in the formation of aromatic compounds in flames of aliphatic fuels[J]. Combustion and Flame, 1992, 91(1): 21-39.

[8] MILLER J A, KLIPPENSTEIN S J. The recombination of propargyl radicals and other reaction on a C_6H_6 potential[J]. Journal of Physical Chemistry A, 2003, 107(39): 7783-7799.

[9] MARINOV N M, CASTALDI M J, MELIUS C E, et al. Aromatic and polycyclic aromatic hydrocarbon formation in a premixed propane flame[J]. Combustion Science and Technology, 1997, 128: 295-342.

[10] WESTMORELAND P R. Experimental and theoretical analysis of oxidation and growth chemistry in a fuel-rich acetylene flame[D]. Cambridge, MA: Massachusetts Institute of Technology, 1986.

[11] WANG H, FRENKLACH M. A detail kinetic modeling study of aromatics formation in laminar premixed acetylene and ethylene flames[J]. Combustion and Flame, 1997, 110(1-2): 173-221.

[12] MOSKALEVA L V, MEBEL A M, LIN M C. The CH_3+C_5H_5 reaction: A potential source of benzene at high temperatures[J]. Symposium on Combustion, 1996, 26(1): 521-526.

[13] SENKAN S M, COLVIN M E, MARINOV N M, et al. Reaction mechanism in aromatic hydrocarbon formation involving the C_5H_5 cyclopentadienyl moiety[J]. Symposium(International) on Combustion, 1996, 26(1): 685-692.

[14] APPEL J, BOCKHORN H, FRENKLAEH M. Kinetic modeling of soot formation with detailed chemistry and physics: Laminar premixed flames of C_2 hydrocarbons[J]. Combustion and Flame, 2000, 121: 122-136.

[15] RICHTER H, GRANATA S, GREEN W H, et al. Detailed modeling of PAH and soot formation in a laminar premixed benzene/oxygen/argon low-pressure flame[J]. Proceedings of the Combustion Institute, 2005, 30(1): 1397-1405.

[16] BARTOK W, SAROFIM A. Fossil Fuel Combustion: A Source Book[M]. New York: John Wiley & Sons, 1991.

[17] GLASSMAN I. Combustion. 3rd ed[M]. San Diego: Academic Press, 1996.

[18] HAYNES B S, WAGNER H G. Soot formation[J]. Progress in Energy and Combustion Science, 1981, 7(4): 229-273.

[19] HARRIS S J, WEINER A M. Chemical kinetics of soot particle growth[J]. Annual Review of Physical Chemistry, 1985, 36(1): 31-52.

[20] PURI R, RICHARDSON T F, SANTORO R J. Aerosol dynamic processes of soot aggregates in a laminar ethene diffusion flame[J]. Combustion and Flame, 1993, 92(3): 320-333.

[21] 张引弟. 乙烯火焰反应动力学简化模型及烟黑生成模拟研究[D]. 武汉: 华中科技大学, 2011.

[22] CALCOTE H F, MANOS D M. Effect of molecular structure on incipient soot formation[J]. Combustion and Flame, 1983, 49(1-3): 289-304.

[23] TESNER P A, SHURUPOV S V. Soot formation during pyrolysis of naphthalene, anthracene and pyrene[J]. Combustion Science and Technology, 1997, 126(1-6): 139-151.

[24] LEUNG K M, LINDSTEDT R P, JONES W P. A simplified reaction mechanism for soot formation in nonpremixed flames[J]. Combustion and Flame, 1991, 87: 289-305.

[25] CORREA S M, SMOOKE M D. NO_x in parametrically varied methane flames[J]. Symposium on Combustion, 1990, 23(1): 289-295.

[26] GLASSMAN I. Soot formation in combustion processes[J]. Symposium on Combustion, 1989, 22(1): 295-311.

[27] BÖHM H, HESSE D, JANDER H, et al. The influence of pressure and temperature on soot formation in premixed flames[J]. Symposium on Combustion, 1989, 22(1): 403-411.

[28] SATO H, TREE D R, HODGES J T, et al. A study on the effect of temperature on soot formation in a jet stirred combustor[J]. Symposium(International)on Combustion, 1991, 23(1): 1469-1475.

[29] FLOWER W L. Laser diagnostic techniques used to measure soot formation[J]. Applied Optics, 1985, 24(8): 1101.

[30] LIU FENGSHAN, SMALLWOOD G J, GULDER O L. Application of the statistical narrow-band correlated-k method to low-resolution spectral intensity and radiative heat transfer calculations-effects of the quadrature scheme[J]. International Journal of Heat and Mass Transfer, 2000, 43(17): 3119-3135.

[31] THURGOOD C P, POLLARD A, BECKER H A. The T_N quadrature set for the discrete ordinates method[J]. Journal of Heat Transfer, 1995, 117(4): 1068-1070.

[32] BUCKIUS R O, TIEN C L. Infrared flame radiation[J]. International Journal of Heat and Mass Transfer, 1997, 20(2): 93-106.

第5章

O_2/CO_2氛围下天然气燃烧数值模拟研究

5.1 天然气扩散燃烧数值模拟

5.1.1 模型的建立

1. 几何模型外形与尺寸

本节模拟采用的模型为实验室用伴流燃烧器的简化版，实验台架的伴流燃烧器实物图如图 5-1 所示。燃料管内径为 10.9mm，外径为 12.8mm；氧化剂管的内径为 88mm，外径为 100mm。氧化剂通过直径为 2mm、厚度一定的小玻璃珠层和两层多孔金属滤板，使氧化剂流速均匀，保障火焰的稳定性，在大气压下生成同向流动和轴对称层流扩散火焰。

图 5-1 伴流燃烧器实物图

模拟前对实验室用伴流燃烧器进行简化[1]，采用 GAMBIT 建立燃烧器模型。简化后的燃烧器物理模型示意图见图 4-4。燃烧器各尺寸参数见表 4-1。

2. 网格划分

在流动与传热的数值模拟中，网格划分是非常重要的一步。通过网格划分，将空间上连续的计算域进行剖分，形成多个子区域，并确定每个子区域的节点。网格的划分和算法的选择直接决定实际流动与传热问题计算效率与计算精度。若网格数过少，会使计算精度下降甚至发散；若网格数过多，计算精度能有一定程度的提高，但会大大增加计算时间及存储成本。因此，选择合适的网格，确保网格品质。当模型结构简单时，适当减少网格数；模型结构较复杂时，需要较多的网格节点来提高计算精度。网格均匀度对求解速度也有很大影响，网格均匀度越低，收敛越困难。燃烧区域的网格见图 4-5。

5.1.2 边界条件及数值求解条件设置

1. 边界条件及初始条件设置

助燃气体入口设为质量流量入口边界，空气湍流强度为 10%，水力直径为 0.44mm，入口流体温度设为 300K；燃气入口设为质量流量入口边界，燃气湍流强度为 10%，水力直径为 0.01mm，入口流体温度设为 300K；计算域出口设为压力出口边界，出口表压为 0，出口湍流强度取 2%，水力直径取 0.45mm；喷嘴壁面温度设为 300K，其余设为壁面绝热边界条件。求解初始温度为 2000K。

2. 数值求解方法

数值模拟中的气体组分、碳烟体积分数的离散方程采用全耦合方式进行收敛求解。动量方程、能量方程和压力修正采用一阶迎风法求解。采用中心差分法和迎风差分法对守恒方程中的扩散项和对流项进行离散处理。SIMPLE 算法计算稳定、发展成熟，在工程上应用广泛，因此选用标准的壁面函数和 SIMPLE 算法求解旋流燃烧器的强旋射流有限差分方程，对压力及速度耦合进行处理。

3. 数值求解模型

模拟选用湍流模型为带旋流修正的可实现 k-ε 模型。该模型延续了标准 k-ε 模型良好的收敛性，对流动分离和复杂二维流动有较好的适应性，同时能够较好地模拟旋转射流的细致结构。模型常量为 $C_{1\varepsilon}$=1.44，$C_{2\varepsilon}$=1.9，k=1.0，ε=1.2。

由于燃烧模拟中涉及物质输运和通用有限速率化学反应，因此燃烧模型采用组分输运模型，同时采用马格努森（Magnussen）和耶塔格（Hjertager）提出的涡耗散燃烧模型进行反应与湍流相互作用的模拟。采用 P-1 模型模拟辐射换热对燃烧的影响。

求解过程的收敛标准由标准残差判定。能量方程设定收敛判据的残差为 10^{-6}，连续性方程及其他方程设定收敛判据的残差为 10^{-4}，NO_x 设定收敛判据的残差为 10^{-5}，其他参数设定收敛判据的残差为 0.01。

5.1.3 模拟工况设计

根据研究需要，针对两种燃烧氛围分别设计三种氧指数，工况一至工况六分别为 21%O_2 / N_2、30%O_2 / N_2、40%O_2 / N_2、21%O_2 / CO_2、30%O_2 / CO_2 和 40%O_2 / CO_2。选用燃料为 100%天然气，其主要成分及体积分数如表 5-1 所示。

表 5-1 天然气成分及体积分数

成分	体积分数/%
CH_4	92.88
C_2H_6	5.06
C_3H_8	1.54
CO_2	0.28
N_2	0.24

5.1.4 流场分布特征及分析

为了便于清晰地分析燃烧器内天然气燃烧火焰温度分布，图 5-2 给出了六种工况下的燃烧区域温度分布图。模拟结果显示，燃烧器喷嘴温度均低于 500K，此时燃烧还未进行，距离喷嘴 5～9mm 处燃烧发生。在这个区域，由于燃烧反应的快速进行，温度梯度较大，各燃烧氛围下燃烧器内温度分布均表现为中心低、四周高的特点，各工况下的燃烧最高温度均发生在燃烧区域中部。随着氧指数的

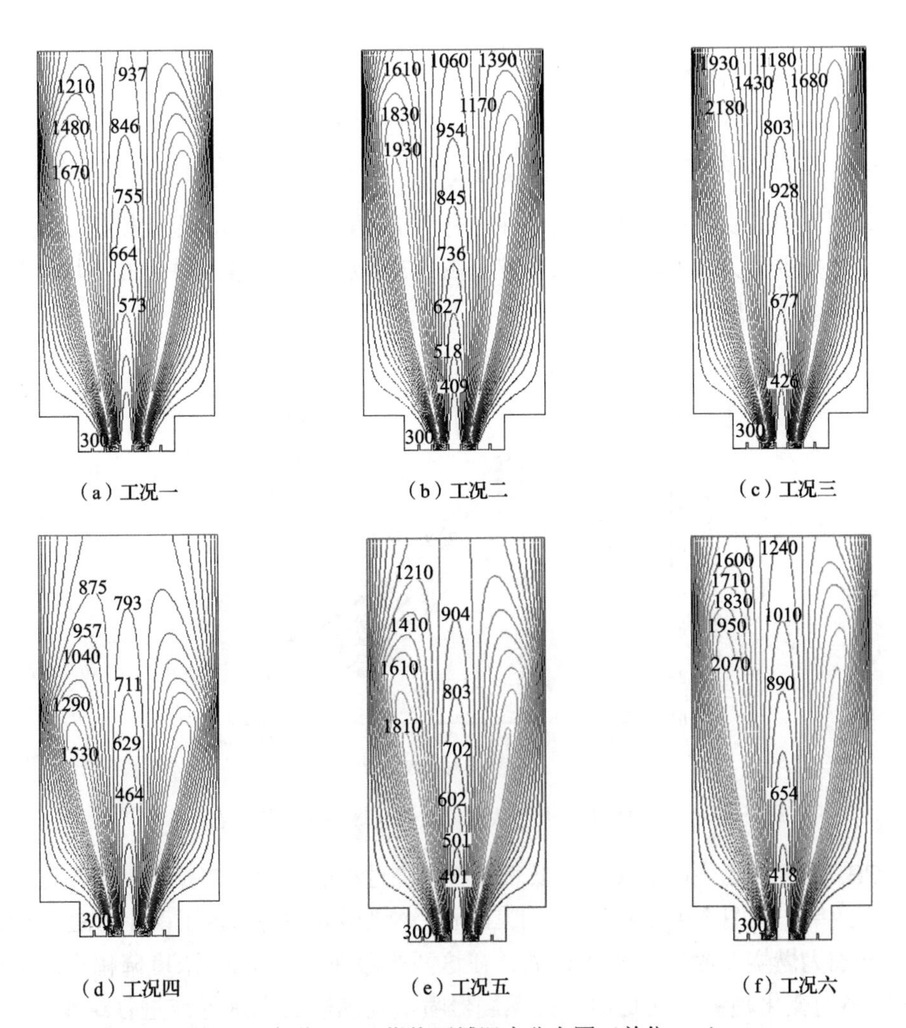

（a）工况一　（b）工况二　（c）工况三

（d）工况四　（e）工况五　（f）工况六

图 5-2　六种工况下燃烧区域温度分布图（单位：K）

增大，燃烧区域温度增加，最高温度出现的位置升高，随后燃烧火焰温度逐渐降低，稳定区范围增大。从图中可以看出，燃烧区域出口温度随着氧指数的增大而升高。因此，在采用富氧燃烧技术时需要充分利用燃烧烟气中的余热。相同氧指数下，O_2 / CO_2 氛围下的燃烧火焰温度均低于 O_2 / N_2 氛围下的燃烧火焰温度，这是因为 CO_2 具有高比热，燃烧中吸收大量热量。经模拟计算，六种工况下燃烧区域出口烟气平均温度分别为 977K、1212K、1514K、775K、899K 和 1161K。因此，采用 O_2 / CO_2 燃烧技术时需要充分利用燃烧烟气中的余热。

5.1.5 组分分布特征及分析

1. CH_4浓度分布特征

天然气中的主要成分为 CH_4，并含有少量 C_2H_6 和 C_3H_8，因此模拟结果中组分浓度分布主要关注 CH_4 的分布情况。图 5-3 所示为燃烧器截面 CH_4 平均摩尔浓度沿燃烧区域高度变化分布情况。

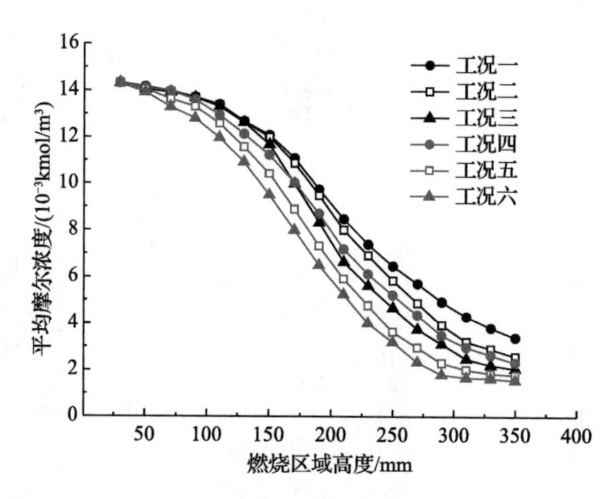

图 5-3 CH_4平均摩尔浓度沿燃烧区域高度变化分布图

CH_4 浓度沿燃烧区域轴向降低表征着燃烧过程的进行，CH_4 浓度的高低反映了燃烧效率。从图中可以看出，模拟工况下燃烧器截面均出现了两个 CH_4 浓度拐点，分别为燃烧器喷口处和出口处，在这两个截面之间 CH_4 浓度降幅表现出增大-减小的变化趋势。这是由于在燃烧器喷口处燃烧还未进行或进行缓慢，CH_4 浓度缓慢降低，随着燃烧区域的升高，燃烧反应迅速进行，CH_4 消耗增大，残留的燃料逐渐减少。在燃烧区域出口处，三种工况下 C_2H_4 的摩尔浓度均在 11%以下。在燃烧区域底部 CH_4 堆积较多。两种燃烧氛围下，CH_4 浓度分布相差不大。相同燃烧氛围下，40%氧指数下 CH_4 浓度下降最慢，21%氧指数下 CH_4 浓度下降最快。这说明随着燃烧氛围中氧指数的增大，天然气燃尽距离变长。

根据模拟计算结果并结合燃烧效率计算公式可知，六种工况下燃烧效率分别为 75.9%、81.7%、85.4%、83.2%、87.4%和 89.0%。可以看出，两种燃烧氛围下的燃烧效率均随着氧指数的增大而提高，且 O_2 / N_2 氛围下天然气燃烧效率远低于相同氧指数下 O_2 / CO_2 氛围下的燃烧效率。

2. CO_2浓度分布

为了对比分析相同氧指数、两种燃烧氛围下燃烧区域CO_2浓度分布图，选取氧指数为30%时，O_2 / N_2氛围下和O_2 / CO_2氛围下CO_2浓度分布特征，如图5-4所示。从浓度分布图可以看出，助燃空气中CO_2配比越高，燃烧反应中生成的CO_2浓度越高，分布越广泛，O_2 / N_2氛围中CO_2主要出现在燃烧区域上部，即燃烧反应较剧烈的位置。图5-5所示为六种工况下出口烟气中CO_2平均浓度。从图中也可以看出，O_2 / CO_2氛围下CO_2浓度约为出口烟气的一半，而O_2 / N_2氛围下燃烧产物中CO_2浓度较小，其他污染物浓度较大。因此，相比O_2 / N_2氛围下的富氧燃烧技术，采用O_2 / CO_2氛围下的富氧燃烧技术大大提高了燃烧产物中的CO_2浓度，无须分离即可利用和处理，有效降低CO_2向大气的排放。

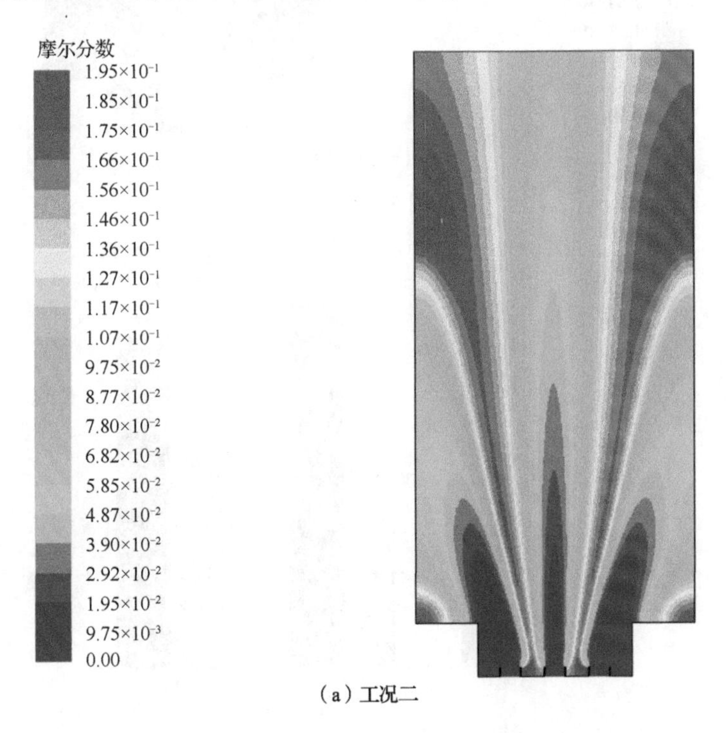

（a）工况二

图5-4 两种燃烧氛围下燃烧区域CO_2浓度分布图

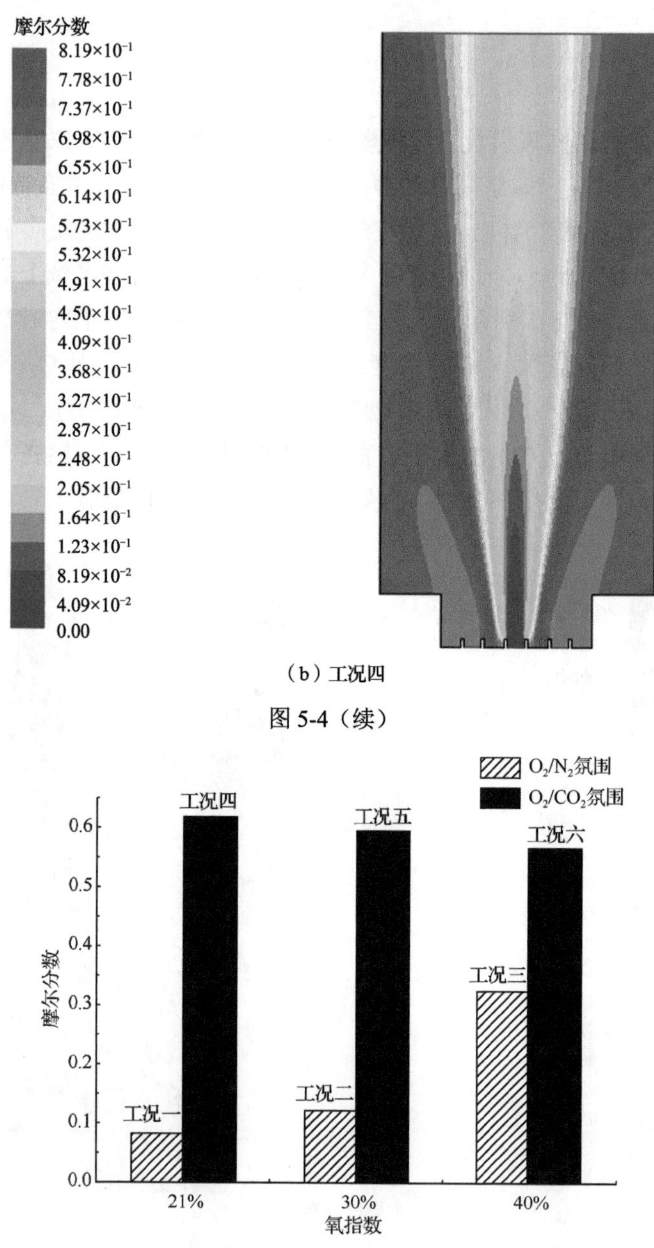

（b）工况四

图 5-4（续）

图 5-5　燃烧区域出口 CO_2 平均浓度分布图

5.1.6　污染物排放特性及分析

图 5-6 给出了四种工况下燃烧产物 NO_x 浓度分布图。由图可以看出，在燃烧区域中上部，NO_x 生成量较大。这是由于在扩散燃烧中燃料与助燃气体混合较差，

火焰面内（即燃料和氧化剂接触形成的一道锋面）O_2 不够充分，NO_x 的生成受到抑制。在燃烧区域中上部，燃料已基本耗尽，有富余的 O_2 存在，而且具有最高的火焰温度，因此在燃烧区域中上部 NO_x 生成量较高。另外，由于火焰面内的湍流运动扩散到火焰面两侧，火焰面内生成的 NO_x 也随之扩散到这些区域，导致这两侧也有 NO_x 生成。在这些区域燃料基本耗尽，处于贫燃环境，不利于快速型 NO_x 的生成，因此生成的是热力型 NO_x。在整个燃烧过程中热力型 NO_x 的生成占主导地位。

在 O_2 / N_2 氛围下，由于助燃空气中 N_2 浓度较高，燃烧生成的 NO_x 浓度远高于 O_2 / CO_2 氛围。对于 O_2 / CO_2 燃烧，由于燃烧反应氛围中 N_2 只由天然气提供，分压很低，N_2 反应生成 NO_x 的化学平衡会向 N_2 生成的方向移动，减少了热力型 NO_x 和快速型 NO_x 的生成量。同时初始气体中 CO_2 的存在，会使燃烧初期生成大量 CO，部分 NO 与 CO 发生还原反应，进一步降低了 NO_x 浓度。图 5-7 所示为燃烧区域出口处燃烧产物 NO_x 浓度分布图。由图可以看出，随着氧指数的增大，燃烧区域出口处的 NO_x 排放量急剧增加，当氧指数从 21%增大到 40%时，O_2 / CO_2 氛围下，NO_x 的排放量增加了 10 倍多，而 O_2 / N_2 氛围下，NO_x 的排放量增加了 100 倍，接近 1000×10^{-6}。这是由于 O_2 分压增大，火焰温度随着富氧指数的增大而升高，这一条件促进了热力型 NO_x 生成，而扩散燃烧中热力型 NO_x 占主要地位，导致 NO_x 总量激增。在进行富氧燃烧时控制 NO_x 生成是需要引起重视的。

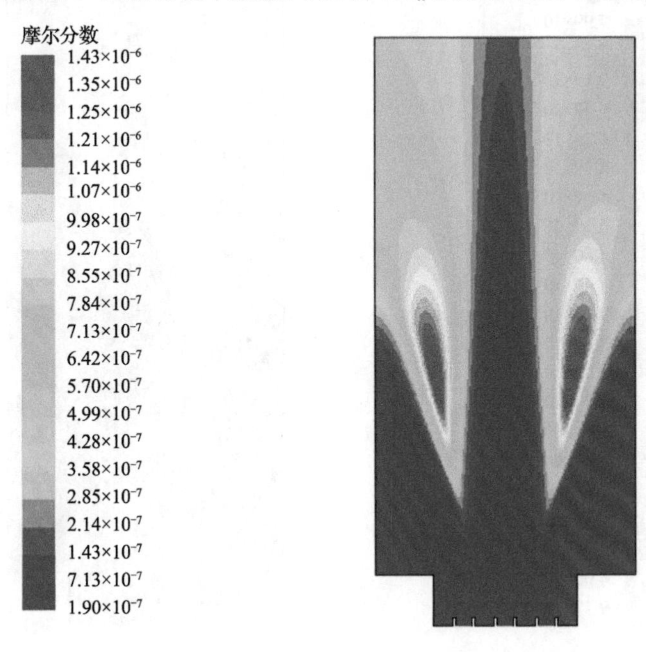

（a）工况一

图 5-6 四种工况下燃烧产物 NO_x 浓度分布图

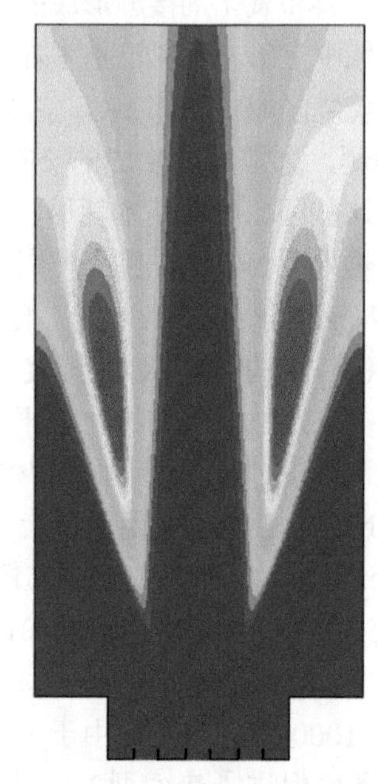

（b）工况二

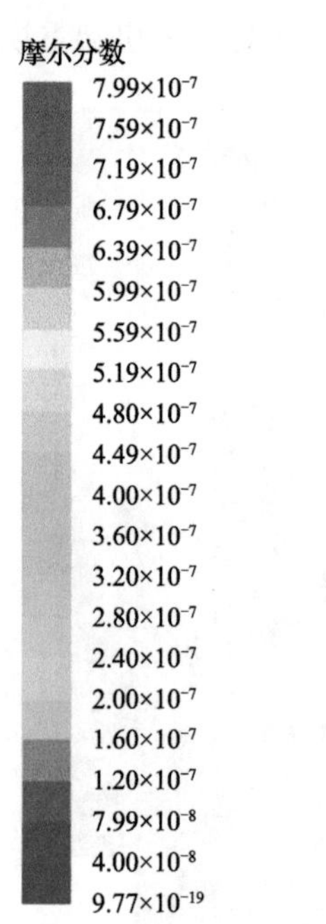

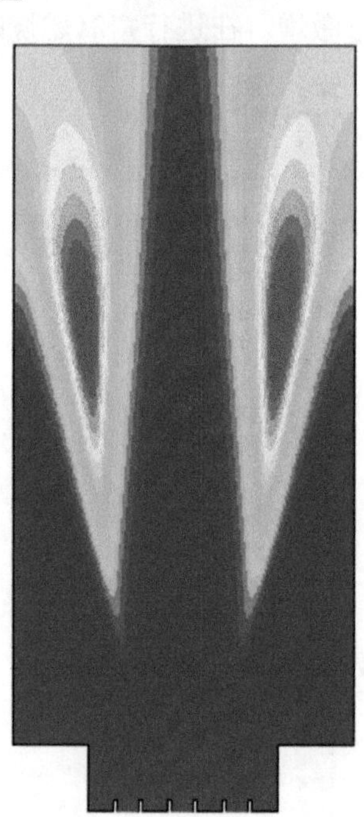

（c）工况四

图 5-6（续）

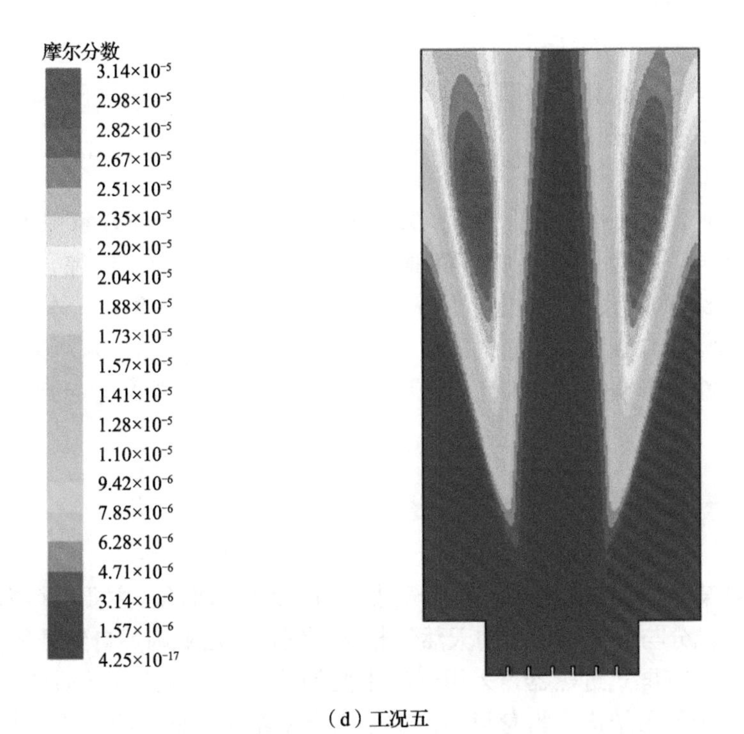

（d）工况五

图 5-6（续）

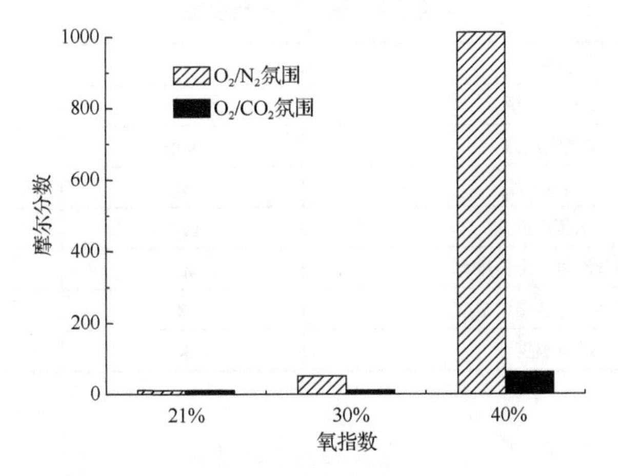

图 5-7　燃烧区域出口处燃烧产物 NO_x 浓度分布图

5.2 O_2 / CO_2氛围下天然气锅炉燃烧特性影响因素研究

通过 5.1 节的模拟研究了解到 O_2 / N_2 氛围下和 O_2 / CO_2 氛围下天然气燃烧特性的不同，明确了 O_2 / CO_2 氛围下天然气具有更高的燃烧综合性能。为了将这一综合结果应用于实际电厂的天然气锅炉，优化工业生产，本节重点考虑 21% O_2 / 79% CO_2 氛围下助燃气体预热温度、过量空气系数对 O_2 / CO_2 氛围下天然气燃烧特性的影响规律，为优化电厂燃烧效率、促进节能减排起到一定的指导作用。

5.2.1 研究对象概况

本节以某电厂 325MW 塔式箱形天然气锅炉为模拟对象。主要燃料为 100%天然气，主要成分与前述所使用的天然气相同。锅炉采用亚临界自然循环方式，锅炉内水平布置有屏式过热器，采用一次中间加热。燃烧方式为前后墙对冲燃烧。整个锅炉为全悬吊结构，紧身封闭，炉架为全钢结构。锅炉的主要参数如表 5-2 所示。

表 5-2 锅炉的主要参数

名称	单位	数值
主蒸汽流量	kg/h	1065000
主蒸汽压力	MPa	17.4
主蒸汽温度	K	540
再热蒸汽流量	kg/h	882.8
再热蒸汽进 / 出口压力	MPa	3.66/3.46
再热蒸汽进 / 出口温度	K	324/540
给水温度	K	271

5.2.2 预热温度对 O_2 / CO_2 燃烧特性的影响

1. 温度分布特征

图 5-8 和图 5-9 分别为 O_2 / CO_2 进气温度为 350K 和 400K 条件下的燃烧模拟温度分布。进气温度为 400K 时燃烧得更加充分，火焰温度分布较均匀，而进气

温度为 350K 时高温区有远离喷嘴的趋势，高温区域明显缩小，炉膛总体温差也较大。

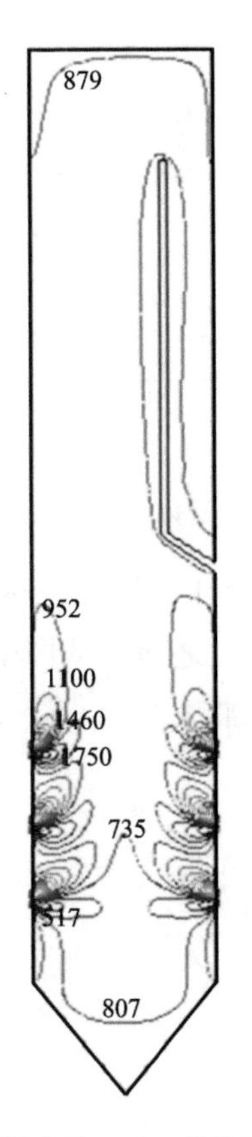

图 5-8 进气温度为 350K 条件下的燃烧模拟温度分布（单位：K）

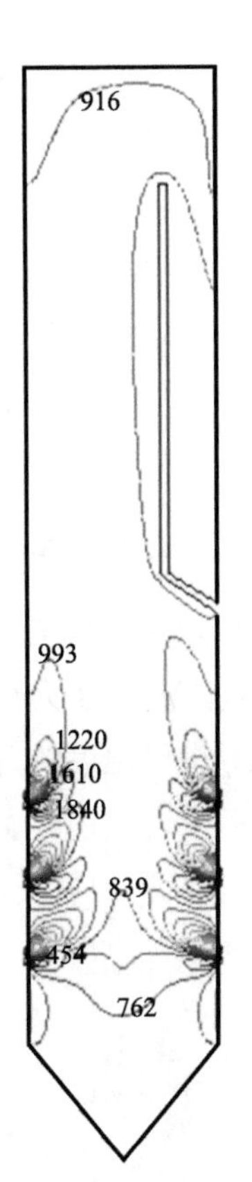

图 5-9 进气温度为 400K 条件下的燃烧模拟温度分布（单位：K）

燃烧的最高温度是整个燃烧过程燃烧强度的表征。图 5-10 所示为不同 O_2/CO_2 初温下炉膛最高温度、炉膛平均温度、出口烟气温度的变化情况。火焰最高温度随着 O_2/CO_2 进气温度的升高有明显提高，这是由于随着进口助燃空气温度的升高，燃料与助燃空气混合，温度升高，炉膛内辐射加热速度变快，燃料提前到达着火温度，着火所需时间下降，同时燃料燃烧能够维持较高的温度，加快燃烧速度，缩短燃尽时间。炉膛平均温度和出口烟气温度增幅较小，说明随着进口助燃空气温度的升高，炉膛燃烧效果得到改善，温度分布区域较均匀，但随着空气进口温度的进一步升高，炉膛出口烟气升温速率随着预热温度的升高而减缓，炉膛燃烧效果受到其他条件限制，如助燃空气含氧量、助燃空气进口速度等。

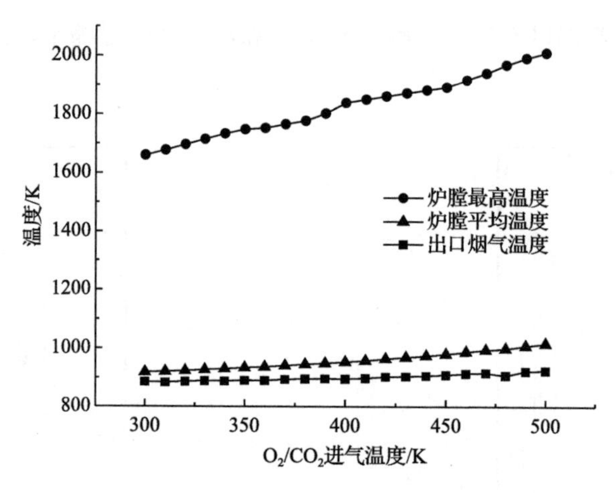

图 5-10　不同 O_2 / CO_2 初温下炉膛温度变化

图 5-11 所示为不同 O_2 / CO_2 初温下温差变化，温差 1 为燃烧最高温度与出口烟气温度之差，温差 2 为炉膛最高温度与炉膛平均温度之差。从图中可以看出，随着 O_2 / CO_2 进气温度的升高，温差有一定程度的增加。

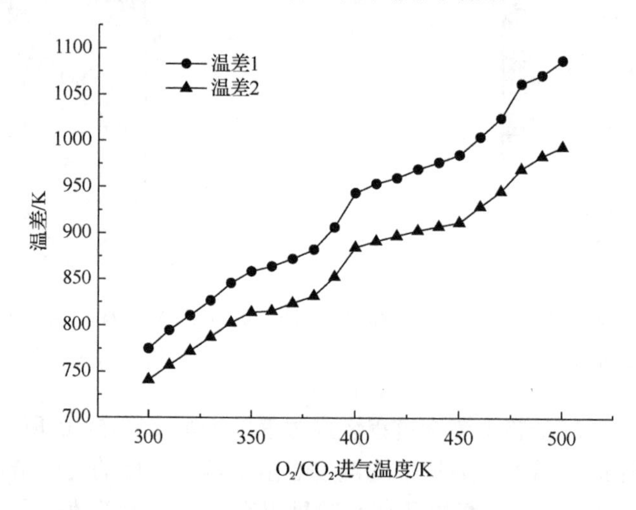

图 5-11　不同 O_2 / CO_2 初温下温差变化

2. CH_4 体积分数分布特征

图 5-12 所示为出口 CH_4 体积分数随 O_2 / CO_2 进气温度的变化。随着进气温度的升高，出口 CH_4 体积分数逐渐减小，在预热温度低于 430K 时，出口 CH_4 体积分数减小较快，燃烧效率有较大提高。预热温度约为 430K 时，出口 CH_4 体积分数随着 O_2 / CO_2 进气温度的升高缓慢减小，预热温度达到 500K 时，出口处 CH_4

体积分数为 0.181，燃烧效率达到 81.9%。由于助燃气体温度越高，锅炉需要满足的燃烧条件越严苛，因此，综合燃烧效率的提高趋势，可以将预热温度控制在 430K 以下。

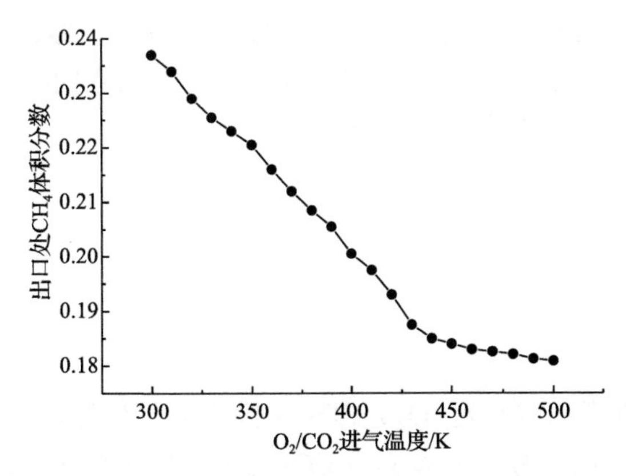

图 5-12 不同 O_2 / CO_2 进气温度下出口处 CH_4 浓度变化

3. NO_x 排放特征

随着火焰温度的升高，空气预热带来的负面影响使 NO_x 排放增加。如图 5-13 所示，随着 O_2/CO_2 进气温度的升高，燃料 N_2 向 NO_x 的转化率增大，NO_x 体积分数呈指数关系增大。空气温度较低时，NO_x 体积分数的增加速率不大，但是当温度继续升高时，NO_x 的体积分数上升速率明显加大，这说明空气预热温度对 NO_x 体积分数的影响很大。从拟合曲线的趋势可以看出拐点温度为 420K。因此在保证稳定燃烧和燃烧工艺许可的前提下，应适当降低空气预热温度，在没有采取低氧燃烧等技术时，空气预热温度应控制在 420K 以下。

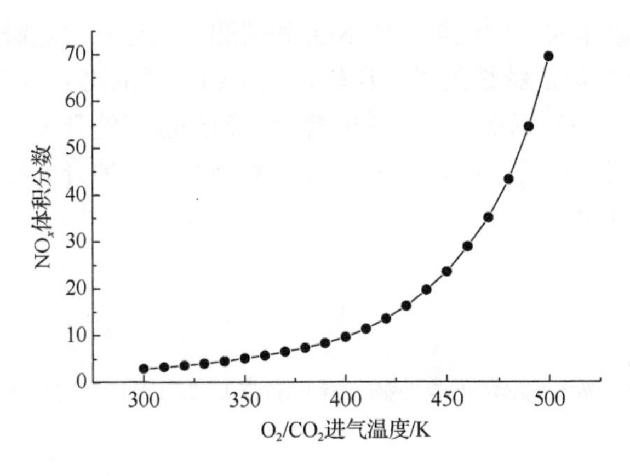

图 5-13 不同 O_2 / CO_2 进气温度下 NO_x 排放特征

综合考虑助燃气体预热温度对天然气燃烧特性的影响，燃烧区域 O_2 / CO_2 预热温度的升高改善了炉膛的燃烧状况，但是由于 NO_x 的排放浓度影响燃烧经济效益，理想的 O_2 / CO_2 预热温度应设在 420K 以下，预热到 420K 时，烟气温度为 806.7K，烟气露点温度为 383K，在锅炉出口设置余热回收装置，一方面回收烟气中携带的热量，一方面达到预热助燃气体的目的，经余热回收后保持烟气温度高于露点温度 383K 即可满足工业运行要求。

5.3 本章小结

本章采用数值模拟方法对 O_2 / CO_2 氛围下的气体燃料燃烧特性进行了研究，并完成了天然气在 O_2 / N_2 和 O_2 / CO_2 两种氛围下燃烧过程模拟及 O_2 / CO_2 氛围下助燃气体预热温度对电厂天然气锅炉炉膛内燃烧特性的影响规律研究。本章获得的主要结论如下。

1）距离喷嘴 5～9mm 处燃烧反应快速进行，温度梯度较大，各燃烧氛围下燃烧器内温度分布均表现出中心低、四周高的特点，各工况下的燃烧最高温度均发生在燃烧区域中部。随着氧指数的增大，出口温度逐渐上升。相同氧指数下，O_2 / CO_2 氛围下的火焰温度均低于 O_2 / N_2 氛围下的火焰温度。

2）燃料中的主要成分 CH_4 最高浓度出现在燃烧器喷嘴处，沿着轴向浓度逐渐降低。两种燃烧氛围下，CH_4 浓度分布相差不大。相同燃烧氛围下，氧指数越高，天然气燃尽距离越长，轴向 CH_4 浓度下降速度越慢。

3）助燃空气中 CO_2、N_2 配比越高，燃烧反应中生成的 CO_2、NO_x 浓度越高。反应氛围中氧指数越大，燃烧烟气中 NO_x 和碳烟体积分数含量越高。

4）通过天然气燃烧特性的综合比较，O_2 / CO_2 氛围比 O_2 / N_2 具有更高的燃烧性能。且在 O_2 / CO_2 氛围下，随着助燃空气预热温度的升高，炉膛内燃烧更加充分，温度分布较为均匀，出口 CH_4 浓度随着进气温度的升高逐渐降低，NO_x 排放量则呈相反的规律。

参考文献

[1] 李姗. O_2/CO_2 氛围下天然气燃烧数值模拟及热物性检测研究[D]. 武汉：长江大学, 2016.

第6章

空气／富氧氛围下 C_2H_4 扩散火焰温度及碳烟生成光学检测研究

6.1 空气氛围下 C_2H_4 火焰温度与碳烟体积分数图像检测

6.1.1 实验测量理论与方法

本节选取二维层流轴对称同向 C_2H_4 / 空气扩散火焰为研究对象，测量火焰温度与碳烟体积分数，并将图像检测结果与数值模拟结果对比，探讨图像检测结果的合理性及实验测量和数值模拟结果的不确定性。

1. 实验测量理论及方法

（1）图像检测

温度是研究火焰时常被提及的重要参数，能够准确实时地检测温度是研究燃烧的有效手段。基于 CCD 图像传感器的测温技术，结合了图像检测技术、数字图像处理技术和辐射测温技术，费用低、精度较高、操作简单，具有良好的稳定性。通过摄取火焰的光电图像并进一步处理得到燃烧分布场是一个可行性较高的研究方案。

图像检测原理为燃烧火焰中来自燃烧颗粒物的连续热辐射和来自原子或分子的发射谱线或谱带会以电磁波的形式向外界发出。火焰的入射电磁波被彩色 CCD 相机分解为红（R）、绿（G）、蓝（B）三基色图像，图像输入计算机后再通过后处理系统将 R、G、B 信号分离并量化为 0～255 的 256 个等级数存储，再经过专业软件的处理就可以计算出火焰的燃烧分布场。

（2）碳烟生成检测

在轴对称的碳烟生成扩散火焰中，可认为其媒介具有无散射、吸收、发射及有透明边界，无外部入射辐射的特点。轴对称火焰的断面网格分布图如图 6-1 所示，在测量的横截面内火焰的半径是 R_f，火焰横截面被分为 N 个同心的圆环单元。每个同心圆环的离散长度 $\Delta r=R_f/N$。假设温度、吸收系数等所有物理参数在一个单元内保持不变。为了接收火焰的辐射强度，在 x 方向放置一台 CCD 相机，CCD 相机镜头的视角需要覆盖整个火焰系统。相机与火焰中心线之间的长度为 L_{CCD}，计算角度为 θ_f。θ_j 是 x 轴与 CCD 相机的 j 视线方向的角度。

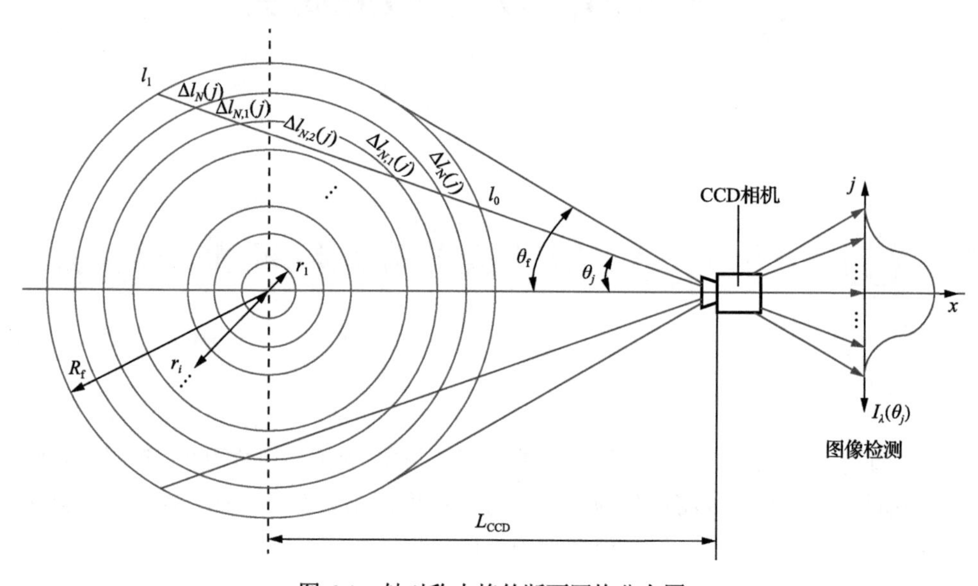

图 6-1　轴对称火焰的断面网格分布图

单色火焰的辐射强度是在吸收、发射和散射包络条件下，在 CCD 相机的 j 视线方向上接收到的，可表示为

$$I_\lambda(j)=\int_{l_0(j)}^{l_1(j)}\kappa_\lambda(l)I_{b\lambda}(l)\exp\left[-\int_{l}^{l_1(j)}\kappa_\lambda(l')\mathrm{d}l'\right]\mathrm{d}l \tag{6-1}$$

式中，I_λ 为检测方向路径的辐射强度；l 为直接辐射强度的路径长度；l_0、l_1 为直接辐射强度的投影路径长度的起点和终点；$I_{b\lambda}$ 表示温度为 T 和波长为 λ 的黑体的单色辐射强度；κ_λ 是光谱吸收系数，与碳烟体积分数 f_V 直接成比例。

式（6-1）可转换为线性矩阵方程，表示如下：

$$\boldsymbol{I}_\lambda=\boldsymbol{A}\boldsymbol{I}_{b\lambda} \tag{6-2}$$

采用光学处理技术可以测量 I_λ。由式（6-1）的离散形式可得 A，该方程与 CCD 相机的安装、成像特性和光谱吸收系数 κ_λ 有关。

根据米氏（Mie）理论的瑞利（Rayleigh）限度，碳烟体积分数 f_V 可通过吸收系数来计算，表示如下：

$$f_V(l)=\frac{\kappa_\lambda(l)\lambda}{36\pi F(\lambda)} \tag{6-3}$$

式中，$F(\lambda)$ 是复折射率的实部与虚部的函数。基于单色火焰成像的强度图像[1]，采用一个可逆的算法计算火焰温度分布和碳烟体积分数。

2. 三色 CCD 相机光谱带双色测量原理

三色 CCD 相机的 R、G、B 波段获得的原始数据代表可见光谱中火焰的热辐射。根据彩色数码相机的特点，其光谱响应曲线比较宽。假设 R、G 和 B 波段的光谱响应曲线由函数描述，则相机的 R、G 和 B 波段接收到的发射功率可表示如下：

$$\begin{cases} E_{\mathrm{R}}=\int_{\lambda_1}^{\lambda_2}\eta_{\mathrm{R}}(\lambda)\varepsilon_{\mathrm{R}}(\lambda)E_b(\lambda,T)\mathrm{d}\lambda \\ E_{\mathrm{G}}=\int_{\lambda_3}^{\lambda_4}\eta_{\mathrm{G}}(\lambda)\varepsilon_{\mathrm{G}}(\lambda)E_b(\lambda,T)\mathrm{d}\lambda \\ E_{\mathrm{B}}=\int_{\lambda_5}^{\lambda_6}\eta_{\mathrm{B}}(\lambda)\varepsilon_{\mathrm{B}}(\lambda)E_b(\lambda,T)\mathrm{d}\lambda \end{cases} \tag{6-4}$$

式中，黑体的光谱发射功率受普朗克辐射定律的制约，$\eta(\lambda)$ 表示与波长相关的函数；$E_b(\lambda,T)$ 是光谱发射功率；$\varepsilon(\lambda)$ 是光谱发射率；λ 表示波长；T 是绝对温度。黑体炉可以用来校准绝对发射功率与相机 R、G、B 波段原始数据之间的关系。

对于处理可见光谱中的火焰图像（归因于视线综合火焰排放），热辐射只能从碳烟中考虑，因为气体成分（如 CO_2 和 H_2O）的辐射会产生负面影响。然而，在 400～700nm 的光谱响应带中，430nm 处的 CH 化学发光对相机的 B 波段有干扰，特别是碳氢化合物火焰中的 B 波段[2]。此外，许多实验研究表明，B 波段信号较弱，可能会产生随机噪声。因此，R 和 G 波段接收到的发射功率将用于推导碳烟的温度和体积分数。

对于非灰色发射率模型，将霍特尔（Hottel）和布劳顿（Broughton）的经验发射功率模型代入式（6-4），建立定向发射功率与温度之间的联系，公式如下：

$$\begin{cases} E_{\mathrm{R}}=\int_{\lambda_1}^{\lambda_2}\eta_{\mathrm{R}}(\lambda)E_b(\lambda,T)(1-\mathrm{e}^{-\mathrm{KL}/\lambda^{\alpha}})\mathrm{d}\lambda \\ E_{\mathrm{G}}=\int_{\lambda_3}^{\lambda_4}\eta_{\mathrm{G}}(\lambda)E_b(\lambda,T)(1-\mathrm{e}^{-\mathrm{KL}/\lambda^{\alpha}})\mathrm{d}\lambda \end{cases} \tag{6-5}$$

式中，KL 是火焰沿视线的光学厚度；α 是一个常数，由成熟碳烟值 1.34 确定[3]。

R 和 G 波段响应光谱中的平均火焰发射功率 ε_R、ε_G 分别计算如下：

$$\begin{cases} \varepsilon_R = \dfrac{\int_{\lambda_1}^{\lambda_2}(1-\mathrm{e}^{-KL/\lambda^{\alpha}})\mathrm{d}\lambda}{\lambda_2-\lambda_1} \\ \varepsilon_G = \dfrac{\int_{\lambda_3}^{\lambda_4}(1-\mathrm{e}^{-KL/\lambda^{\alpha}})\mathrm{d}\lambda}{\lambda_4-\lambda_3} \end{cases} \tag{6-6}$$

上述公式适用于温度均匀、碳烟体积分数沿路径吸收量可忽略的路径。在本研究的 CCD 相机图像处理中，首先利用标准的阿贝尔（Abel）反演程序重建 R 波段和 G 波段各自的发射功率，以获得最初的局部发射功率（相机获取的是火焰表面图像，计算的是表面辐射功率，通过算法重建，计算得到火焰中心内部的辐射强度源项，也就是最初的发射功率）。然后根据 Snelling 等[4]描述的算法确定局部火焰温度和碳烟体积分数。双色光谱波段法测量的实验不确定度估计为火焰温度的 5%和碳烟体积分数的 10%。

3. 实验装置及方案

本研究中使用的同向层流扩散火焰燃烧器与文献[4]中描述的相同。氧化剂流通过玻璃珠和多孔金属盘的填充床，防止流动不稳定。所有气体的流速都由电子质量流量控制器控制。所有气体在室温和大气压（293K，1atm）下输送。表 6-1 给出了实验工况。在每一组条件下，燃料（C_2H_4）的流速保持在 194mL/min，氧化剂的总流速为 284L/min。为了分析氧指数对碳烟体积分数和初粒直径的影响，氧化剂流中 O_2 的摩尔分数控制通过增大氧指数从 21%增大为 50%、同时降低 N_2 流量来实现。

表 6-1 C_2H_4 层流扩散火焰燃烧实验工况

工况	氧指数/%	$Q_{C_2H_4,1}$ /（mL/min）	$Q_{air,0}$ /（L/min）	$Q_{O_2,0}$ /（L/min）
O_2/N_2	21	194	284	0
O_2/N_2	30	194	251	32
O_2/N_2	40	194	215	68
O_2/N_2	50	194	179	104

燃烧及图像采集台架装置由以下三部分组成。

1）扩散火焰系统。光学检测实验装置示意图如图 6-2 所示[4]，燃烧器的相关参数参考 5.5.1 节几何模型外形与尺寸。

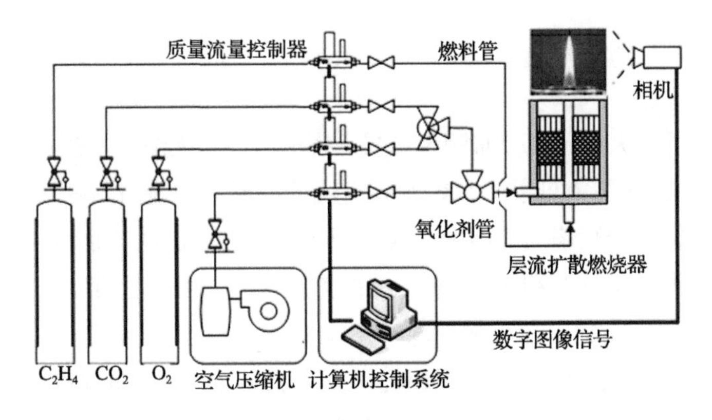

图 6-2 实验装置示意图

2）火焰图像检测系统。火焰图像检测系统由 CCD 相机、笔记本计算机和图像采集卡组成。图像探头由一组光学透镜和金属套管组成，金属套管的材料是 Al_2O_3，保证探头能够承受 2100K 以上的高温；探头的视场角水平方向为 90°，垂直方向为 78°。图像检测系统所用相机采用一个 Sony ICX655 型 CCD 图像传感器，传感器的尺寸大小为 2/3 in（1in=2.54cm），有效像素（pixel）约 120 万（1226×1028），相机通过千兆网线与计算机通信，此相机可以输出 12 位无损压缩的 RAW 格式数据，具有很高的信噪比，数据处理过程中采用此格式数据。为了提高图像分辨率，相机前端安装可变焦镜头，镜头的口径为 33mm。在镜头前端距离燃烧器喷口中心 140mm 条件下，相机输出图像空间分辨率可以达到 64pixel/mm。

3）气源及流量控制系统。实验中所用的气体主要包括 C_2H_4、O_2 和空气。气源及流量控制系统包括燃料气路和氧化剂气路。燃料气路为 C_2H_4 气路。C_2H_4 通过 C_2H_4 储罐（气缸）、减压阀和气体质量流量控制器，进入燃料器的燃料管。电子气体质量流量控制器最大控制流量为 300 标准 mL/min。根据拟定的实验工况，氧化剂气路部分包括空气供气系统和 O_2 气路。送风系统由一台空气压缩机和两台精密过滤器组成，空气过滤装置可保证燃烧所涉及气体的纯度。压缩空气依次经减压阀、储气罐、冷却干燥机和流量控制器进入燃烧器的氧化剂管。该系统主要由压缩机机构、传动机构、润滑机构、冷却机构、排气量调节机构和安全保护装置六部分组成。额定排气量为 $0.36m^3/min$，额定排气压力为 0.8MPa，满足实验流量要求。在空气燃烧实验中，只要压缩机打开，空气就通过减压阀、流量控制器和三通进入燃烧器的氧化剂管。空气富氧氛围由压缩机和 O_2 储气罐共同提供，进行空气富氧燃烧。

6.1.2 图像检测结果分析与数值模拟结果比较

图 6-3 所示为火焰温度分布测量结果、模拟结果和火焰中三条不同高度的温度径向（r）曲线。从图中可以清楚地看到火焰的高温区和最高温度。其中，火焰的最高温度并不存在于火焰顶部的中心线区域（$z=4\sim4.2$cm），而是存在于火焰底部的环形区域。图 6-3（a）和（b）不仅在趋势上一致，而且温度在图 6-3（c）的定量特征上也一致，特别是在火焰中部。

模拟和测量结果之间的误差不超过 10%。图 6-3（a）实验测量结果表明外部的表面温度突降，并且中心线温度分布不均匀。产生这些差异的主要原因可能是：CCD 相机在火焰温度场的测量中存在光电响应不均匀性，即成像器件各光敏元件响应的不一致性；光电响应的非线性，即探测器光电转换过程中的比例失调；相机的自动增益控制和 γ 校正等的影响。

模拟中心线区域的最高温度略高于测量值，主要是由于燃料和空气预热的影响，但计算中未考虑这种预热效果。Smooke 等[5]在层流扩散火焰研究中讨论了中心线区域模拟温度的差异可能是由于忽略了 C_2H_4 吸收的辐射能，但模拟计算中未考虑 C_2H_4 吸收的辐射能。图 6-3（c）尽管存在一些偏差，却显示了良好的一致性。因此，本节的模拟掌握了火焰温度的主要特征。

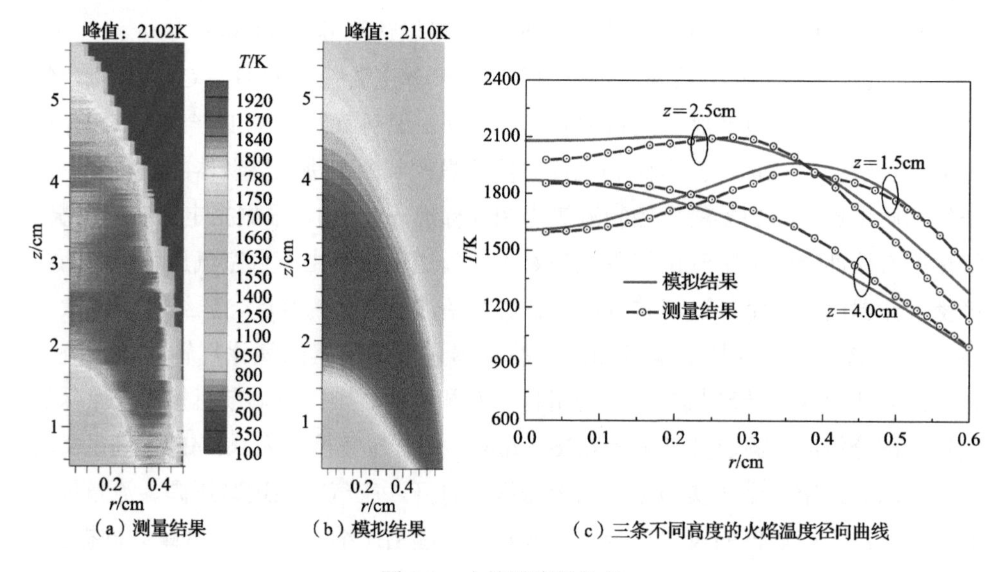

（a）测量结果　（b）模拟结果　（c）三条不同高度的火焰温度径向曲线

图 6-3　火焰温度的比较

图 6-4 显示了碳烟体积分数测量结果、模拟结果和火焰中三条不同高度的碳烟体积分数径向曲线的比较。从图 6-4（a）、（b）可以看出，碳烟的最大体积分数出现在火焰底部 z=1.6～3.0cm，r=0.2～0.3cm 的环形区域。除模拟的最大碳烟体积分数小于实际测量最大值外，整体分布趋势与实际测量值相似。Liu 等[6]研究了具有相同几何结构的 CH_4 扩散火焰中碳烟的生成。在讨论模拟和实际测量结果之间的差异时，建议考虑可能是对测量和计算过程的假设和简化。图 6-4（c）的结果表明，实际测量和模拟的碳烟体积分数径向曲线吻合较好。

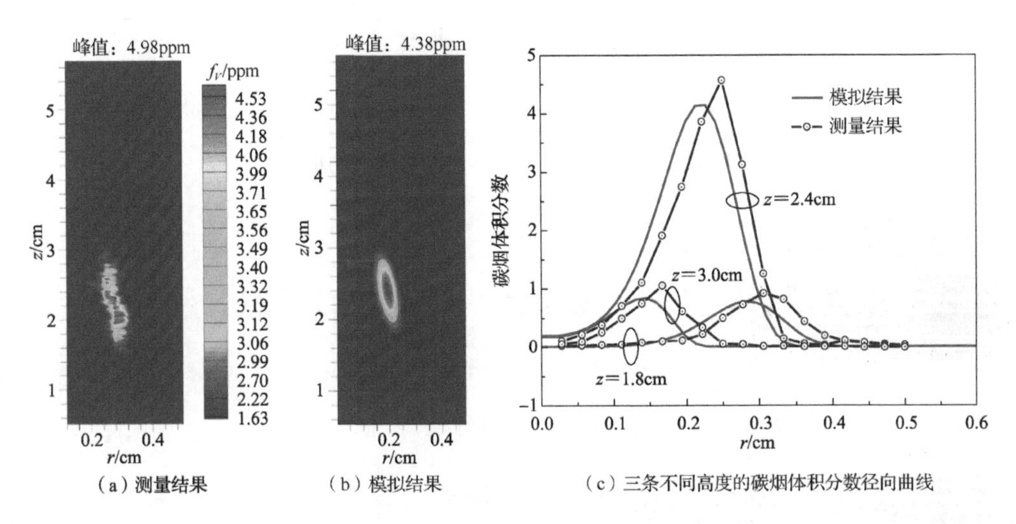

（a）测量结果　（b）模拟结果　（c）三条不同高度的碳烟体积分数径向曲线

图 6-4　碳烟体积分数的比较

从图中还可以看出，测量和模拟的最大碳烟体积分数分别为 4.98ppm 和 4.38ppm。考虑模拟和测量的碳烟平均体积分数的差异，最可能的原因是碳烟模型的简化。由图 6-4 还可以看出，实际测量碳烟体积分数是不连续的，高于模拟值，它们之间的最大误差为 12%。因此，在模拟计算中，除了实验的人为误差和碳烟模型的简化外，还可以得出测量结果与模拟结果吻合较好的结论。

图 6-5 所示分别为火焰中心线高度 z=2.5cm 处径向分布以及火焰径向 r=0.25cm 沿火焰中心线不同高度处火焰温度和碳烟体积分数的分布曲线。从图 6-5（a）中可以看出，沿火焰径向，大部分碳烟生成在 r=0.1～0.4cm 的区域，该区域的温度范围为 1800～1900K，从图 6-5（b）中可以看出，沿火焰中心线，大部分碳烟生成的区域为 z=1.5～4cm，该区域的温度范围为 1500～1900K。因此可以得出 C_2H_4 扩散火焰中，大部分碳烟生成的温度范围为 1500～1900K。同样的结论在文献[7]中也可以找到。

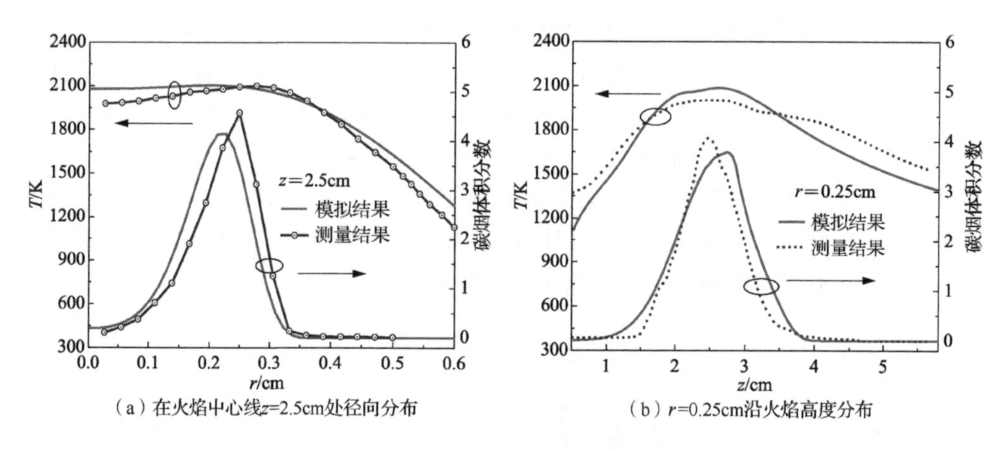

（a）在火焰中心线z=2.5cm处径向分布　　（b）r=0.25cm沿火焰高度分布

图 6-5　火焰温度和碳烟体积分数的分布曲线

6.2 激光诱导炽光法测量富氧火焰碳烟体积分数和粒径

6.2.1 实验测量原理及方法

1. 激光诱导炽光法（LII）测量原理

由于光学技术的非入侵性，其通常被发展成为最适合测量火焰中碳烟体积分数、碳烟聚集物和初粒直径的技术。例如，测量聚集体尺寸的光散射技术[8]，测量碳烟体积分数的双色光谱波段法[9]、消光法[10]以及多波长分析技术[10]。最近，LII技术已成功地被广泛应用于燃烧过程中碳烟体积分数的测量[11-12]。此外，有学者曾尝试用时间分辨 LII（TIRE-LII）法测量碳烟的初粒直径[9,13]，同时用热释光技术对碳烟形貌进行了表征，结合透射电子显微镜（transmission electron microscope，TEM）图像的采样进行后续分析。在 TIRE-LII 中，粒子冷却产生的信号衰减率主要是通过热传导和升华产生的，可作为颗粒大小的标志。TIRE-LII 通常被限制在点测量，在那里信号在其衰减数百纳秒中可以被光电倍增管捕获。该实验装置包括 YAG 激光器、半波片（$\lambda/2$）、薄膜偏振器（TFP）、光束转储（BD）、孔镜（A）、透镜（L）、反射镜（M）、功率计单元（PMU）、LII 信号采集透镜组件（LIISCLA）、解复用器盒（DM）、长通滤波器（LPF）、带通滤波器（BP）和光电倍增管（PM）。

激光检测装置和对 LII 信号的分析都是在 Snelling 等[12]的工作基础上完成的。图 6-6 所示为 LII 实验装置原理图。

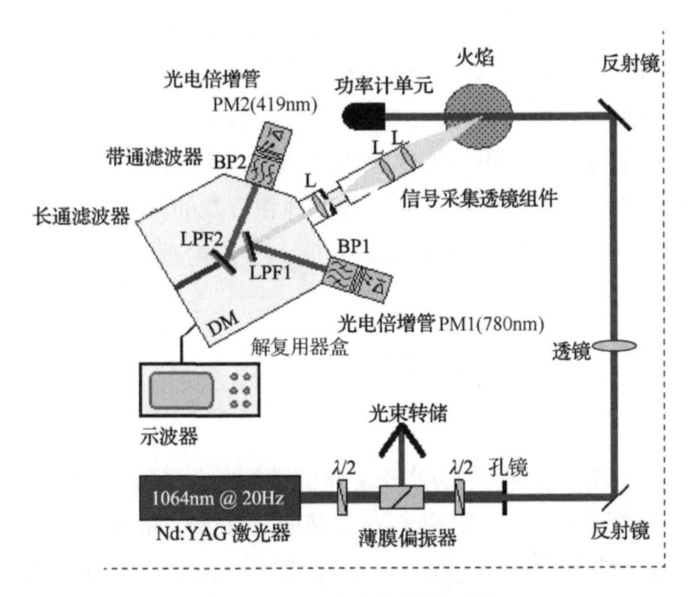

图 6-6　LII 实验装置原理图

基于激光的测量平台包括激光发射系统、碳烟生成炉、Gülder 燃烧器以及采集信号的检测系统。在激光发射系统中，所用 YAG 激光器的基本波长为 1064nm，在频率为 20Hz、脉冲宽度约为 30ns（半高宽，最大宽度的一半）的工况下用来加热火焰中的碳烟。激光器以全功率工作，光束能量由半波片与薄膜偏振器相结合控制，可以通过一对光学共轭透镜在焦平面上产生一束能量分布几乎均匀的 2.2mm×2.2mm 的光束。激光能量和激光束流密度的变化范围分别为 2.5～10.5mJ 和 0.5～4.0mJ/mm^2。利用光束分析仪可以测量激光束的强度分布和尺寸。

LII 发射与激光束成 35° 收集，并成像到光纤上。光纤输出用中心波长分别为 419nm 和 780nm 的干涉滤光片分割和滤波，然后成像到 PM 上。LIISCLA 可以在其焦点处产生直径为 1mm 的光束。因此，LII 探针体积约为 1.73mm^3。光学观察轴是对齐的，与纸的中心重合，方便 LII 测量。纳秒间隔采样 LII 信号。检测系统针对绝对发射强度进行校准，校准辐射光源从与火焰中心线重合的校准漫射光散射。

应用于 PM 的控制电压在 0～5.0VDC 之间，其中 5.0VDC 控制电压设定 PM 偏置电压为 1000VDC。在目前的工作中，PM 是在非门控的情况下运行的模式。PM 输出电压用示波器记录，示波器被编程为平均 400～1000 个时间分辨的信号，同时测量两个波长的 LII 信号。对于二维（2D）-LII 测量，结合增强型电荷耦合器件（ICCD）和经过图像倍增器后的增强热辐射进行分析，获得碳烟体积分数的二维平面分布。其基本原理是[12-13]：用一束脉冲高能平面激光射入含碳烟的火焰，碳烟会被射入的高能激光瞬间加热至 4000K 左右，并诱发出白炽光，该白炽光信号与碳烟的浓度成正比关系，碳烟在大约数百纳秒后逐渐冷却至火焰温度，白炽光信号消失。在这个过程中，用 ICCD 接收带通滤光片过滤后（滤掉火焰自身的发射光谱）的白炽光信号，并通过与已知碳烟体积分数的标准火焰校正后，可将白炽光信号转化为绝对碳烟体积分数，最终可得到火焰内碳烟体积分数的二维分布，用公式表示如下：

$$S_{\mathrm{LII}\propto}\frac{8\pi c^2 hE\left(m_\lambda\right)}{\lambda^6}d_{\mathrm{p}}^3\exp\left(-\frac{hc}{\lambda kT}\right) \tag{6-7}$$

式中，λ 为光波波长；$E(m_\lambda)$是随波长变化的碳烟吸收函数；c 为光速；h 为普朗克常量；d_{p} 为碳烟直径；k 是斯特藩-玻尔兹曼（Stefan-Boltzmann）常量。

为了避开 LII 信号的标定问题，Snelling 等[12]提出了 2C-LII，用两个 ICCD 相机测得两个波长下的单色 LII 信号强度，通过双色法计算出被激光加热的碳烟温度，可以得到碳烟温度和体积分数，表示如下：

$$T_{\mathrm{P}}=\frac{hc}{k}\left(\frac{1}{\lambda_2}-\frac{1}{\lambda_1}\right)\left[\ln\left(\frac{V_{\exp_1}\lambda_1^6}{\eta_1 E\left(m_{\lambda_1}\right)}\right)-\ln\left(\frac{V_{\exp_2}\lambda_2^6}{\eta_2 E\left(m_{\lambda_2}\right)}\right)\right] \tag{6-8}$$

式中，$V_{\exp_1}$ 和 $V_{\exp_2}$ 为两个增益下 LII 电压信号；η 为校准常数。

$$f_V=\frac{V_{\exp}}{\eta w_{\mathrm{b}}G_{\exp}\dfrac{12\pi c^2 h}{\lambda^6}E(m_\lambda)\left[\exp\left(\dfrac{hc}{k\lambda T_{\mathrm{p}}}\right)-1\right]^{-1}} \tag{6-9}$$

式中，$V_{\exp}$ 是 LII 电压信号；λ 是探测波长；w_{b} 是激光片的等效宽度；T_{p} 是绝对碳烟温度；η 是一个校准常数，它依赖于检测系统的灵敏度，这个校准常数是通过将 LII 检测系统的响应与可跟踪光源的照明联系起来确定的。这种绝对强度校准技术的双色 LII 耦合低通量激发方法称为自动补偿 LII。它考虑了由于实验条件（环境-气体温度、凝聚有机物种的比例、激光通量波动等）的变化而引起的颗粒温度的变化。

LII 除了可以测量碳烟的体积分数外，还能根据 LII 信号的衰减时间测量碳烟的尺寸分布。但是，LII 信号模型涉及激光加热、导热、碳烟升华及辐射散热等过程，相对比较复杂，不同的模型会得出不同的碳烟尺寸分布[12]，还需要做进一步的研究。此外，激光器的波长和功率对碳烟的加热具有影响，应用该方法时必须选择适当的波长和功率[9,12]。

虽然 LII 已用于对碳烟体积分数和初粒直径进行可靠的空间和时间分辨测量，但在不同的火焰条件下，仍然缺乏对碳烟体积分数和初始粒子大小的详细测量，这些测量十分重要，原因是其有助于对富氧扩散火焰中碳烟的生成有更清晰的了解。因此在 6.1 节图像检测的基础之上，又采用 2D-LII 测量碳烟体积分数在常规氛围下 C_2H_4 燃烧火焰（层流 C_2H_4 / O_2 / N_2 火焰，氧指数为 21%）中的分布。同时，利用 TIRE-LII 测量火焰中心线上不同高度的碳烟体积分数和初粒直径，研究 O_2 添加对碳烟体积分数和初粒直径的影响，其燃烧氛围为 N_2 或 CO_2，氧指数为 21%～50%。旨在研究氧化剂流中氧指数对 C_2H_4 燃烧层流扩散火焰中碳烟体积分数和初粒直径的影响。

2. LII 模型

在自动校准的 LII（AC-LII）中，利用双色测温原理，在可见光谱的两个光谱波段检测 LII 信号，得到碳烟温度。碳烟体积分数是根据测量波长的绝对发射强度和测量温度下碳烟单位体积的理论发射强度的比较来确定的。

在温度为 T_p 和波长为 λ 的条件下，碳烟单位体积的理论释放量表示如下：

$$\phi_p(\lambda, T_p) = \frac{48\pi^2 c^2 h}{\lambda^6}\left[\exp\left(\frac{hc}{k\lambda T_p}\right) - 1\right]^{-1} E(m_\lambda) \tag{6-10}$$

本节使用的 LII 模型与先前的研究[12]相同，该模型涉及单个初始粒子的能量和质量平衡方程为

$$\frac{1}{6}\pi d_p^3 \rho_s c_s \frac{dT}{dt} = C_{abs} F q(t) - q_c + \frac{\Delta H_v}{M_v}\frac{dM}{dt} \tag{6-11}$$

$$\frac{dM}{dt} = \frac{1}{2}\rho_s \pi d_p^2 \frac{dd_p}{dt} = -\pi d_p^2 \beta_0 p_v \sqrt{\frac{M_v}{2\pi R_u T}} \tag{6-12}$$

式中，ρ_s 和 c_s 为碳烟的密度和比热；d_p 为初粒直径；t 和 T 分别为时间和碳烟温度；C_{abs} 是初始粒子的吸收截面面积；F 是激光能量密度；$q(t)$ 是对应于 $1mJ/mm^2$ 激光能量密度的激光功率时间分布；q_c 是由传导引起的热损失率；M_v 为升华物质的平均分子量；ΔH_v 为升华热；p_v 是升华压力；R_u 是普适气体常数；β_0 是有效升华系数（本研究取 0.2）。式（6-11）的最后一项代表升华热损失率。

3. 有效碳烟温度/碳烟体积分数/粒径的计算方法

有效碳烟温度 T_e 可以用波长为 λ_1 和 λ_2 的 LII 信号的比值表示如下：

$$\frac{S_{\lambda_1}}{S_{\lambda_2}}=\frac{E\left(m_{\lambda_1}\right)}{\lambda_1^6}\frac{\lambda_2^6}{E\left(m_{\lambda_2}\right)}\frac{\exp\left(hc/k\lambda_2 T_e\right)-1}{\exp\left(hc/k\lambda_1 T_e\right)-1} \tag{6-13}$$

在进行了维恩（Wien）近似后，在 LII 应用中误差可以忽略不计，有效碳烟温度可表示为

$$T_e=\frac{hc}{k}\frac{\dfrac{1}{\lambda_2}-\dfrac{1}{\lambda_1}}{\ln\dfrac{S_{\lambda_1}}{S_{\lambda_2}}\dfrac{\lambda_1^6}{\lambda_2^6}\dfrac{E\left(m_{\lambda_2}\right)}{E\left(m_{\lambda_1}\right)}} \tag{6-14}$$

Snelling 等[12]提出了一种基于已知辐射源或辐照度的 LII 校准系统的校准方法，它并不需要其他技术如消光法的配合。该方法将 LII 信号的绝对强度与碳烟温度和体积分数联系起来，通过双色测温法测量被激光加热的碳烟温度，由 LII 信号的绝对强度得到绝对碳烟体积分数。

用 AC-LII 进行时间分辨的两个 LII 发射测量。有效碳烟温度取决于激光沿探测区的强度分布与碳烟形态。利用实验确定碳烟有效温度衰减率，并结合从碳烟到周围燃烧气体的麦考伊-查（McCoy-Cha）过渡区热传导模型[14]，可以确定有效碳烟直径 d_p 能够用如下表达式估计：

$$d_p=-\left[\frac{1}{\psi}\frac{12K_a\left(T_g\right)}{\left(d_p+G\left(T_g\right)\lambda_{MFP}\left(p,T_g\right)\right)C_s\left(T_e\right)\rho_s}\mathrm{d}d_p\right] \tag{6-15}$$

式中，T_e 和 T_g 分别为有效碳烟温度和局部气体温度；ψ 为 ln（T_e−T_g）与 t（t 为时间）的斜率；p 为压力；K_a 是周围燃烧气体的导热系数；C_s 是碳烟的热容量；ρ_s 是碳烟的密度；G 是传热系数；λ_{MFP} 是燃烧气体分子的平均自由程。

6.2.2 实验装置及方案

激光检测装置和对 LII 信号的分析都是在 Snelling 等的工作基础上完成的，LII 测量小型碳氢火焰的典型实验装置图如图 6-7 所示。

图 6-7 LII 测量小型碳氢火焰的典型实验装置图

时间分辨双色 LII 发射测量采用 AC-LII。其中，有效碳烟温度的时间衰减由双色发射数据决定。式（6-13）和式（6-14）讨论并定义了有效碳烟温度。值得注意的是，有效碳烟温度既取决于探测方向上的激光强度分布，也取决于碳烟的形貌。

在 LII 和双色光谱波段法中，碳烟的折射率吸收函数 $E(m)$=0.4，波长不变。在 AC-LII 中，碳烟体积分数是由时间分辨的碳烟温度和 LII 发射的绝对强度来确定的。在碳烟体积分数计算中必须使用等效的激光宽度，可以设定为 100μm。

所有气体在室温和大气压（293K，1atm）下输送，由于火焰高度（h_f）随着氧指数的增大而降低，为了比较不同氧指数下火焰高度的测量结果，用无量纲高度 HAB/h_f 与不同氧指数下火焰高度的测量结果进行比较。不同氧指数下火焰高度的测量位置如表 6-2 所示。整个实验装置系统图如图 6-8 所示，与文献[7]中所示相同，燃烧器包括一个 10.9mm 内径的燃料管，位于氧化剂喷嘴的中心，氧化剂管的内径为 88mm，外径为 100mm，燃料管壁厚为 0.95mm。所有气体的流速都由电子质量流量控制器控制，C_2H_4 的流速保持在 194mL/min，氧化剂的总流速为 284L/min。

表 6-2　不同氧指数下火焰高度的测量位置

燃烧器上方高度 HAB/mm	测量位置/mm				HAB/h_f			
	21%	30%	40%	50%	21%	30%	40%	50%
5	—	—	0.19	0.25	0.07	0.12	0.19	0.25
10	—	0.23	0.37	0.50	0.15	0.23	0.37	0.50
15	0.23	—	—	—	0.23	0.36	0.56	0.75
20	0.30	0.48	0.74	1.00	0.30	0.48	0.74	1.00
25	0.37	0.59	0.93	—	0.37	0.59	0.93	1.25
30	0.45	0.70	—	—	0.45	0.70	1.11	1.50
40	0.60	—	—	—	0.60	0.95	1.48	2.00
50	0.75	—	—	—	0.75	1.19	1.85	2.50

注：火焰高度 h_f 在氧指数为 21%、30%、40%、50%时分别为 67mm、41mm、27mm、20mm。

图 6-8　激光测量实验装置系统图

6.2.3　结果和讨论

1. 火焰图像和 TIRE-LII 测量区域

图 6-9 所示为不同氧指数、O_2 / N_2 氛围下 C_2H_4 扩散火焰形貌和 LII 测量区。在 HAB 为 5～50mm 的碳烟生成和氧化区进行 TIRE-LII 测量，并随氧指数的不同而变化。随着氧指数的增大，火焰高度降低，可见火焰变亮。采用无量纲高度 HAB / h_f（图中用Δ表示）比较不同氧指数下火焰高度的测量结果，测量位置细节见表 6-2。

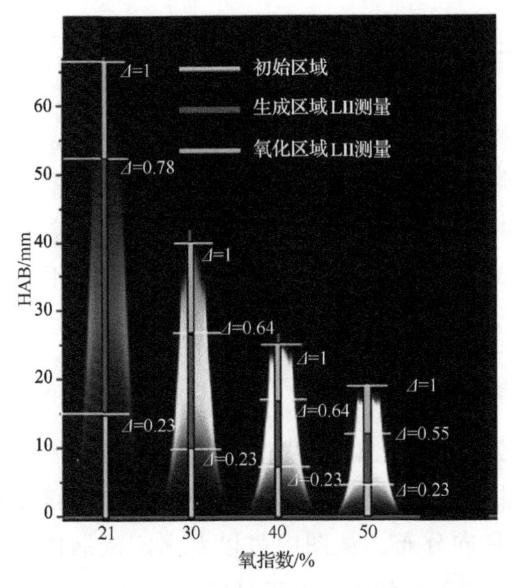

图 6-9 不同氧指数、O_2 / N_2 氛围下 C_2H_4 扩散火焰形貌和 LII 测量区

2. 常规氛围下 C_2H_4 燃烧火焰（氧指数=21%）的碳烟体积分数

在本节中，将双色 R 和 G 波段的测量结果与 C_2H_4 / 空气燃烧火焰中的 2D-LII 测量的结果进行比较。图 6-10 显示了用 2D-LII 技术和双色光谱波段法测量的 C_2H_4 / 空气燃烧扩散火焰（氧指数=21%）中碳烟体积分数的分布。在 LII 信号的分析中，折射率吸收函数值为 0.4。

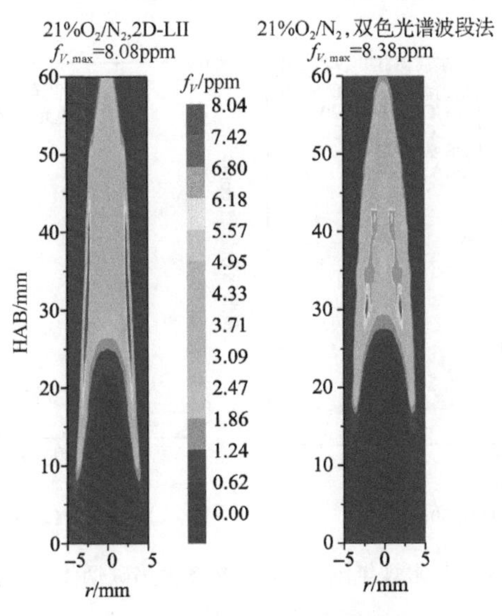

图 6-10 用 2D-LII 技术和双色光谱波段法测量的碳烟体积分数的分布

从图中可以看出，这两种方法在 C_2H_4 / 空气燃烧火焰中测量的最大碳烟体积分数值有很好的一致性。然而，两种方法测量的碳烟体积分数分布差异很大。从 2D-LII 测量得到的峰值碳烟体积分数区域接近火焰翼的外缘，相比双色光谱波段法而言离火焰中心线更远。此外，2D-LII 测量捕捉到碳烟初始区域沿火焰翼分布，HAB 的值很低，约 6mm。在双色光谱波段法中，碳烟初始仅出现在 HAB 值约为 14mm 处，这表明 2D-LII 技术具有比双色光谱波段法更好的灵敏度。

3. 常规氛围下 C_2H_4 燃烧火焰不同高度（氧指数=21%）碳烟体积分数分布

图 6-11（a）比较了用 2D-LII、光线直射衰减（light-of-sight attenuation，LOSA）法和双色光谱波段法测量的 C_2H_4 / 空气燃烧火焰中 HAB=20mm 和 HAB=30mm 时碳烟体积分数的径向分布。从图中可以看出，碳烟体积分数的径向分布在 HAB=20mm 时具有较好的一致性。但在 HAB=30mm 时，碳烟体积分数沿三种径向分布存在较大差异。

图 6-11（b）中比较了 2D-LII 和双色光谱波段法测量的 C_2H_4 / 空气燃烧火焰中心线上碳烟体积分数的分布。这两项测量结果相当一致。两个测量值之间的最大差在 HAB=25mm 和 HAB=30mm 之间。其中，用双色光谱波段法测得的碳烟体积分数比用 2D-LII 法测得的碳烟体积分数增大速度要慢。从图中可以看出，双色光谱波段方法足以提供相当精确的碳烟体积分数。

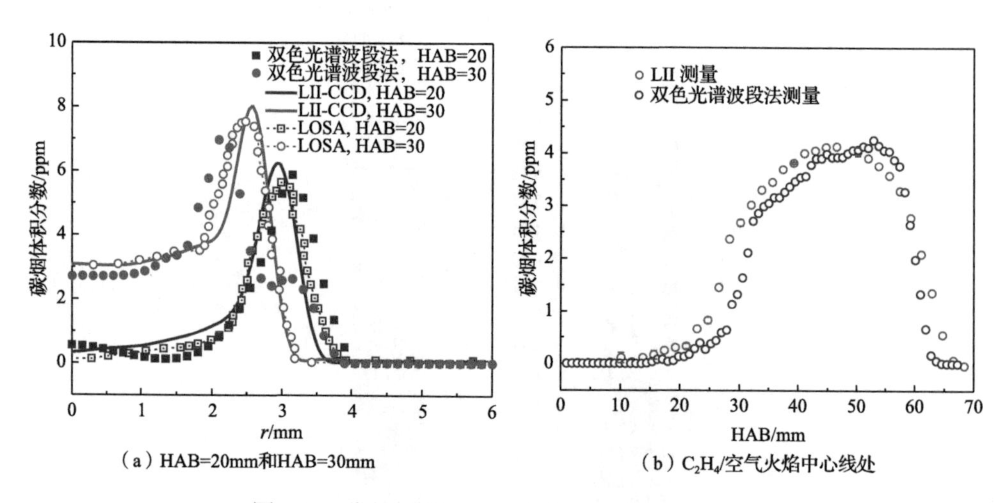

（a）HAB=20mm和HAB=30mm
（b）C_2H_4/空气火焰中心线处

图 6-11 常规氛围下 C_2H_4 燃烧火焰碳烟体积分数

4. TIRE-LII 测量的 C_2H_4 燃烧火焰中心线碳烟体积分数和初粒直径

（1）常规氛围下 C_2H_4 燃烧火焰（氧指数=21%）中心线上的碳烟体积分数和初粒直径

利用光学高温测量技术，可以推导出脉冲激光加热碳烟在基片层流扩散火焰中的有效温度。测量颗粒表面温度的实际方法是基于在两个或多个波长处检测到的粒子热发射强度的光学高温计测量。在本节中，利用马卡德（MathCad）的原始数据，分析 C_2H_4 燃烧火焰中心线上选定点的有效碳烟温度、碳烟体积分数和初粒直径。本研究假定在可见光谱和近红外光谱中，与可见光谱中 $E(m)$=0.4 无关，碳烟的热调节系数 α=0.26。

本节利用激光方法测量火焰中心线的激光加热最高碳烟温度、体积分数和初粒直径。激光强度对这些参数的影响如图 6-12～图 6-15 所示。

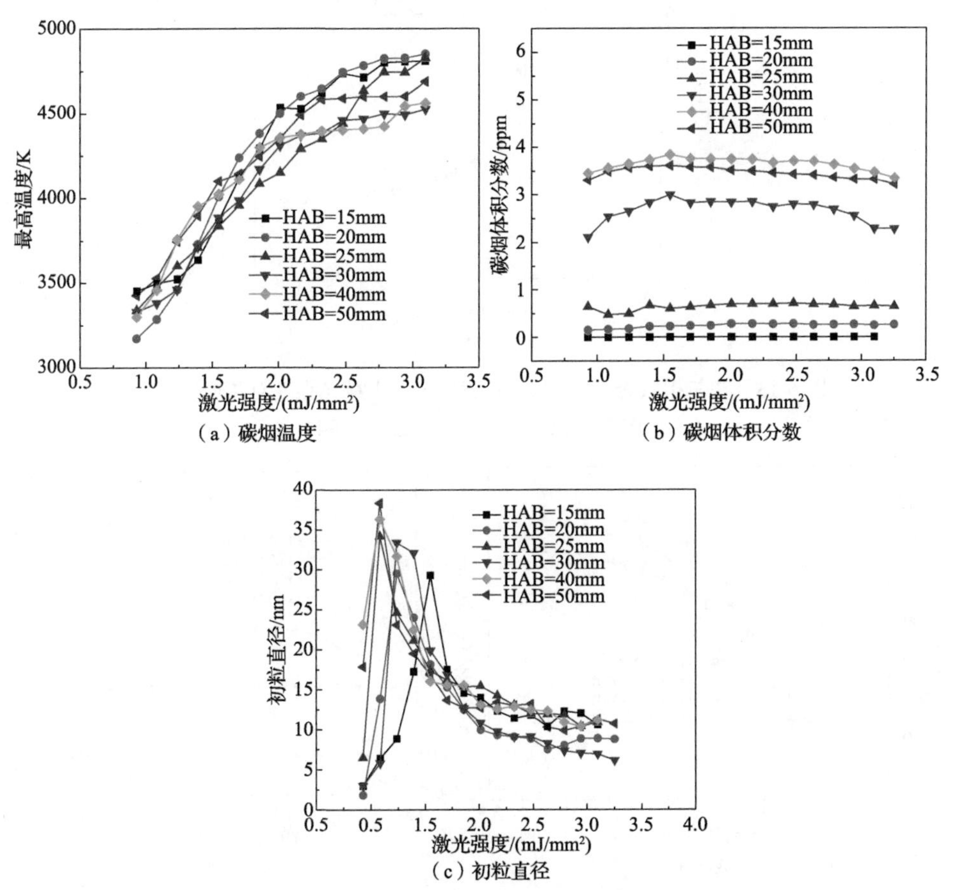

（a）碳烟温度

（b）碳烟体积分数

（c）初粒直径

图 6-12 常规氛围下 C_2H_4 燃烧（氧指数=21%）火焰中心线的激光强度对碳烟温度、碳烟体积分数和初粒直径的影响

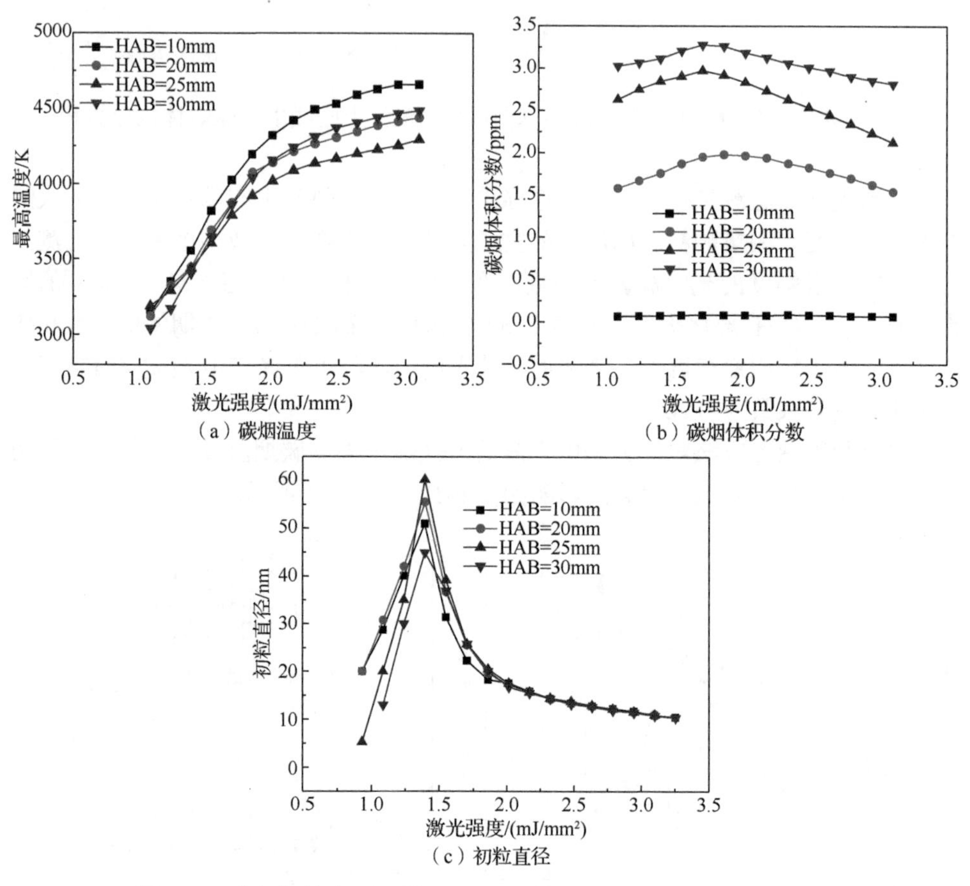

（a）碳烟温度

（b）碳烟体积分数

（c）初粒直径

图 6-13　在氧指数为 30%的 C_2H_4 燃烧火焰中激光强度对碳烟温度、碳烟体积分数和初粒直径的影响

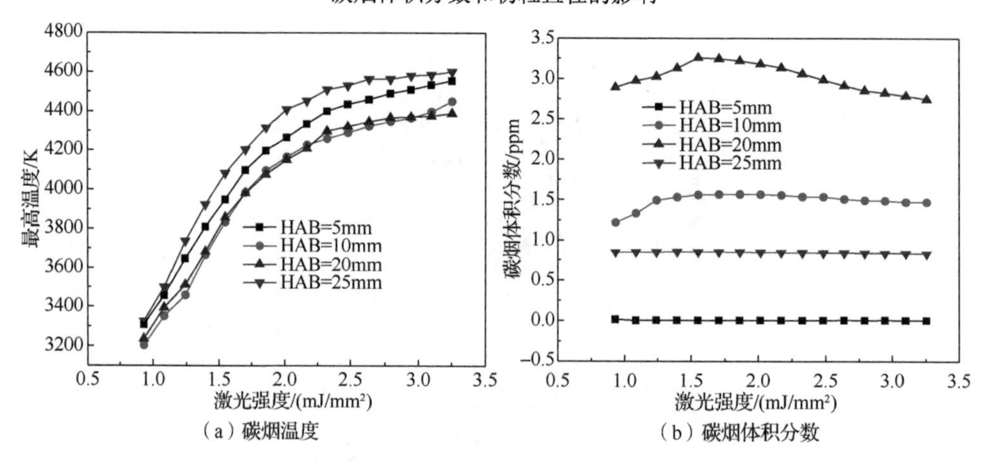

（a）碳烟温度

（b）碳烟体积分数

图 6-14　在氧指数为 40%的 C_2H_4 燃烧火焰中激光强度对碳烟温度、碳烟体积分数和初粒直径的影响

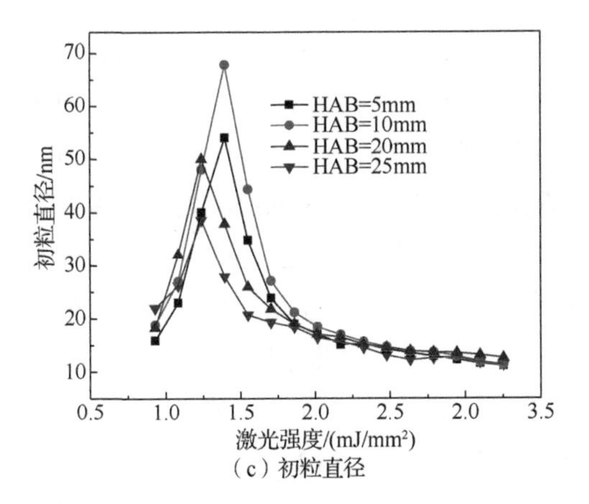

（c）初粒直径

图 6-14（续）

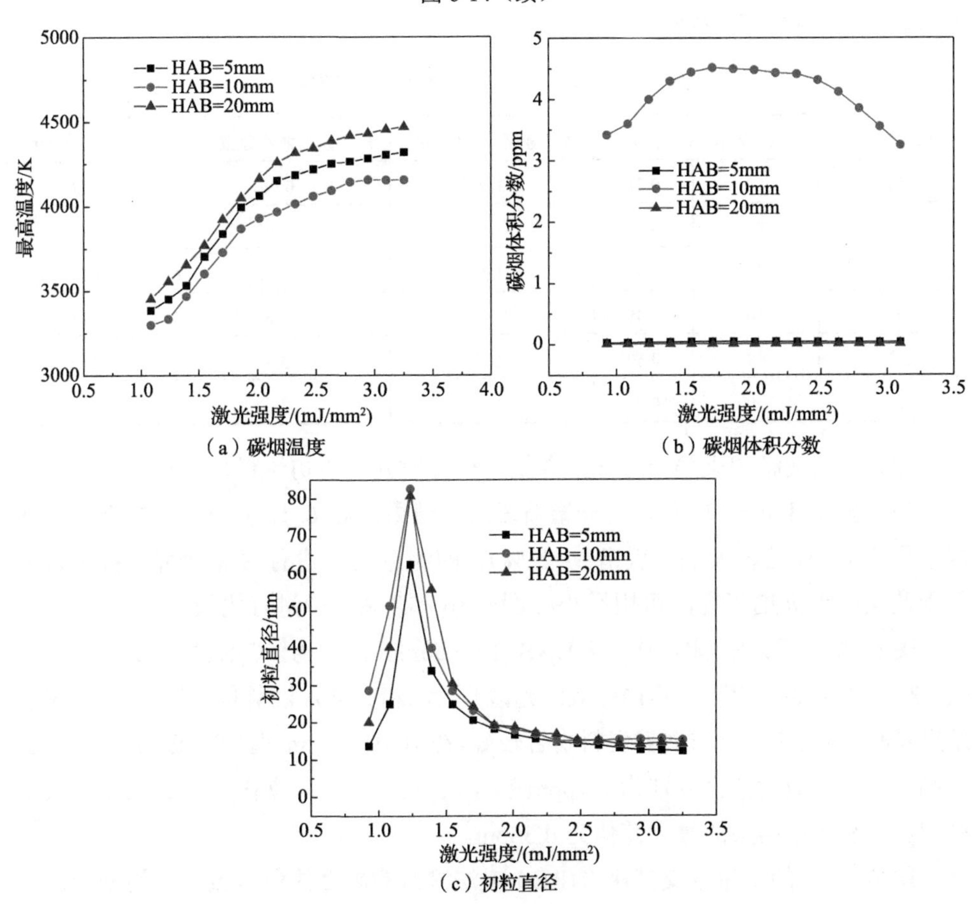

（a）碳烟温度

（b）碳烟体积分数

（c）初粒直径

图 6-15 在氧指数为 50%的 C_2H_4 燃烧火焰中激光强度对碳烟温度、碳烟体积分数和初粒直径的影响

表 6-3 总结了测量的 C_2H_4 / 空气燃烧火焰［常规氛围下 C_2H_4 燃烧火焰（氧指数=21%）］的最大碳烟体积分数和初粒直径。在表中，初粒直径和碳烟体积分数的值来自图 6-12。在图 6-12（b）中，当 HAB=40mm 时，最大碳烟体积分数为 3.83ppm，对应的激光强度值为 1.3mJ/mm^2。在此检测点上，碳烟体积分数的最终值为 3.83ppm，并选择相应的激光强度值（1～3mJ/mm^2）来确定图 6-12（c）中的初粒直径。在图 6-12（c）中，激光强度 1.3mJ/mm^2 对应初粒直径为 27.5nm。因此，对 HAB=40mm 的检测点，碳烟体积分数的峰值和初粒直径的最终有效值分别为 3.83ppm 和 27.5nm，其他检测点也是如此。需要指出的是，对于每一个检测点，测量的激光强度在 0.5～3.5mJ/mm^2 之间。但是，对于不同的检测点，最大碳烟体积分数对应不同的激光强度，这就是表 6-3 中所示对不同检测点有不同的激光强度的原因。

表 6-3　C_2H_4 / 空气燃烧火焰测量结果

氧指数/%	HAB/mm	HAB/h_f	激光强度/（mJ/mm^2）	最大碳烟体积分数/ ppm	初粒直径/nm
21	15	0.23	1.9	0.001	14.6
21	20	0.30	1.4	0.05	18.5
21	25	0.37	1.3	0.70	23.5
21	30	0.45	1.5	2.62	25.0
21	40	0.60	1.3	3.83	27.5
21	50	0.75	1.2	3.60	30.5

（2）不同文献中火焰中心线上碳烟体积分数分布和初粒直径比较

为了验证 TIRE-LII 和双色光谱波段法的结果，对 C_2H_4 / 空气燃烧火焰［常规氛围下 C_2H_4 燃烧火焰（氧指数=21%）］的测量结果进行对比研究。将文献中关于此氛围下火焰研究的可用结果在图 6-16 和表 6-4 中进行比较。

图 6-16 所示为常规氛围下在 HAB=15～50mm 范围内，C_2H_4 燃烧火焰（氧指数= 21%）中心线上用 TIRE-LII、双色光谱波段法和 LOSA 法测量的碳烟体积分数。结果表明，得到的结果与文献资料吻合较好。在 HAB=30mm 时，TIRE-LII 和 LOSA 法测量结果的最大差值分别为 0.7ppm 和 1.2ppm。在同一位置，TIRE-LII 与双色光谱波段法测量结果的最大差值为 0.5ppm。

图 6-17 中的结果也支持用 TIRE-LII 法测量的碳烟体积分数可以用来验证点测量结果的观点，并可用于进一步研究氧化剂流中富氧对碳烟体积分数和初粒直径的影响。

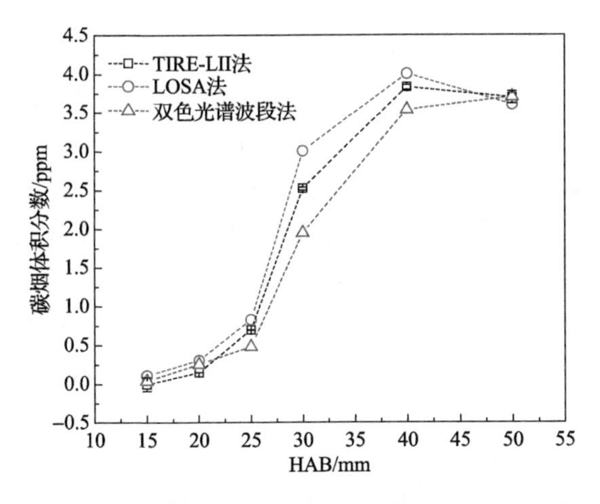

图 6-16 不同方法测量常规氛围下 C_2H_4 燃烧火焰（氧指数=21%）中心线的碳烟体积分数结果比较

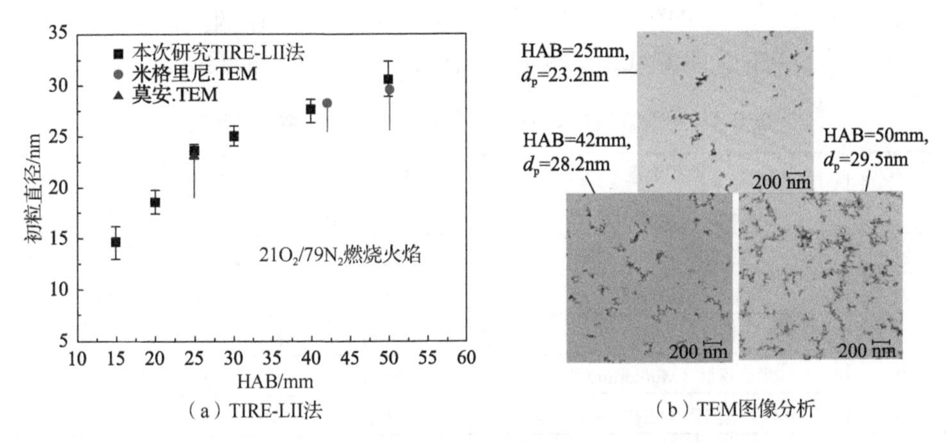

（a）TIRE-LII法　（b）TEM图像分析

图 6-17 不同方法测量常规氛围下 C_2H_4 燃烧火焰（氧指数=21%）中心线的初粒直径结果比较

图 6-17 中，对 TIRE-LII 测量结果和 TEM 图像分析结果进行了三个点的比较。结果表明，本研究得到的初粒直径与文献[15]、[16]的结果吻合较好。在 HAB=50mm 时，TIRE-LII 测量结果与文献数据的最大差值为 1.0nm。根据 Snelling 等的说法，热调节系数（α）是 TIRE-LII 测量初粒直径的一个重要参数。图中清晰地显示了如何在 HAB=25mm、42mm 和 50mm 的原始图像中检测到聚集体边界并且能降噪。在 HAB=25mm，d_p=23.2nm 时，TEM 图像分析考虑了 72 个初始粒子和 571 个聚集体。在 HAB=42mm，d_p=28.2nm，对 93 个初始粒子和 1274 个聚集体进行 TEM 图像分析，在 HAB=50mm，d_p=29.5nm 时，对 107 个初始粒子和 1170 个聚集体进行 TEM 图像分析。在 HAB=25mm、40mm 和 50mm 时，TIRE-LII

测量值分别为23.5nm、27.5nm和30.5nm。虽然在HAB=40mm处的TIRE-LII测量值略低于在HAB=42mm处采样的碳烟的TEM图像，但是考虑碳烟采样技术的3mm空间分辨率，它们可以被认为是足够近的。

表6-4提供了本次研究结果与常规氛围下C_2H_4/空气燃烧火焰（氧指数=21%）文献值的比较，可以验证不同点TIRE-LII测量的d_p值。结果表明，在HAB为15～50mm范围内，火焰中心线上LII测得的d_p范围为14.6～30.5nm。Kempema等[17]在HAB为50～70mm之间的火焰中心线处，用二维多角光散射（2D multi-angle light scattering，2D-MALS）技术结合TEM得到了d_p范围为18.1～20.9nm。Köylü等[18]用TEM图像分析表明，在C_2H_4 / 空气燃烧火焰中，HAB为20～80mm之间的火焰中心线处的d_p范围为18.2～32.0nm。虽然上述两种火焰与本次研究中的常规氛围下C_2H_4燃烧火焰（氧指数=21%）并不完全相同，但是就主要颗粒直径而言，它们可以被认为与目前的常规氛围下C_2H_4燃烧火焰（氧指数=21%）相似。这两个文献中的d_p值可以作为验证目前TIRE-LII结果的参考。根据Cortés等[16]的说法，d_p和有效回转半径的变化取决于燃料种类、成烟状况和碳烟在火焰中的不同位置。在这项工作中以TIRE-LII法测量的d_p的范围和文献中的类似。

表6-4 不同方法中C_2H_4 / 空气燃烧火焰计算结果的比较

氧指数/%	数据来源	检测方法	HAB/mm	d_p/nm
21	肯佩马（Kempema）等	2D-MALS+TEM	50～70	18.1～20.9
21	克洛伊（Köylü）等	TEM	20～80	18.2～32.0
21	马加里（Megaridis）等	TEM	10～60	13.8～34.0
21	莫安（Morán）等	TEM	25	23.2
21	米格里尼（Migliorini）等	TEM	42	28.2
21	米利奥里涅特（Migliorinet）等	TEM	50	29.5
21	本次研究	TIRE-LII	15	14.6
21	本次研究	TIRE-LII	20	18.5
21	本次研究	TIRE-LII	25	23.5
21	本次研究	TIRE-LII	30	25.0
21	本次研究	TIRE-LII	40	27.5
21	本次研究	TIRE-LII	50	30.5

5. 氧指数对富氧火焰中碳烟体积分数和初粒直径的影响

（1）C_2H_4（O_2 / N_2）燃烧火焰中心线上用双色光谱波段法测量的碳烟体积分数分布（氧指数=21%～50%）

图6-18显示了在C_2H_4 / （O_2 / N_2）燃烧火焰中心线上测量的碳烟体积分数

分布，氧指数为 21%～50%，可以看到碳烟体积分数的分布受氧指数的强烈影响。同时，峰值碳烟体积分数在测量中略有增加。然而，碳烟体积分数在火焰中心线上的分布并不均匀，特别是在常规氛围下 C_2H_4 燃烧火焰（氧指数=21%）中。还可以看到，随着氧指数的增大，火焰中心线上用双色光谱波段法测得的碳烟体积分数的分布趋势逐渐平滑。

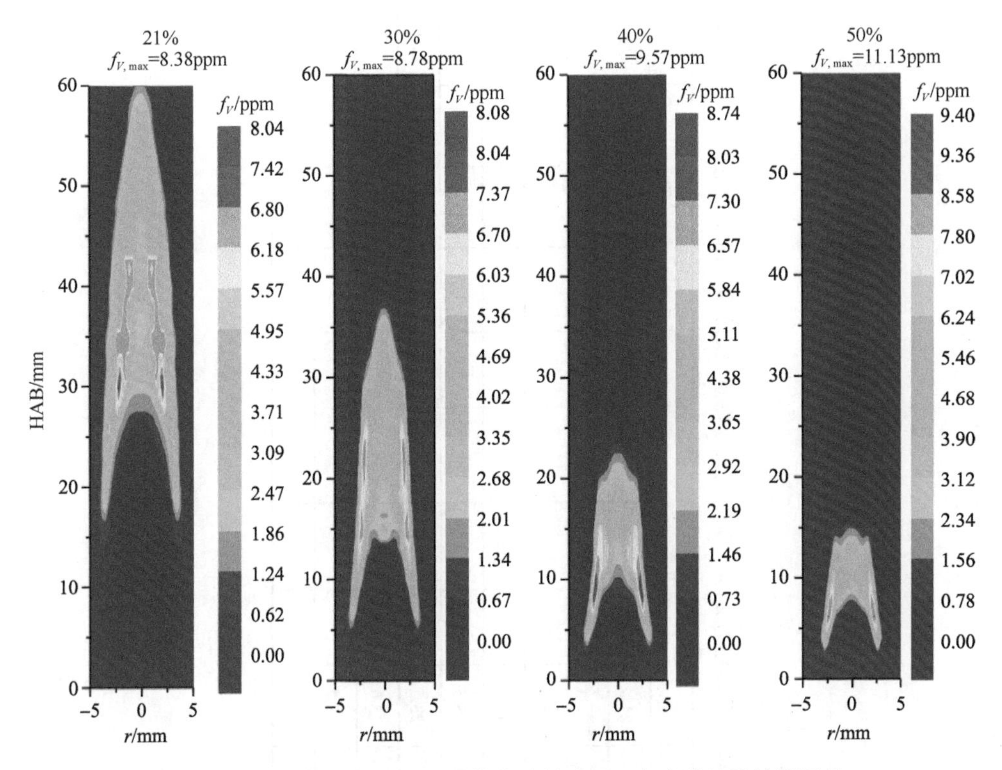

图 6-18 在 C_2H_4／（O_2／N_2）燃烧火焰中用双色光谱波段法测量的碳烟体积分数分布

（2）氧指数对 C_2H_4／（O_2／N_2）燃烧火焰中心线上用 LII 测量的碳烟体积分数和初粒直径的影响

表 6-5 对氧指数为 21%～50%的富氧燃烧火焰测量结果进行了汇总，包括 LII 测量的碳烟体积分数和火焰中心线上不同 HAB 处不同氧指数（21%～50%）下的初粒直径。

表 6-5 氧指数为 21%～50%的富氧燃烧火焰测量结果的比较

HAB/mm	最大碳烟体积分数/ppm				d_p/nm				激光强度/（mJ/mm^2）				HAB/h_f			
	21%	30%	40%	50%	21%	30%	40%	50%	21%	30%	40%	50%	21%	30%	40%	50%
5	—	—	0.007	0.005	—	—	17.2	24.9	—	—	1.9	1.60	0.07	0.12	0.19	0.25
10	—	0.09	1.57	4.52	—	15.9	36.0	37.5	—	2.3	1.6	1.40	0.15	0.23	0.37	0.50
15	0.00	—	—	—	14.6	—	—	—	1.9	—	—	—	0.23	0.36	0.56	0.75
20	0.05	1.98	3.26	0.002	18.5	26.5	32.5	31.0	1.4	1.7	1.5	1.52	0.30	0.48	0.74	1.00
25	0.70	2.97	0.85	—	23.5	31.5	23.5	—	1.3	1.6	1.4	—	0.37	0.59	0.93	1.25
30	2.62	3.37	—	—	25.0	29.0	—	—	1.5	1.6	—	—	0.45	0.70	1.11	1.50
40	3.83	—	—	—	27.5	—	—	—	1.3	—	—	—	0.60	0.95	1.48	2.00
50	3.60	—	—	—	30.5	—	—	—	1.2	—	—	—	0.75	1.19	1.85	2.50

（3）氧指数对 $C_2H_4(O_2 / N_2)$燃烧火焰中心线上碳烟体积分数分布的影响

图 6-19 所示为碳烟体积分数在 HAB / h_f 从 0 增加到 1.0，沿火焰中心线，氧指数为 21%～50%不等时的分布状况。可以发现，当 HAB / h_f <0.23 时，基本上没有碳烟生成，最大碳烟体积分数的测量位置分别为 HAB / h_f 为 0.78、0.64、0.64 和 0.55，对应氧指数值为 21%、30%、40%和 50%。在 HAB / h_f=0.23 和最大碳烟体积分数的测量位置之间，碳烟体积分数增加较快，且随氧指数的增大趋势不明显。然而，碳烟体积分数在火焰中心线的峰值和整个火焰的最大值出现在火焰的不同高度。如预期，碳烟体积分数在 HAB / h_f>0.95 处几乎为零。在最大碳烟体积分数发生值之下的无量纲高度，且高于 0.23 的区域可称为碳烟生成带。在较高的无量纲高度处，碳烟体积分数开始减少，这一区域可称为碳烟氧化区。因此，测量位置在 HAB / h_f 为 0.23～0.95，即处于碳烟生成和氧化带。

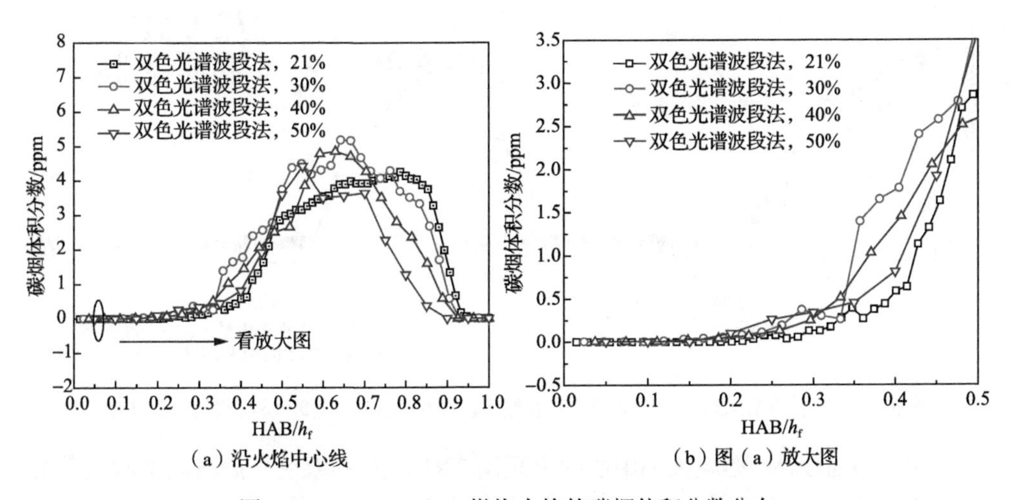

（a）沿火焰中心线　（b）图（a）放大图

图 6-19　$C_2H_4(O_2 / N_2)$燃烧火焰的碳烟体积分数分布

图 6-20 显示了在不同 HAB / h_f 处和不同氧指数下，燃烧火焰中碳烟体积分数的径向分布。在 HAB / h_f 为 0.23 和 0.6 时，碳烟体积分数的径向分布峰值随氧指数的增大而增大。随着氧指数从 21%增加到 50%，沿火焰中心线的碳烟体积分数最大值出现在 HAB / h_f 为 0.78、0.64、0.64 和 0.55 处。从图 6-20（d）可以看出，在 HAB / $h_{f,max}$ 碳烟体积分数处，碳烟体积分数的径向分布峰值随氧指数的增大而增大。

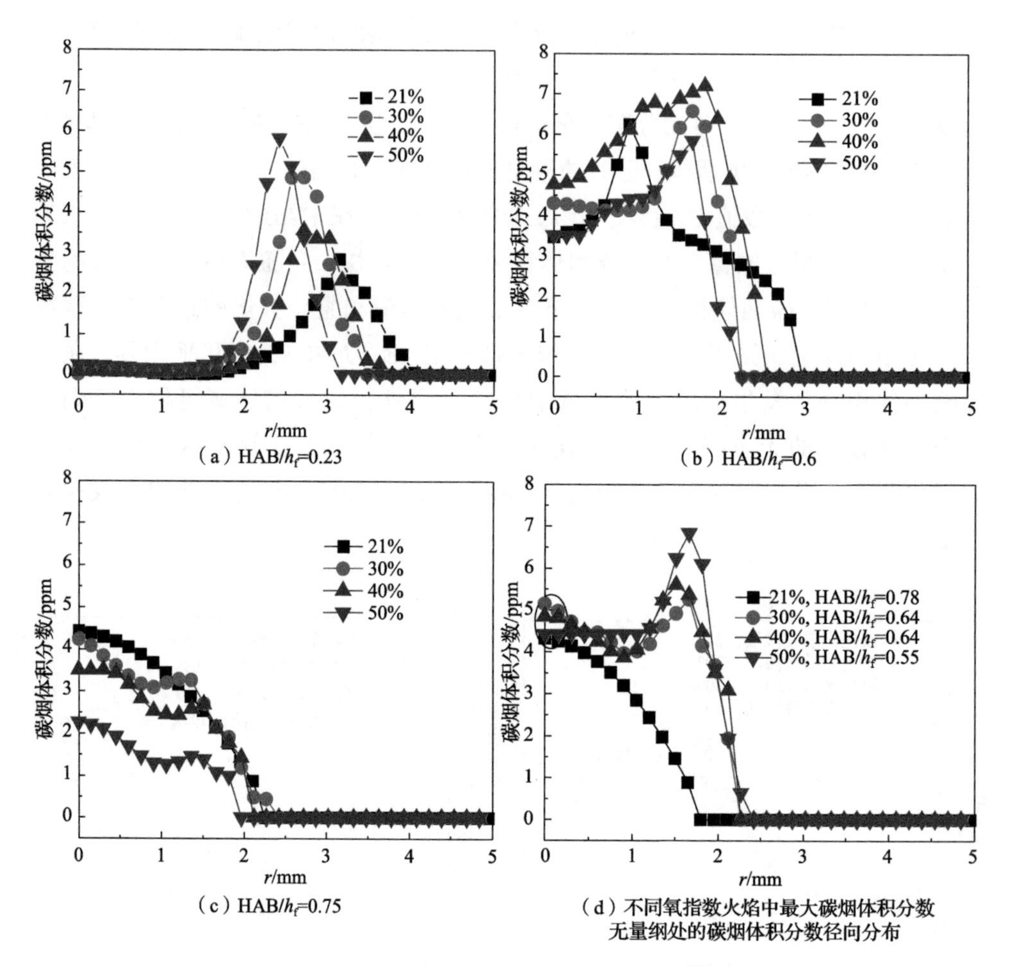

（a）HAB/h_f=0.23

（b）HAB/h_f=0.6

（c）HAB/h_f=0.75

（d）不同氧指数火焰中最大碳烟体积分数无量纲处的碳烟体积分数径向分布

图 6-20　在不同 HAB / h_f 处和不同氧指数下，燃烧火焰中碳烟体积分数的径向分布

（4）$C_2H_4(O_2/N_2)$燃烧火焰中心线上采用 TRIE-LII 和双色光谱波段法测量碳烟体积分数的比较

图 6-21 显示了氧指数从 21%到 50%之间，由 TIRE-LII 和双色光谱波段法沿 $C_2H_4(O_2/N_2)$燃烧火焰中心线测量的碳烟体积分数的比较。从图中可以看出，虽然差异很明显，但是这两种测量方法给出了火焰中心线上碳烟体积分数随氧指数变化的相同趋势。结果表明，两种方法测量的碳烟体积分数值基本一致。当 HAB / h_f=0.74，氧指数=21%时，LII 和双色光谱波段法测量的碳烟体积分数值的差约为 1ppm。

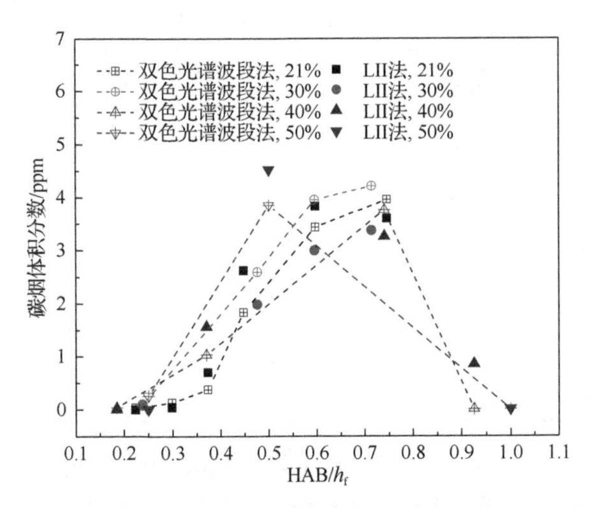

图 6-21 氧指数为 21%～50%燃烧火焰不同检测点（HAB / h_f）碳烟体积分数的比较

（5）氧指数对 $C_2H_4(O_2/N_2)$燃烧火焰中心线碳烟初粒直径的影响

为了验证由 TIRE-LII 测量的碳烟初粒直径，图 6-22（a）比较了由 TIRE-LII 法测量的碳烟初粒直径与文献中的 TEM 图像分析的结果。需要指出的是，本节研究（氧指数为 30%）与文献[16]的研究（氧指数为 29%和 33%）结果并不完全相同。然而，认为火焰条件足够接近，可以在本节研究与莫安（Morán）等的研究之间提供有用的比较。在 HAB 为 25mm 时，文献和 TIRE-LII 测得的碳烟初粒直径分别为 25.2nm 和 31.5nm。考虑不同的火焰条件和 TIRE-LII 测量的不确定度，特别是与热调节系数有关的不确定度，TIRE-LII 的测量精度被认为是可以接受的。表 6-6 总结了氧指数为 30%时 d_p 值的详细比较。

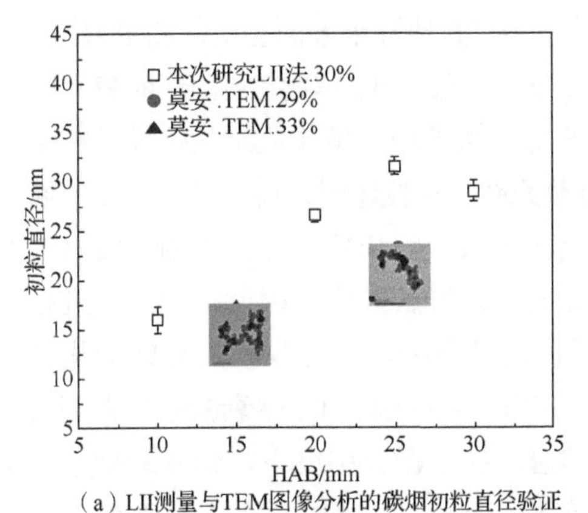

（a）LII测量与TEM图像分析的碳烟初粒直径验证

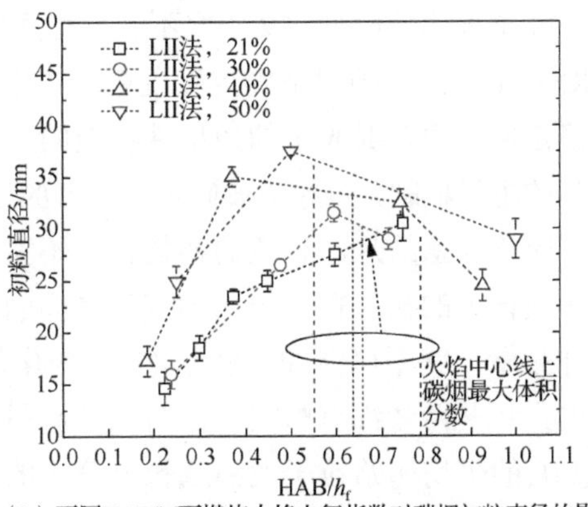

（b）不同HAB/hf下燃烧火焰中氧指数对碳烟初粒直径的影响

图 6-22 LII 测量与 TEM 图像分析的碳烟初粒直径验证及不同 HAB / h_f 下燃烧火焰中氧指数对碳烟初粒直径的影响

表 6-6 氧指数为 30%时 d_p 值比较

氧指数/%	数据来源	检测方法	HAB/mm	d_p/nm	碳烟体积分数/ppm	d_f	k_f	激光强度/（mJ/mm^2）
29	莫安（Morán）等	TEM	25	25.2	—	1.79	1.83	
33	莫安（Morán）等	TEM	15	17.1	—	1.79	2.00	
30	本次研究	LII	10	15.9	0.09			2.3
30	本次研究	LII	20	26.5	1.98			1.7
30	本次研究	LII	25	31.5	2.97			1.6
30	本次研究	LII	30	29.0	3.37			1.6

图 6-22（b）显示了不同 HAB / h_f 下氧指数从 21%增加到 50%时碳烟初粒直径的变化。对于每个火焰，碳烟初粒直径首先随着火焰中心线高度增加而达到峰值，然后减小。可以推测，在每个火焰中，碳烟初始的最大粒径出现在碳烟生成区。

氧指数为 21%、30%、40%和 50%时，不同 HAB / h_f 下测得的 d_p 峰值分别为 0.78、0.64、0.64 和 0.55。也可以看到，在相同的 HAB / h_f 下，碳烟初粒直径一般随氧指数的增大而增大，这说明氧指数的增大促进了碳烟的生成。

6. 测量不确定性分析

从图 6-17 和图 6-22 中可以发现，在常规氛围下 C_2H_4 燃烧火焰（氧指数为 21%）和富氧燃烧火焰中，LII 测量的碳烟初粒直径通常大于 TEM 图像分析文献中的结果。除了火焰条件与本文研究不完全相同外，还有其他几个方面会引起测量误差。TIRE-LII 测量的绝对不确定度主要取决于碳烟光学性质的不确定度。诊断特有的不确定性是由发射光子的随机性决定的。在 d_p 的偏差中，隐式假定热传导是粒子冷却的主导机制。热导率被假定为空气的导热系数，并被建模为局部气体温度的函数。应该注意的是，有效的初粒直径不完全表示碳烟的初粒直径，因为它没有考虑聚集体内的初生粒子与周围气体之间的热传导的屏蔽效应。因此，如果不进行额外测量，就不可能知道测量的 d_p 变化是由初粒直径，还是集料尺寸的变化引起的，还是两者都有影响[19]。可以从测得的 LII 信号或碳烟温度衰减率中得到关于 LII 的平均初始粒子大小或粒度分布的信息。在低激光强度下，信号衰减率主要取决于导电冷却速率。在较高的激光强度下，升华后粒子质量的变化对激光脉冲后的信号衰减率有很大的影响。对粒子大小的衰减率评估很大程度上依赖于 LII 信号演化模型。此外，颗粒的形状和聚集效应也可能影响使用 LII 测量直接确定初始粒子的大小。粒度的确定取决于对信号衰减曲线的形状进行评估，因此对被测时间信号衰减中的小失真非常敏感。

从图 6-21 和图 6-22 中可以看出，用 LII 技术和双色光谱波段法测得的碳烟体积分数值是相当一致的。虽然假定 $E(m)$为 0.4 有些不确定，但它确实会影响 LII 和双色光谱波段中确定的碳烟体积分数值。碳烟体积分数值与假定的 $E(m)$值成反比。由 LII 信号导出的碳烟温度以及由此产生的碳烟体积分数依赖假定的常数 $E(m)$，在火焰中的偏差范围约为 0～2.0ppm。

6.3 发射 CT 图像检测研究

本节针对 CO_2 氛围下 C_2H_4 燃烧的图像检测进行研究，设置 O_2 / N_2、O_2 / CO_2 两种富氧燃烧环境做对比试验，通过实验数据分析气体燃料在富氧氛围下燃烧的火焰特性及温度，并将得到的实验结果与数值模拟结果比较。空气主要成分为 O_2 / N_2，本节模拟富氧燃烧技术用碳烟循环中的 CO_2 替代空气中的 N_2，与 O_2 一同参与燃烧。CO_2 的物理性质与 N_2 有着明显不同，具体如下：①N_2 的摩尔热容为 6.96kJ/（mol·K），CO_2 的摩尔热容为 8.87kJ/（mol·K）；②N_2 在 O_2 中的扩散系数为 0.185cm^2/s（273K，101.3kPa），CO_2 在 O_2 中的扩散系数为 0.139cm^2/s（273K，101.3kPa）。这些差异直接导致 O_2 / CO_2 氛围下燃烧特性与常规燃烧特性的不同。因此，了解这一氛围下的气体燃烧特性对实际 O_2 / CO_2 氛围下富氧燃烧具有重要意义。

6.3.1 实验系统及主要实验设备

O_2 / CO_2 氛围下 C_2H_4 燃烧扩散火焰图像检测实验台主要由扩散火焰系统、火焰图像检测系统、气源及流量控制系统、位置和方向控制系统组成，如图 6-23 所示。

本节研究的共流层流扩散火焰燃烧器与 Snelling 等提到的相同。燃料管由不锈钢制成，内径为 10.9mm，厚度为 0.9mm。氧化剂通过燃料管和外喷嘴之间的环形区域，该外喷嘴的内径为 88mm，外径为 100mm。玻璃珠和多孔金属圆盘用于在氧化剂流中提供均匀的流动。电子质量流量控制器控制所有气体的流量，这些气体在室温和大气压（293K，1atm）下被输送至燃烧器。

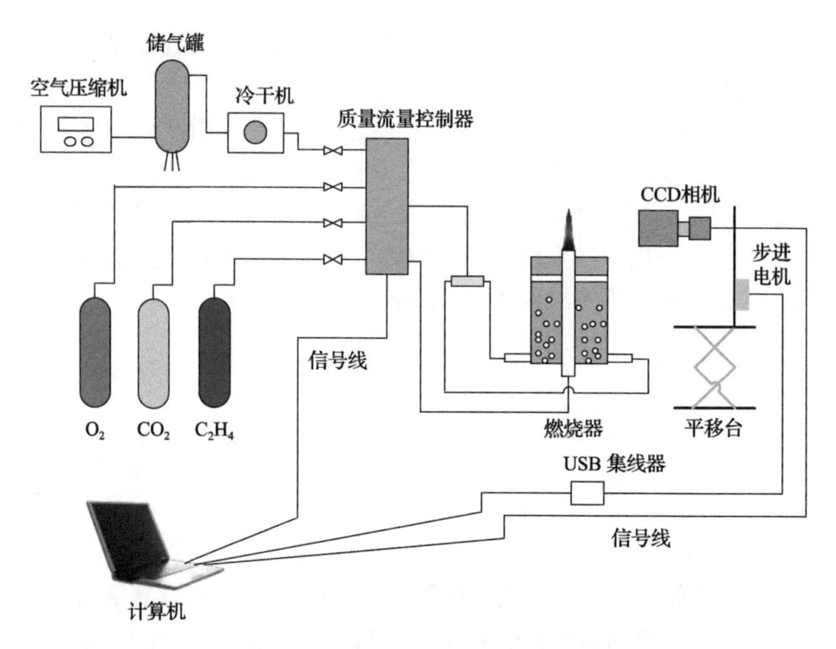

图 6-23 O_2 / CO_2 氛围下 C_2H_4 燃烧扩散火焰实验台结构简图

（1）扩散火焰系统

实验台伴流燃烧器及与其配合使用的图像检测设备的实物图，以及基于此种图像检测方法得到的火焰图像及典型结果如图 6-24 所示。

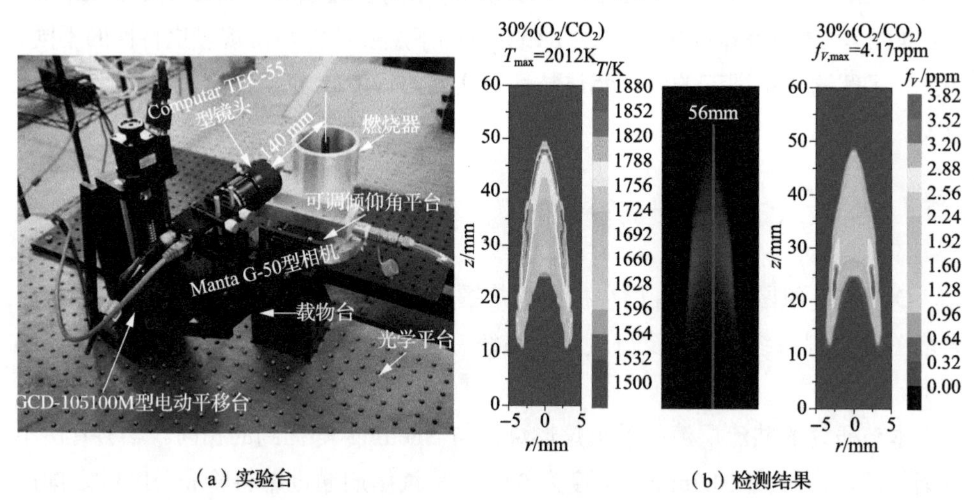

（a）实验台　（b）检测结果

图 6-24 实验台的实物图、火焰图像及检测典型结果

（2）火焰图像检测系统

火焰图像检测系统由 CCD 相机、笔记本计算机和图像采集卡组成。图像检测

系统采用一个 Sony ICX655 型 CCD 图像传感器，传感器的尺寸大小为 2/3in，有效像素数目约 120 万（1226×1028），相机通过千兆网线与计算机通信，可以输出 12 位无损压缩的 RAW 格式数据，具有很高的信噪比，数据处理过程中采用此格式数据。为了提高图像分辨率，相机前端安装一个可变焦镜头，镜头的口径为 33mm。在镜头前端距离燃烧器喷口中心 140mm 条件下，相机输出图像空间分辨率可以达到 64pixel/mm。

（3）气源及流量控制系统

实验中所用的气体主要包括 C_2H_4、O_2、CO_2、空气。气源和流量控制系统包括燃料气路和氧化剂气路。燃料气路径为 C_2H_4 气路径。

（4）位置和方向控制系统

采用高分辨率镜头后，CCD 相机的单次图像采集只能覆盖整个火焰的一部分。为了同时测量整个火焰温度和碳烟体积分数，需要合成不同高度段的火焰图像，这就需要一个精确的光电控制平移台。本实验采用 GCD-10 系列直线轴承电子控制平移台，型号为 GCD-105100M，空间分辨率为 0.001mm，行程为 100mm，导程为 4mm。光电控制平移台具有精磨螺杆传动、直线滚珠导轨和标准的计算机通信接口等，可实现全自动控制、光电开关调零、位移快速调节。气源及流量控制系统实物图如图 6-25 所示。

（a）空气压缩机

（b）冷干机

（c）空气储气罐

（d）气体质量流量控制器

（e）气源装置

图 6-25　气源及流量控制系统实物图

6.3.2 实验步骤及工况

（1）实验步骤

1）调零：准确连接图像检测系统中的设备，通电预热15min后观察指针情况，对有偏移的流量控制仪表进行调零。

2）点火：开启气体质量控制系统，依据设定好的燃烧实验工况确定空气、C_2H_4、O_2和CO_2流量，打开各气源储气罐，根据计算机显示待流量稳定后点火，打开空气压缩机及空气管路。

3）位置调整：打开CCD相机的图像采集系统，根据实验要求和火焰图像调整CCD相机的位置。

4）图像采集：设置CCD相机参数，火焰稳定后采集火焰图像。

（2）实验工况

通过对资料的整理和分析，本节拟定O_2 / N_2和O_2 / CO_2两种氛围下的不同氧指数。对于O_2 / N_2氛围，实验中采用的助燃气体由纯O_2和空气构成，而对于O_2 / CO_2氛围，实验中采用的助燃气体由O_2气瓶和CO_2气瓶提供。为了得到准确的实验结果，实验中共采用九种燃烧氛围，分别保持C_2H_4流量不变，过量O_2系数保持为1.2，将助燃气体中的氧指数依次增大。表6-7给出了O_2 / N_2和O_2 / CO_2氛围下的实验条件。在每组条件下，燃料（C_2H_4）的流速恒定为194mL/min，氧化剂的总流速为284L/min，采用质量流量控制器控制流速，精确度为1%。为了分析氧指数和CO_2替代N_2对温度和碳烟体积分数分布的影响，氧化剂流中氧指数从21%变化到100%，N_2体积分数从79%变化到0%，CO_2体积分数从70%变化到0%（因为21%O_2 / 79%CO_2这种工况在实验中火焰易熄灭，所以不设定）。

表6-7　O_2 / N_2和O_2 / CO_2氛围下C_2H_4层流扩散火焰实验工况

工况	氧指数/%	C_2H_4流量/（mL/min）	空气流量/（L/min）	CO_2流量/（L/min）	O_2流量/（L/min）	温度T_{ad} /K
O_2/N_2氛围	21	194	284	0	0	2367
	30	194	251	0	32	2649
	40	194	215	0	68	2820
	50	194	179	0	104	2928
	100	194	0	0	284	3173

续表

工况	氧指数/%	C_2H_4 流量/（mL/min）	空气流量/（L/min）	CO_2 流量/（L/min）	O_2 流量/（L/min）	温度 T_{ad} /K
O_2/CO_2 氛围	30	194	0	198	85	2317
	40	194	0	170	113	2552
	50	194	0	142	142	2718
	100	194	0	0	284	3173

6.3.3 实验结果分析

1. O_2/N_2 和 O_2/CO_2 氛围下 C_2H_4 火焰碳烟分布特征

（1）C_2H_4/（O_2/N_2）火焰中的碳烟体积分数

对不同氧指数在氧化剂流中的 C_2H_4/（O_2/N_2）燃烧火焰进行双色光谱波段法检测和模拟，结果如图 6-26 所示。由图中可见，氧化剂流中的 O_2 浓度对碳烟体积分数的分布有很大的影响。在靠近燃烧器出口，可见火焰急剧缩短，随着氧指数的增大碳烟生成开始时间提前。同时，碳烟体积分数峰值在实验测量中略有增加，但在数值模拟结果中显著地增加。碳烟体积分数预测过高的原因可能是忽略了碳烟老化效应，Soussi 等[20]已经证明了这一点。然而，模拟捕捉到了增大氧指数的主要影响，如减少可见火焰高度、提前生成碳烟和提高碳烟体积分数的峰值。然而，不论氧指数如何，碳烟体积分数的预测值偏低的情况在中心线区域一直存在。

（2）C_2H_4/（O_2/CO_2）燃烧火焰中的碳烟体积分数

图 6-27（a）和（b）显示了在含 O_2 和 CO_2 的氧化剂流中，当氧指数从 21%增加到 50%时，C_2H_4/（O_2/CO_2）燃烧火焰中碳烟体积分数的双色光谱波段法测量和模拟结果分布。可见火焰高度随氧指数的增大而降低，这与图 6-26 所示的 C_2H_4/（O_2/N_2）燃烧火焰中氧指数的作用相似。此外，模拟还定性地捕捉了碳烟体积分数峰值随氧指数的变化，但仍然存在差异。例如，模拟高估了碳烟的体积分数峰值，除氧指数为 50%外，未能捕捉到火焰中心线上的碳烟体积分数。图 6-26 和图 6-27 相比表明在一定的富氧水平下，碳烟初始生成位置较高，可见火焰高度较高，C_2H_4/（O_2/CO_2）火焰的碳烟体积分数峰值与相应的 C_2H_4/（O_2/N_2）火焰相比较低，说明在 C_2H_4/（O_2/CO_2）火焰中，当 N_2 被 CO_2 替代时，抑制碳烟生成。

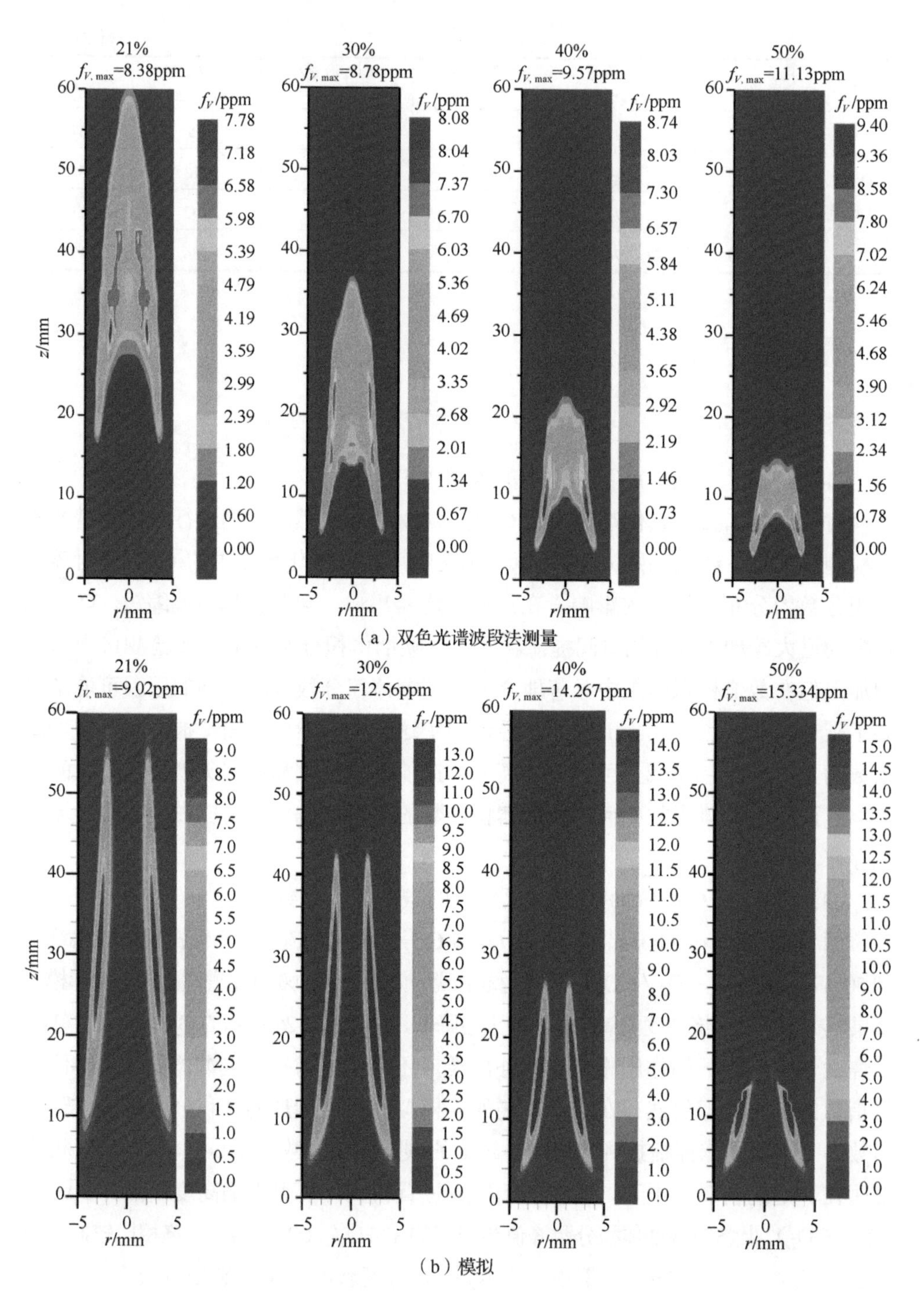

（a）双色光谱波段法测量

（b）模拟

图 6-26 C_2H_4 /（O_2 / N_2）燃烧火焰中实验测量和数值模拟的碳烟体积分数分布

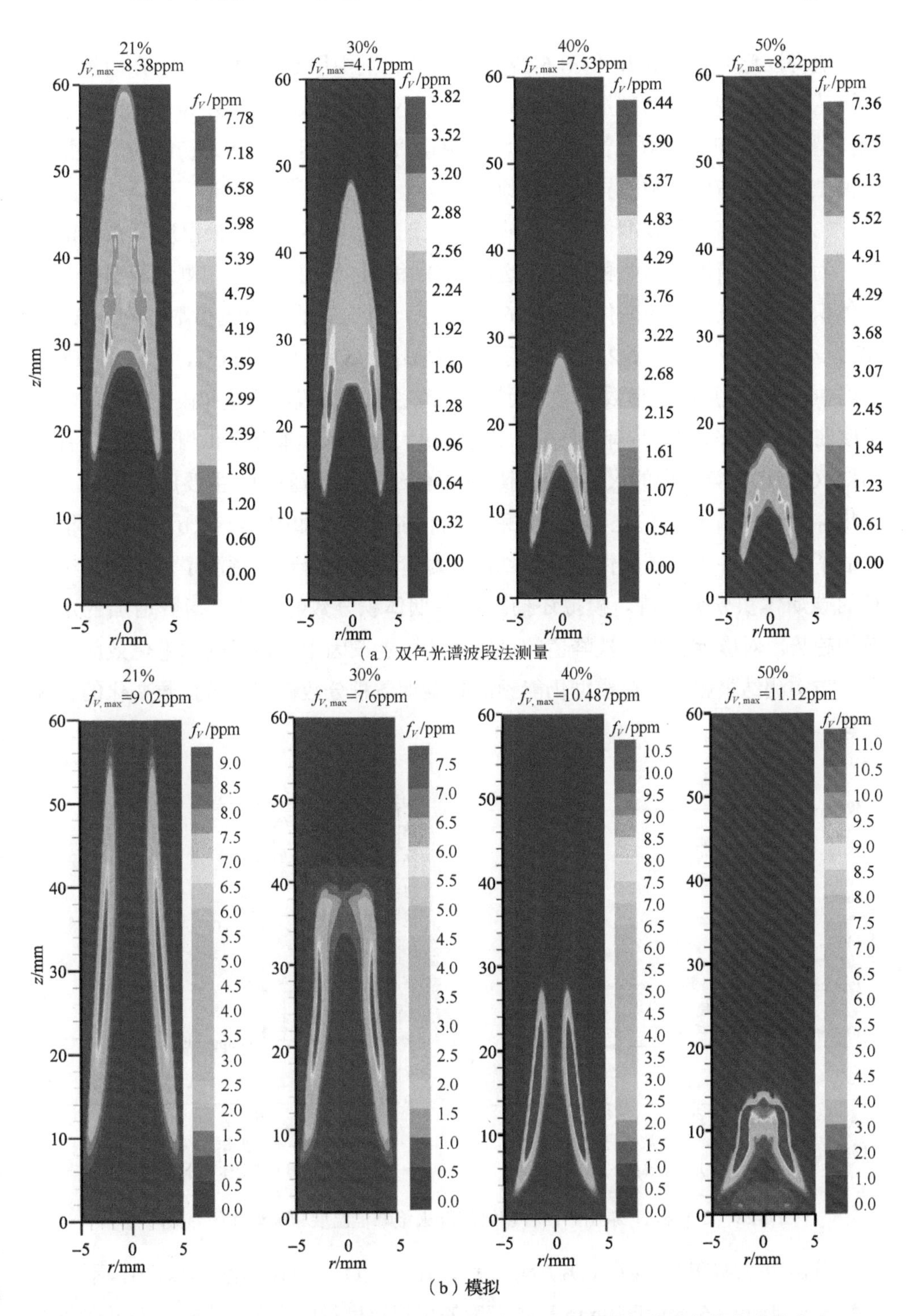

图 6-27　C_2H_4 / （O_2 / CO_2）燃烧火焰中实验测量和数值模拟的碳烟体积分数分布

值得注意的是图 6-26 和图 6-27 中，在氧化剂中用 CO_2 替代 N_2，在模拟过程中比从测量中观察到的碳烟生成延迟时间要小得多。虽然这种差异可以归因于碳烟模型的缺陷和目前双色光谱波段法的灵敏度问题，但人们认为初始粒子模型中的模型缺陷是造成这种差异的主要原因。

（3）火焰温度和碳烟体积分数峰值及火焰中心线不同高度处温度分布讨论

为了更清晰地对比两种结果，选取 CO_2 和 N_2 氛围下模拟和测量的温度及碳烟体积分数随氧指数的变化，如图 6-28 所示。所选取的工况氧指数分别为 21%、30%、40%、50%。如图 6-28（a）所示，在 C_2H_4 /（O_2 / N_2）和 C_2H_4 /（O_2 / CO_2）火焰中，最高温度随氧指数的增大而增加。双色光谱波段法测量和模拟得到的峰值温度曲线均趋于平缓，具有良好的一致性，最大误差的模拟温度和测量温度只有约 84K。O_2 / CO_2 氛围中的火焰峰值温度明显低于 O_2 / N_2 氛围，主要原因是 CO_2 的比热容大于 N_2，CO_2 的化学活跃性和辐射性能较小。如图 6-28（b）所示，模拟高估了富氧条件下的碳烟体积分数峰值，尽管该模型合理地预测了氧化剂为空气时的碳烟体积分数峰值。模拟还捕捉到碳烟体积分数峰值随氧指数增加的定性增加趋势。对碳烟体积分数峰值的过度预测可能归因于忽略了碳烟老化效应。然而，与实测结果相比，该模型仍能预测到碳烟体积分数峰值随氧指数变化的正确趋势。

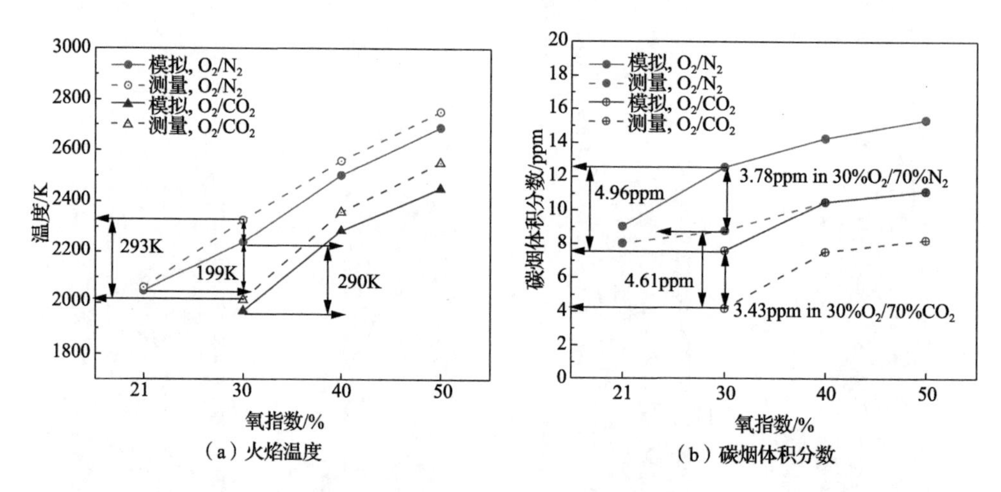

图 6-28　CO_2 和 N_2 氛围下四种燃烧工况火焰峰值温度和碳烟体积分数峰值

图 6-29 表明在 C_2H_4 /（O_2 / N_2）和 C_2H_4 /（O_2 / CO_2）燃烧火焰中，不同氧指数在 z =4mm、6mm 和 10mm 三个高度的模拟温度径向分布。这些结果再次证明

富氧能够提高火焰温度，用 CO_2 替代氧化剂中的 O_2 能够降低火焰温度。从图 6-28 和图 6-29 可以得出结论，虽然火焰模型对碳烟体积分数的预测过高，但是随着氧指数的增大，它体现了 O_2 浓度对燃料燃烧影响的主要特征，如温度升高、可见火焰高度降低、碳烟体积分数峰值增大等。

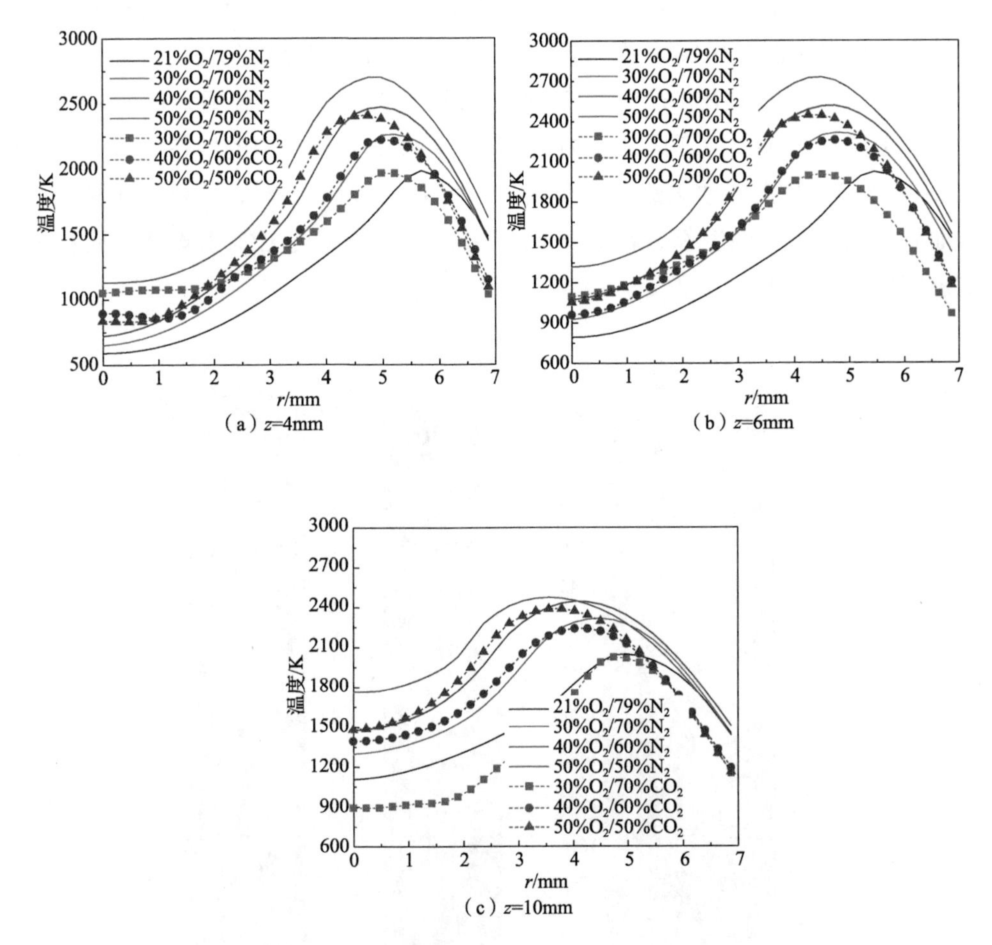

图 6-29 不同氧指数在 z =4mm、6mm 和 10mm 三个高度模拟火焰温度的径向分布

2. CO_2 对温度和碳烟体积分数的影响

（1）火焰形状和温度分布

图 6-30 显示了在 C_2H_4 / 空气（21%O_2 / 79%N_2）、C_2H_4 / （30%O_2 / 70%N_2）和 C_2H_4 / （30%O_2 / 70%CO_2）燃烧火焰中的双色光谱波段法测量和模拟温度分

布。测量和模拟显示氧化剂组分对火焰形状的影响总体趋势相似：富氧氛围燃烧降低了火焰高度，但在同一氧指数下，30%O_2 / 70%CO_2 氛围下火焰温度要高于 30%O_2 / 70%N_2 氛围下。尽管如此，还是有一些模拟结果和实测结果之间的差异。测量结果未能捕捉到燃烧器出口附近的高温区域，那里的碳烟体积分数很小。此外，双色光谱波段法测量显示火焰尖端有高温，而模拟没有显示这一特征。这很可能是由实验误差引起的，因为碳烟体积分数在火焰尖端区域很小。结果显示，增加氧化剂中的 O_2 浓度会提高火焰温度，但氧化剂流中 CO_2 的存在会降低火焰温度。因为增加 O_2 浓度会降低氧化剂中的惰性气体的浓度（CO_2 或 N_2），从而导致火焰温度升高。当用 CO_2 替代 N_2 时，从测量和模拟两方面看，火焰最高温度都急剧下降了近 300K。这是因为 CO_2 对燃烧反应和火焰温度的影响很大。

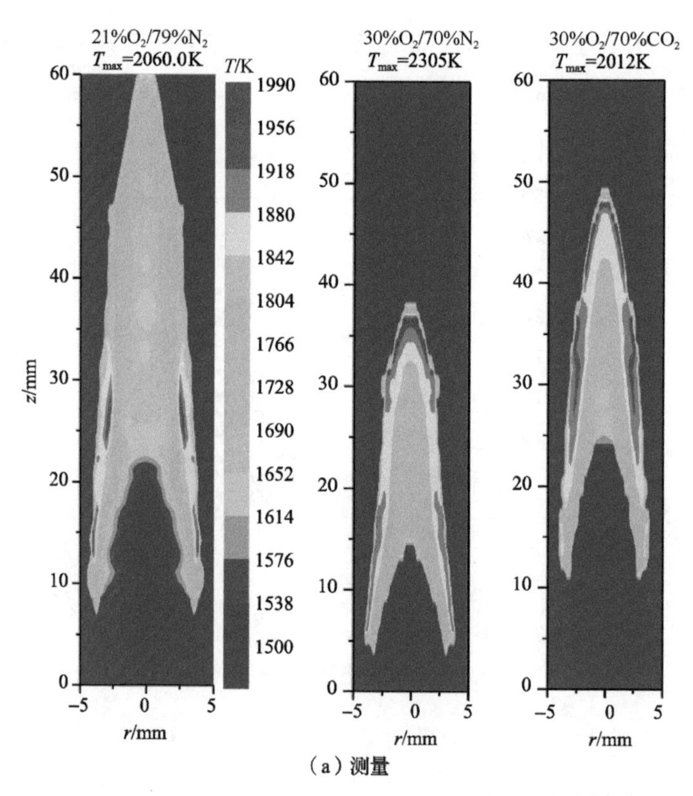

（a）测量

图 6-31 C_2H_4 / 空气（21%O_2 / 79%N_2）、C_2H_4 / （30%O_2 / 70%N_2）和 C_2H_4 / （30%O_2 / 70%CO_2）燃烧火焰中的双色光谱波段法测量和模拟温度分布

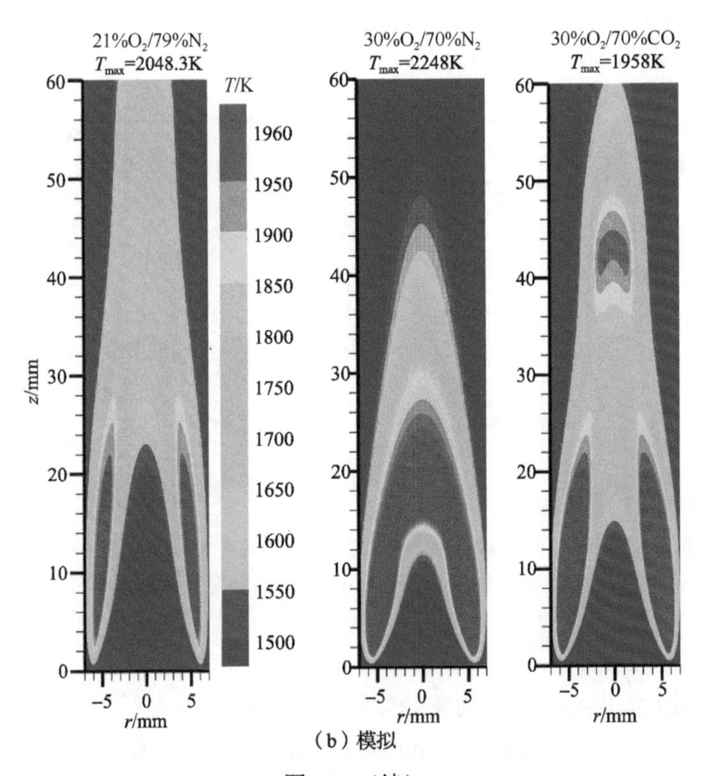

（b）模拟

图 6-30（续）

（2）火焰温度、碳烟体积分数的径向分布

图 6-31 比较了 C_2H_4／空气（21%O_2／79%N_2）、C_2H_4／（30%O_2／70%N_2）和 C_2H_4／（30%O_2／70%CO_2）燃烧在 z=14mm 处火焰温度和碳烟体积分数的径向分布。图 6-32（a）显示测量到的 C_2H_4／空气、C_2H_4／（21%O_2／79%N_2）、C_2H_4／（30%O_2／70%CO_2）火焰的峰值温度分别为 2058K、2125K 和 1970K。C_2H_4／空气、C_2H_4／（30%O_2／70%N_2）和 C_2H_4／（30%O_2／70%CO_2）火焰相应的模拟温度分别为 2040K、2060K 和 1945K。C_2H_4／（21%O_2／79%N_2）和 C_2H_4／（30%O_2／70N_2）在 z=14mm 时相比，火焰温度较高，温度峰值向火焰中心线移动，这与火焰高度降低有关。当氧化剂流中的 N_2 被 CO_2 替代时，峰值温度显著降低 120～150K，火焰高度上升。

图 6-31（b）显示了在 z=14mm 时，C_2H_4／（21%O_2／79%N_2）、C_2H_4／（30%O_2／70%N_2）和 C_2H_4／（30%O_2／70%CO_2）燃烧火焰中碳烟体积分数的径向分布。后者具有比前者更高的碳烟体积分数峰值，峰值向火焰中心线移动，这同样是由火焰高度降低造成的。C_2H_4／（30%O_2／70%N_2）火焰中，当氧化剂流中的 N_2 被 CO_2 替代时，碳烟体积分数峰值显著降低。这是因为 CO_2 的加入降低了火焰温

度，并对碳烟的生成有很强的化学作用。文献[21]、[22]表明，CO_2主要通过热效应和化学效应来抑制碳烟的生成。

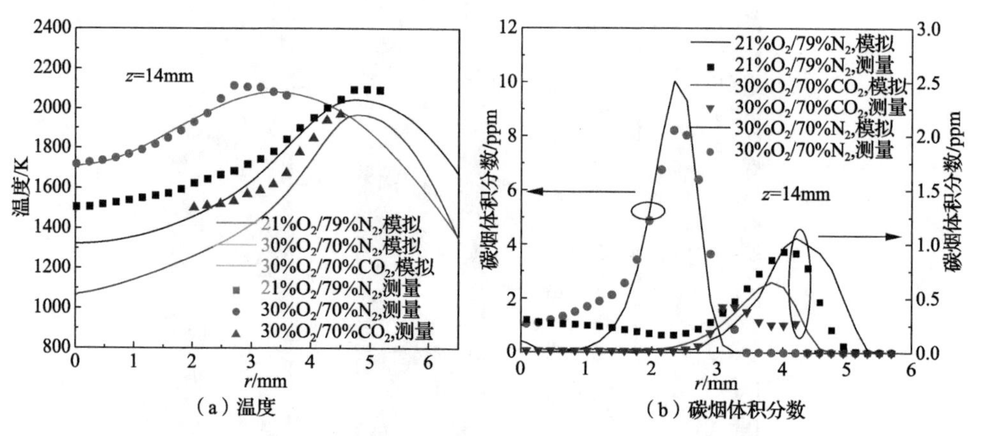

（a）温度　（b）碳烟体积分数

图 6-31　C_2H_4 / 空气（21%O_2 / 79%N_2）、C_2H_4 /（30%O_2 / 70%N_2）和 C_2H_4 /（30%O_2 / 70%CO_2）燃烧在 z =14mm 处火焰温度和碳烟体积分数的径向分布

3. 富氧扩散火焰中碳烟成因分析

（1）不同火焰中心线高度的碳烟体积分数分布

图 6-32 比较了在 z=4mm、10mm 处，氧指数从 21%增大到 50%的碳烟体积分数的径向分布。这些结果再次表明，富氧总体上促进了碳烟的生成，而氧化剂中的 N_2 被 CO_2 替代会抑制碳烟的生成。从图 6-28 和图 6-32 还可以发现，碳烟体积分数的最大值和碳烟体积分数在火焰中心线高度 z=4mm 和 z=10mm 时的径向分布随着 C_2H_4 /（O_2 / CO_2）燃烧火焰中氧指数的增大而增加。

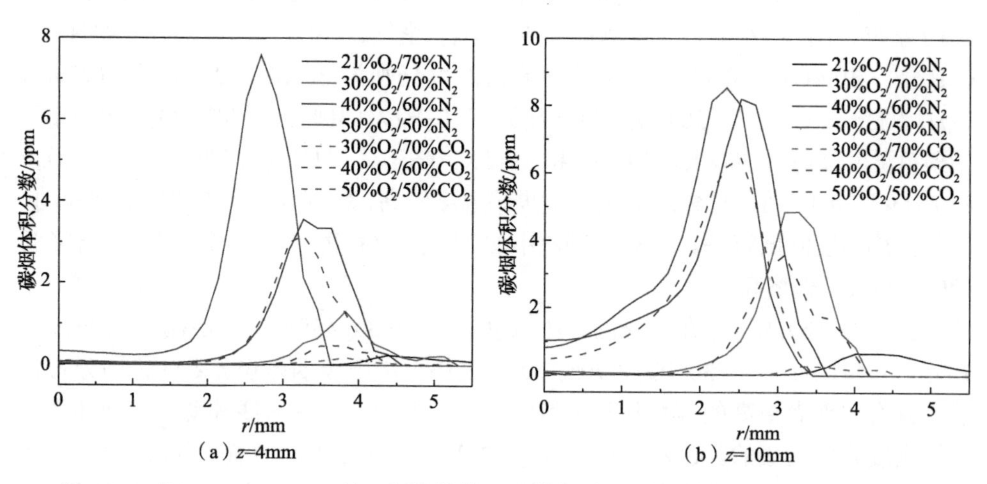

（a）z=4mm　（b）z=10mm

图 6-32　在 z=4mm、10mm 处，氧指数从 21%增大到 50%的碳烟体积分数的径向分布

（2）不同条件下 C_2H_4 燃烧扩散火焰中碳烟的生成

O_2 从物理和化学两个方面影响着燃烧火焰和碳烟的生成[23-24]，氧指数的增大降低了火焰高度，缩短了碳烟生成的停留时间，同时提高了热释放速率和火焰温度，加快了气相反应速率以及碳烟初燃和表面生长速率。另外，增加氧指数也会提高˙OH 浓度，反过来又加速了碳烟的氧化。

为了深入了解氧化剂中氧指数增加和 CO_2 替代 N_2 对碳烟生成、表面生长和氧化过程的影响，表 6-8 总结了计算得出的˙H、˙OH、C_2H_2、A1 和 A4 的最大体积分数以及 C_2H_4／（O_2／N_2）和 C_2H_4／（O_2／CO_2）燃烧火焰中的峰值碳烟体积分数和温度。从表中可以看出，在 C_2H_4／（O_2／N_2）和 C_2H_4／（O_2／CO_2）燃烧火焰中，五种物质的最大体积分数、峰值碳烟体积分数和火焰温度都随氧指数的增大而增加。与氧化剂流中相同氧指数的 C_2H_4／（O_2／N_2）和 C_2H_4／（O_2／CO_2）火焰相比，用 CO_2 替代 N_2 时，五种物质的最大体积分数、峰值碳烟体积分数减小、峰值温度显著降低。这些物质的最大体积分数的降低可归因于 CO_2 的热效应和化学效应。在本节研究中，粒子起始运动被认为是由于两个 A4 分子的碰撞／二聚所致，起始速率取决于温度和芘浓度。表面生长是由 PAHs 缩合和 C_2H_2 通过 HACA 机理加成引起的。HACA 的表面生长速率主要取决于温度、比表面积和˙H 自由基、C_2H_2 的浓度。

表 6-8 ˙H、˙OH、C_2H_2、A1 和 A4 最大体积分数、火焰温度和碳烟体积分数

火焰	氧指数/%	最大体积分数/%					温度/K	碳烟体积分数峰值/ppm
		˙H	˙OH	C_2H_2	A1	A4		
C_2H_4/（O_2/N_2）	21	0.0038	0.0058	0.051	0.00032	2.059×10^{-7}	2048.3	9.020
	30	0.0056	0.0121	0.0631	0.000391	2.731×10^{-7}	2248	12.775
	40	0.00757	0.0193	0.0704	0.000430	3.802×10^{-7}	2502	14.267
	50	0.00923	0.0245	0.0785	0.000498	4.354×10^{-7}	2688	15.334
C_2H_4/（O_2/CO_2）	21	0.00186	0.00261	0.03682	0.000147	1.4609×10^{-7}	1756	2.3
	30	0.00225	0.00627	0.04842	0.000214	1.599×10^{-7}	1958	7.6
	40	0.00320	0.01100	0.05768	0.000367	2.0×10^{-7}	2284	10.487
	50	0.00450	0.0170	0.06848	0.000460	2.521×10^{-7}	2450	11.12

表中显示，C_2H_4／（O_2／CO_2）燃烧火焰中 A4 的体积分数明显减小。较低的

A4浓度和较低的温度是导致C_2H_4/（O_2/CO_2）燃烧火焰中碳烟生成率降低的原因。C_2H_4/（O_2/CO_2）燃烧火焰中˙H自由基、C_2H_2和A4的体积分数较低意味着通过PAHs缩合和HACA机理生成的碳烟增长率在C_2H_4/（O_2/CO_2）燃烧火焰中均较低，导致这些火焰中的碳烟体积分数较小。

可以看出，在相同的氧指数下，用CO_2替代N_2会降低˙H和˙OH的体积分数最大值。这是因为CO_2的加入会影响CO_2的化学效应，即$CO_2 + \dot{}H \longrightarrow CO + \dot{}OH$。$CO_2$的增加促进了正反应，减小了˙H的体积分数。此外，$\dot{}H + O_2 \longrightarrow O + \dot{}OH$反应在燃烧系统中也起着至关重要的作用。$CO_2$的消耗导致˙H自由基的减少，降低了˙OH的生成速率（$\dot{}H + O_2 \longrightarrow \dot{}O + \dot{}OH$）。由于CO2的加入，˙OH生成速率的净变化取决于这两种反应的相对重要性。随着氧指数的增大，C_2H_4/（O_2/N_2）和C_2H_4/（O_2/CO_2）燃烧火焰的˙H和˙OH自由基体积分数最大值均增大，这是因为增大氧指数，离子加速反应$\dot{}H + O_2 \rightleftharpoons \dot{}O + \dot{}OH$的进行。

图6-33、图6-34显示在燃烧器出口上方两个火焰高度的˙OH和˙H体积分数的剖面图。这两个高度覆盖了研究火焰中的主要碳烟生成区。可以看到˙H和˙OH的体积分数峰值随C_2H_4/（O_2/N_2）和C_2H_4/（O_2/CO_2）火焰中氧指数的增加而增大。从图6-34中还可以观察到，当N_2被CO_2替代时，˙H体积分数会减小，这与上一段所讨论的原因相同。结果表明，C_2H_4/（O_2/CO_2）火焰中的碳烟生成受CO_2+˙H $\rightleftharpoons$ COOH和˙H+O_2 $\rightleftharpoons$ ˙O+˙OH两种主要反应的影响。

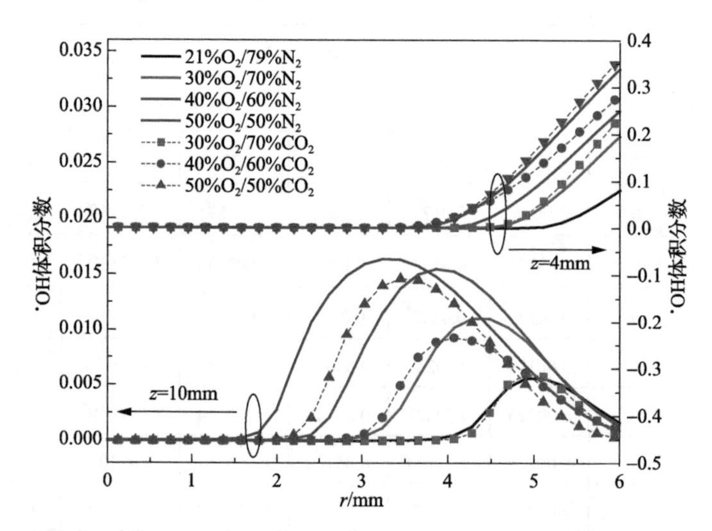

图6-33 氧指数21%～50%，火焰高度z=4mm、10mm，˙OH体积分数分布的计算

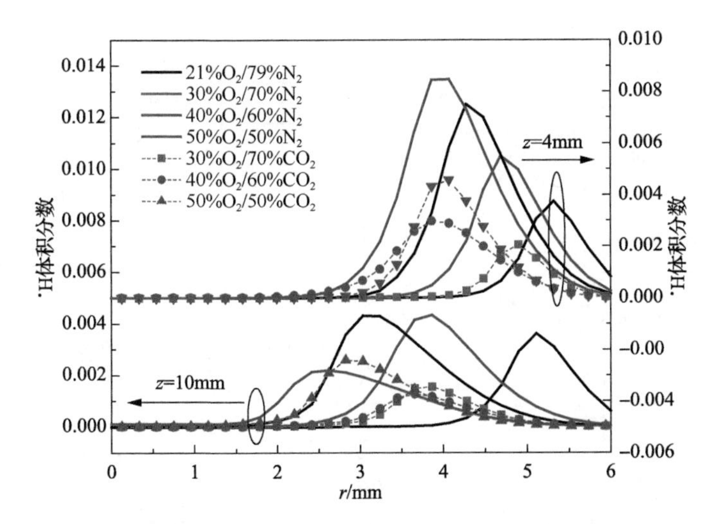

图 6-34　氧指数 21%～50%，火焰高度 z=4mm、10mm，˙H 体积分数分布的计算

图 6-35～图 6-37 分别显示了 C_2H_2、A1、A4 在两个火焰中心线高度的体积分数。图中给出了一个一致的趋势：随着氧指数的增大，C_2H_2、A1、A4 的体积分数峰值都会增加。在 C_2H_4（O_2 / N_2）燃烧火焰中，C_2H_2 和 C_6H_6 体积分数的分布呈规律性和一致性的趋势，峰值从两翼向火焰中心移动。然而，在 C_2H_4（O_2 / CO_2）燃烧火焰中，这两种特征的峰值表现出较弱的规律性。从图 6-37 可以看出，A4 的体积分数峰值随氧指数的增大而减小。当火焰中心线高度 z=4mm、10mm 时，A4 体积分数峰值随氧指数的增大而增加。

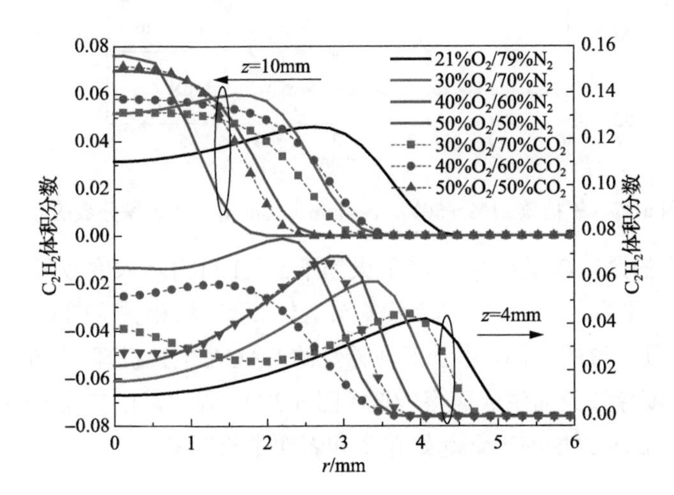

图 6-35　氧指数 21%～50%，z=4mm、10mm，C_2H_2 体积分数的分布

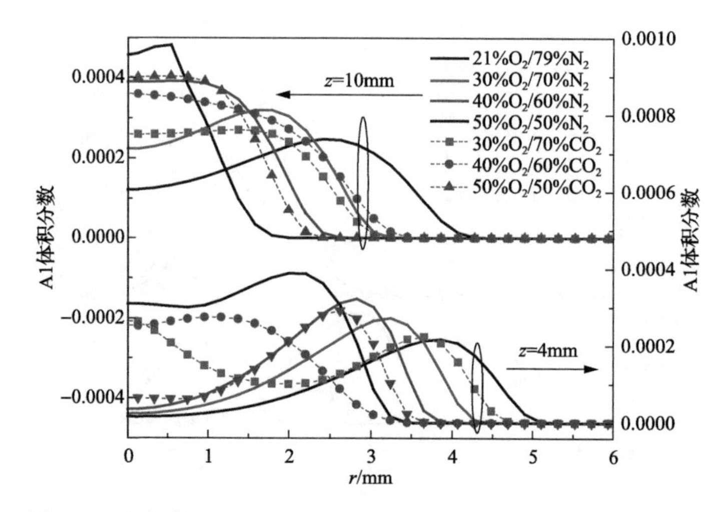

图 6-36 氧指数 21%～50%，z=4mm、10mm，A1 体积分数的分布

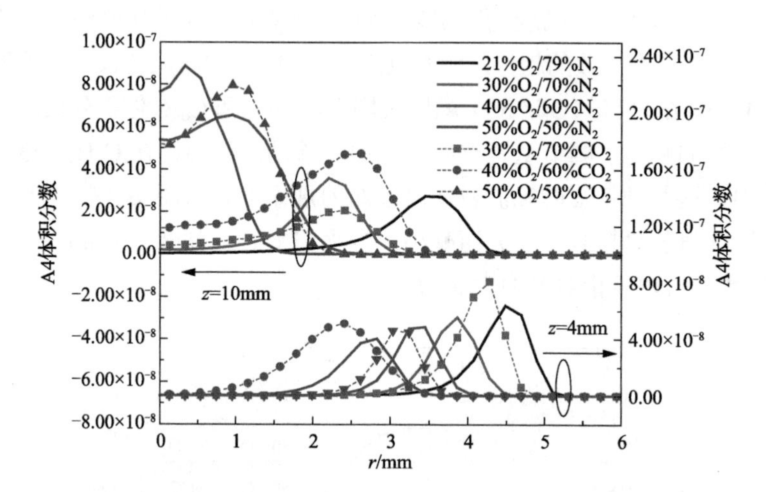

图 6-37 氧指数 21%～50%，z=4mm、10mm，A4 体积分数的分布

需要指出的是，O_2 / CO_2 氛围下火焰下部˙H 自由基浓度较低是导致该区域 A4 浓度较低的原因之一。这是因为 A4 与 A1 二者密切相关。图 6-36 给出了一个关于 A1 基本且一致的规律。由于多环芳烃的 HACA 生长机理，较低的˙H 自由基浓度和 A1 浓度导致芘的生成速率较低（图 6-37）。因此，˙H 自由基体积分数的减少降低了 O_2 / CO_2 火焰的碳烟起始速率和表面生长速率。

6.4 本章小结

本章首先采用辐射图像处理技术和重建方法（从拍摄的火焰表面图像信息到获得火焰内部数据称为重建）同时测量 C_2H_4 燃烧火焰温度和碳烟体积分数，利用 LII 测量常规氛围和富氧氛围下 C_2H_4 燃烧火焰的碳烟体积分数和初粒直径，通过数值模拟与实验研究得出以下结论。

1）火焰最高温度存在于火焰底部的一个环形区域。碳烟体积分数的最大值出现在火焰底部的环形区域，碳烟生成的温度范围为 1500～1900K。

2）数值模拟的温度分布和碳烟体积分数与图像处理技术和解耦重建算法的测量结果吻合较好，表明模拟计算体现了火焰的基本结构特征和碳烟分布的主要特征。对层流扩散火焰的实验研究表明，随着氧指数的增大，碳烟的生成提前，热效应是产生碳烟的主要原因。

采用 2D-LII 技术和基于 R、G 波段响应光谱的双色光谱波段法，测量了基础火焰（氧指数=21%）和富氧火焰（氧指数=21%～50%）中碳烟体积分数的分布。通过 TIRE-LII 法测量了燃烧器上方选定高度（HAB）下沿火焰中心线的碳烟体积分数和一次粒子直径。对基础火焰中的双色光谱波段法、LII 法和文献中的 LOSA 法进行了比较，用文献中的 TEM 图像分析方法对碳烟一次粒子直径进行了比较，根据实验结果和讨论，得出以下结论。

1）在火焰中心线上，LII 法和双色光谱波段法的测量结果对碳烟体积分数有较好的一致性。LII 法测量的初粒直径与文献数据吻合得很好，无论是在基础火焰还是富氧火焰中，用 TEM 图像分析测量的结果都与文献值吻合得很好。

2）提高氧化剂气流中的氧指数会使火焰变得更亮、更短，最大碳烟体积分数也会更高。氧化剂气流中氧气的加入促进了碳烟的生成；测得的碳烟初粒直径沿火焰中心线的变化趋势与碳烟体积分数的变化趋势一致。

基于发射 CT 法介绍层流扩散火焰图像检测实验台架，对燃烧所需的相关设备、仪器进行了描述，并设计了九种燃烧氛围及具体实验步骤，给出了 O_2/N_2 和 O_2/CO_2 两种燃烧氛围中不同氧指数下 C_2H_4 的燃烧特性。实验结果表明，两种氛围下的燃烧过程均表现出随着氧指数的增大，火焰逐渐明亮且高度下降，温度逐渐升高，燃烧反应迅速。而相比 O_2/N_2 燃烧氛围，O_2/CO_2 氛围下的 C_2H_4 燃烧反应更剧烈，表现为火焰更加明亮，而火焰稳定性较差。将实验重建测量结果与数值模拟结果进行了对比分析，得出了以下结论。

1）在 O_2 / N_2 和 O_2 / CO_2 氛围中，碳烟体积分数均随氧指数的增大而迅速增加。与测量结果相比，该模型高估了富氧火焰中的最大碳烟体积分数。

2）在目前条件下，CO_2 对氧指数为 21%～50%的碳烟生成具有抑制作用，主要原因是其热效应和附加化学效应。

3）在氧指数相同的情况下，O_2 / N_2 氛围下燃烧的均比在 O_2 / CO_2 氛围下燃烧火焰的高度更低、碳烟体积分数更高。

4）CO_2 替代 N_2 可降低临界碳烟生成物的浓度，包括 $^{\cdot}H$、C_2H_2、A1 和 A4。

5）CO_2 化学效应的主要途径是其竞争 $^{\cdot}H$ 自由基形成 CO 和 $^{\cdot}OH$，即 $CO_2 + {}^{\cdot}H \rightleftharpoons CO + {}^{\cdot}OH$。

参考文献

[1] ZHOU H C, HAN S D, LOU C, et al. A New model of radiative image formation used in visualization of 3-D temperature distributions in large-scale furnaces[J]. Numerical Heat Transfer: Fundamental, 2002, 42(3): 243-258.

[2] ZHAO H, LADOMMATOS N. Optical diagnostics for soot and temperature measurement in diesel engines[J]. Progress in Energy and Combustion Science, 1998, 24(3): 221-255.

[3] LÓPEZ-YGLESIAS X, SCHRADER P E, MICHELSEN H A. Soot maturity and absorption cross sections[J]. Journal of Aerosol Science, 2014, 75: 43-64.

[4] SNELLING D R, THOMSON K A, SMALLWOOD G J, et al. Spectrally resolved measurement of flame radiation to determine soot temperature and concentration[J]. Aiaa Journal, 2012, 40(9): 1789-1795.

[5] SMOOKE M D, MCENALLY C S, PFEFFERLE L D, et al. Computational and experimental study of soot formation in a coflow, laminar diffusion flame[J]. Combustion and Flame, 1999, 117: 117-139.

[6] LIU F, GUO H, SMALLWOOD G J. Effects of radiation model on the modeling of a laminar coflow methane/air diffusion flame[J]. Combustion and Flame, 2004, 138(1-2): 136-154.

[7] ZHANG J, ZHANG M C, YU J. Extended application of the moving flame front model for combustion of a carbon particle with a finite-rate homogenous reaction[J]. Energy & Fuels, 2010, 24(2): 871-879.

[8] SANTORO R J, SEMERJIAN H G, DOBBINS R A. Soot particle measurements in diffusion flames[J]. Combustion and Flame, 1983, 51: 203-218.

[9] ZHANG Y D, LIU F S, CLAVEL D, et al. Measurement of soot volume fraction and primary particle diameter in oxygen enriched ethylene diffusion flames using the laser-induced incandescence technique[J]. Energy, 2019, 177: 421-432.

[10] THOMSON K A, JOHNSON M R, SNELLING D R, et al. Diffuse-light two-dimensional line-of-sight attenuation for soot concentration measurements[J]. Applied Optics, 2008, 47(5): 694-703.

[11] KHOSOUSI A, LIU F, DWORKIN S B, et al. Experimental and numerical study of soot formation in laminar coflow diffusion flames of gasoline/ethanol blends[J]. Combustion and Flame, 2015, 162(10): 3925-3933.

[12] SNELLING D R, SMALLWOOD G J, LIU F, et al. A calibration-independent laser-induced incandescence technique for soot measurement by detecting absolute light intensity[J]. Applied Optics, 2005, 44(31): 6773-6785.

[13] DAUN K J, STAGG B J, LIU F, et al. Determining aerosol particle size distributions using time-resolved laser-induced incandescence[J]. Applied Physics B, 2007, 87(2): 363-372.

[14] MCCOY B J, CHA C Y . Transport phenomena in the rarefied gas transition regime[J]. Chemical Engineering Science, 1974, 29(2): 381-388.

[15] MIGLIORINI F, THOMSON K A, SMALLWOOD G J. Investigation of optical properties of aging soot[J]. Applied Physics B, 2011, 104(2): 273-283.

[16] CORTÉS D, MORÁN J, LIU F, et al. Effect of fuels and oxygen indices on the morphology of soot generated in laminar coflow diffusion flames[J]. Energy & Fuels, 2018, 32(11): 11802-11813.

[17] KEMPEMA N J, LONG M B. Combined optical and TEM investigations for a detailed characterization of soot aggregate properties in a laminar coflow diffusion flame[J]. Combustion and Flame, 2016, 164: 375-385.

[18] KÖYLÜ, MCENALLY C S, ROSNER D E, et al. Simultaneous measurements of soot volume fraction and particle size/microstructure in flames using a thermophoretic sampling technique[J]. Combustion and Flame, 1997, 110(4): 494-507.

[19] SÖCHULZ C, KOCK B, HOFMANN M, et al. Laser-induced incandescence: recent trends and current questions[J]. Applied Physics B Lasers and Optics, 2006, 83(3): 333-354.

[20] SOUSSI J P, DEMARCO R, CONSALVI J L, et al. Influence of soot aging on soot production for laminar propane diffusion flames[J]. Fuel, 2017, 210: 472-481.

[21] LIU F S, GUO H S, SMALLWOOD G J, et al. The chemical effects of carbon dioxide as an additive in an ethylene diffusion flame: Implications for soot and NO_x formation[J]. Combustion and Flame, 2001, 125(1): 778-787.

[22] ZHANG Y D, LIU F S, LOU C. Experimental and numerical investigations of soot formation in laminar coflow ethylene flames burning in O_2/N_2 and O_2/CO_2 atmospheres at different O_2 mole fractions[J]. Energy & Fuels, 2018, 32: 6252-6263.

[23] OH K C, SHIN H D. The effect of oxygen and carbon dioxide concentration on soot formation in non-premixed flames[J]. Fuel, 2006, 85(5-6): 615-624.

[24] GUO H S, GU Z Z, THOMSON K A, et al. Soot formation in a laminar ethylene/air diffusion flame at pressures from 1 to 8 atm[J]. Proceedings of the Combustion Institute, 2013, 34(1): 1795-1802.

第7章

汽油裂解前多组分燃料燃烧数值模拟研究

7.1 汽油裂解前多组分燃料燃烧研究现状

燃烧产生的碳烟已被确定对人类健康和大气环境存在严重威胁[1-2]，碳烟是化石燃料使用中重要的排放物之一。环境和健康问题以及越来越严格的碳烟排放标准为燃烧研究人员带来了前所未有的动力，因此研究碳烟生成机理对于寻求有效控制碳烟生成的技术手段具有重要意义。影响火焰中碳烟生成的因素主要有火焰温度、碳氧比、燃料本身结构和燃烧氛围等。目前，基于 C_2H_4 等基础小分子的研究[3-8]，学者们对火焰温度、氧指数及不同稀释剂下对碳烟生成的影响已有一定了解，而燃料组分多元化对其影响仍在进一步研究中。其中，协同效应是指促进 PAHs 和碳烟生成的燃料组分之间的相互作用。考虑实际应用中的众多液态燃料是由多组分组成的混合物，如汽油、柴油等实际燃料，因组分结构较复杂，直接研究其碳烟生成特性较困难，目前普遍选取的研究方法是选用几种小分子燃料的混合物来近似模拟实际燃料的燃烧特性。例如，汽油吸热后热解可产生多种小分子气体的混合物，研究汽油在内燃机中燃烧特性转化为研究气体混合物掺混燃烧特性，且各种组分含量也因炼化条件不同而差异较大，因此在燃烧中的碳烟生成，尤其是关键芳烃的生成，受到燃料组分之间相互作用的显著影响。

现阶段的碳烟模型的开发多数是以典型小分子燃料 C_2H_4 进行的[9-10]，但从小分子到大分子碳氢燃料乃至实际液体运输燃料，因为燃料组分的复杂性，成烟特性与小分子单一燃料有较大区别，而对于大分子碳氢燃料的碳烟生成反应机理普遍认为是大分子先裂解成 C_2H_4、C_3H_6 等小分子，或是直接生成含有苯环结构的组分，随后这些小分子或苯环结构再生成多环芳烃，所以有必要了解不同燃料组分的成烟特性。目前，阻碍大分子乃至实际运输液体燃料碳烟模型开发的原因之一在于缺乏基础实验数据[11]，有关多组分燃料燃烧成烟数据的定量测量在现有文献中的报道比较稀缺。

由于 CH_4、C_2H_4 是汽油等大分子碳氢燃料燃烧中的主要裂解产物，因此研究多组分小分子碳氢燃料掺混燃烧过程，对于理解大分子燃料燃烧过程中的碳烟生成机理具有重要的指导意义。本章研究在 C_2H_4 火焰中掺入不同比例的 CH_4，数值计算采用的是 GRI-Mech 3.0 化学反应机理，以 C_2H_2 分子的聚合作为碳烟成核步骤和 C_2H_2 作为表面生长过程添加组分的碳烟模型，对比研究小分子气体混合燃料的碳烟生成特性。

7.2 多组分燃料燃烧碳烟排放研究

表 7-1 所示为本节研究设置的六种燃烧工况，从无 CH_4 掺混（纯 C_2H_4 火焰）到完全取代（纯 CH_4 火焰），C_2H_4 和 CH_4 的流量及 CH_4 掺混比例。设计这样的工况是为了保持燃料中总含碳流量不变[12]，从而使可见火焰高度基本保持一致。

表 7-1 实验工况设置

工况	C_2H_4 流量/（mL/min）	CH_4 流量/（mL/min）	CH_4 掺混比例/%
1	194	0	0
2	174.6	38.8	10
3	155.2	77.6	20
4	116.4	155.2	40
5	77.6	232.8	60
6	0	388	100

对同轴层流扩散火焰建模与上述章节实验情况保持一致，根据 Gülder 燃烧器划分，计算域是 11.8cm（z）×4.5cm（r），划分为 194（z）×88（r）个控制体，轴向上，20mm 以内采用间距为 0.2mm 的统一细网格，然后网格间距逐渐变大，扩展因子为 1.0205，共划分 94 个节点；径向上，0.8mm 以内采用间距为 0.2mm 的细网格，0.8～5.45mm 区间内等距划分 19 个节点，5.45～6.45mm 区间内等距划分 4 个节点；伴流气侧网格间距逐渐变大，等距划分 61 个节点，扩展因子为 1.025。

图 7-1 燃烧计算域网格

燃烧计算域网格如图 7-1 所示，为减少计算量，模拟采用二维轴对称计算域，在主要反应区对网格细化，计算域内划分 20052 个网格，经网格无关性验证，满足计算精度需求。其中计算域向燃料喷口上游延伸 10mm，将燃料喷口包含在计算域内，得到较为合理的喷嘴燃料速度分布[13]。燃料进口和伴流气进口边界条件均选用速度进口，侧边界和上边界分别采用等温壁面和压力出口边界条件，允许出口边界的回流。燃烧模型采用基于 Arrhenius 公式的层流有限速率模型，使用的化学反应机理来自 GRI-Mech 3.0，去除了与 NO_x 生成相关的所有反应和物种。修改后的反应机理包括 36 种组分和 219 个反应。利用 GRI-Mech 3.0 数据库得到了所有组分的热物性和输运性质。

本研究的辐射模型选用离散坐标辐射模型来计算辐射传热，同时应用基于 Smith 等[14]提出的灰气体加权和模型计算气体介质和碳烟的辐射特性。模拟计算中碳烟模型采用 Moss-Brookes 模型[15]。数值算法选用基于压力耦合的求解器，利用耦合数值算法处理压力和速度的耦合。考虑部分自由基团会在较小区域内大幅变化，难以收敛，通过设定温度监视，当温度达到稳定值时，默认结果收敛。本次模拟首先进行冷态模拟，然后加入化学反应，同时在 C_2H_4 和 O_2 冷态混合区域应用局部初始化高温，模拟“点火”。

图 7-2 显示了试验中六种燃烧工况下所采集的饱和火焰图像，曝光时间均为 2000μs，工况 1～工况 5 火焰可视高度均在 8cm 左右，随着 CH_4 掺混比的提高并未对可视高度造成明显影响，当 CH_4 全部替代 C_2H_4 时，火焰高度为 7cm。在火焰明暗程度方面，工况 1～工况 5 火焰均发出耀眼的黄光，且在火焰腰部区域（3～5cm）最明亮，该处是碳烟体积分数峰值区域。值得注意的是，随着 CH_4 掺混比的增加，距离燃烧器出口的火焰底部暗影区域范围逐渐扩大，这表明 CH_4 的掺混降低了碳烟起始生成速率。从火焰整体形态而言，纯 C_2H_4 火焰较狭长，随着 CH_4 掺混比的增加，火焰宽度有明显增加。值得关注的是，火焰尖端的形态随掺混比的改变而有所变化，纯 C_2H_4 火焰焰尖有明显分叉，呈 W 形，这是碳烟向高温氧化区移动时可能没有被完全氧化而形成的“翼”，当 CH_4 掺混比增加后分叉的趋势愈加不明显，当掺混比达到 60%时，焰尖已无分叉。这种现象与火焰尖端区域的氧化过程直接相关，焰尖分叉是由于该区域存在第二氧化区，先前在高压大气火焰中报道了与之类似的火焰尖端结构变化[16]。

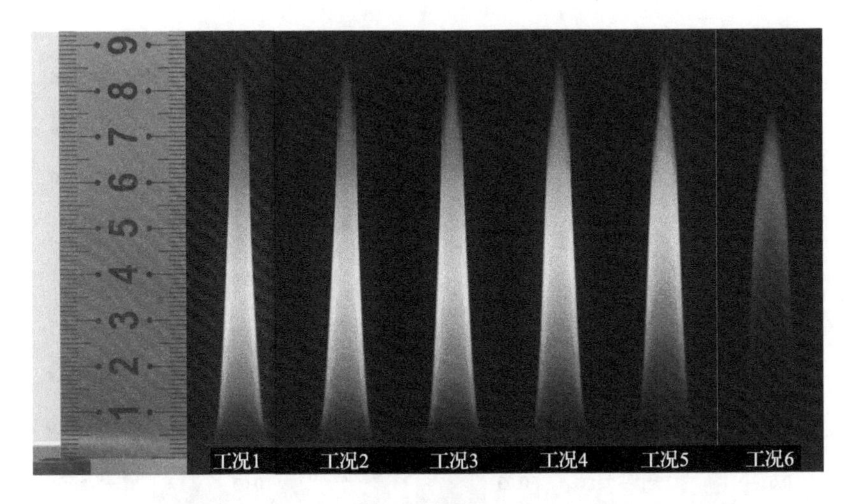

图 7-2 六种燃烧工况下饱和火焰的图像

图 7-3 和图 7-4 所示分别为六种工况下温度和碳烟体积分数的二维分布云图。图 7-5 显示六种工况下的最高温度分别为 2129.8K、2129.7K、2138.6K、2106.1K、2075.3K 和 2065.3K，碳烟体积分数分别为 8.95ppm、8.59ppm、7.89ppm、6.20ppm、

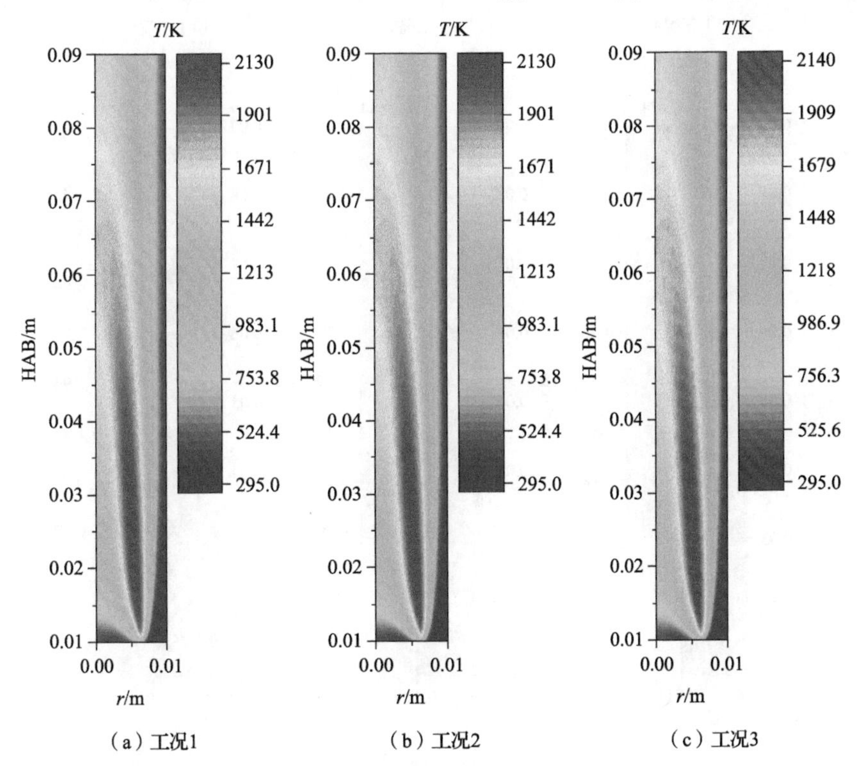

图 7-3 不同工况下温度二维分布

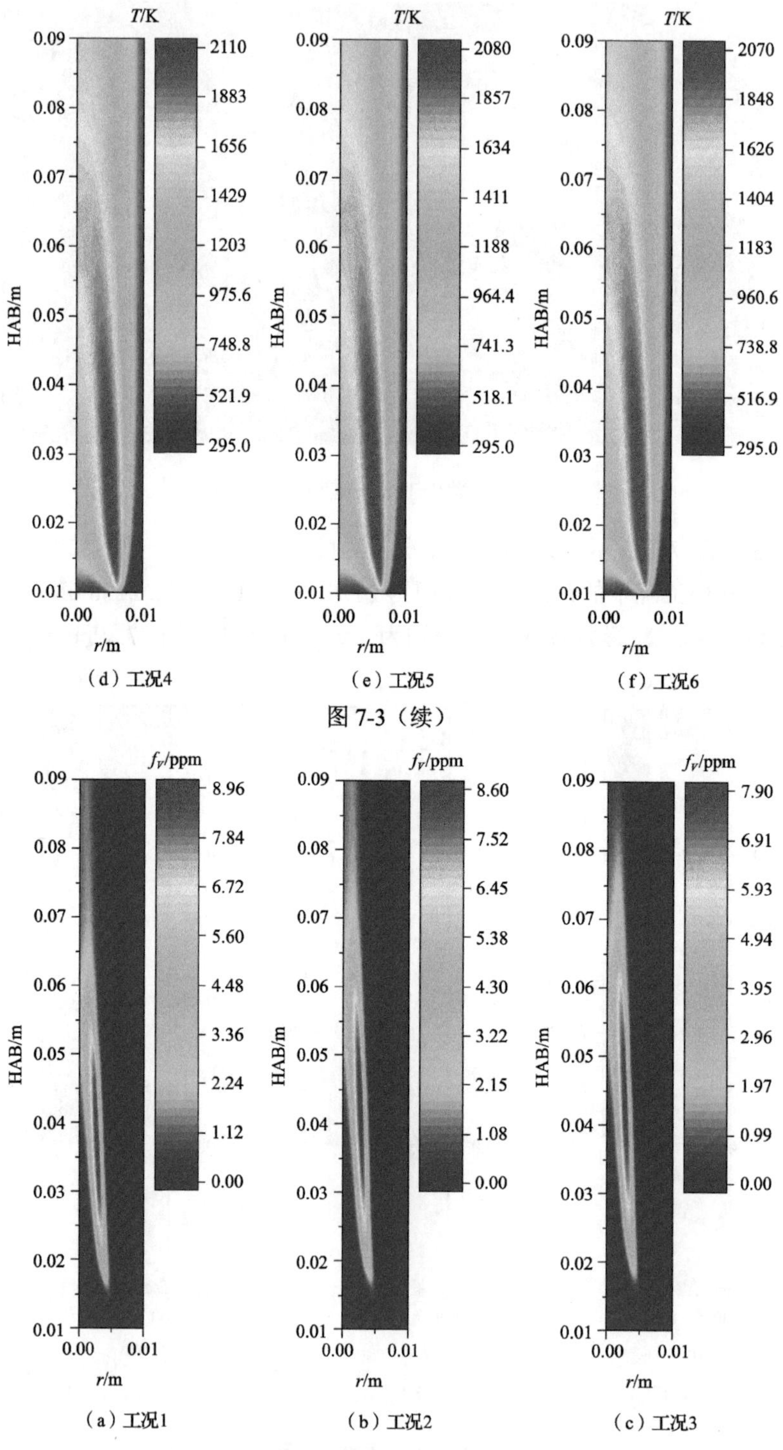

（d）工况4　（e）工况5　（f）工况6

图 7-3（续）

（a）工况1　（b）工况2　（c）工况3

图 7-4　不同工况下碳烟体积分数二维分布

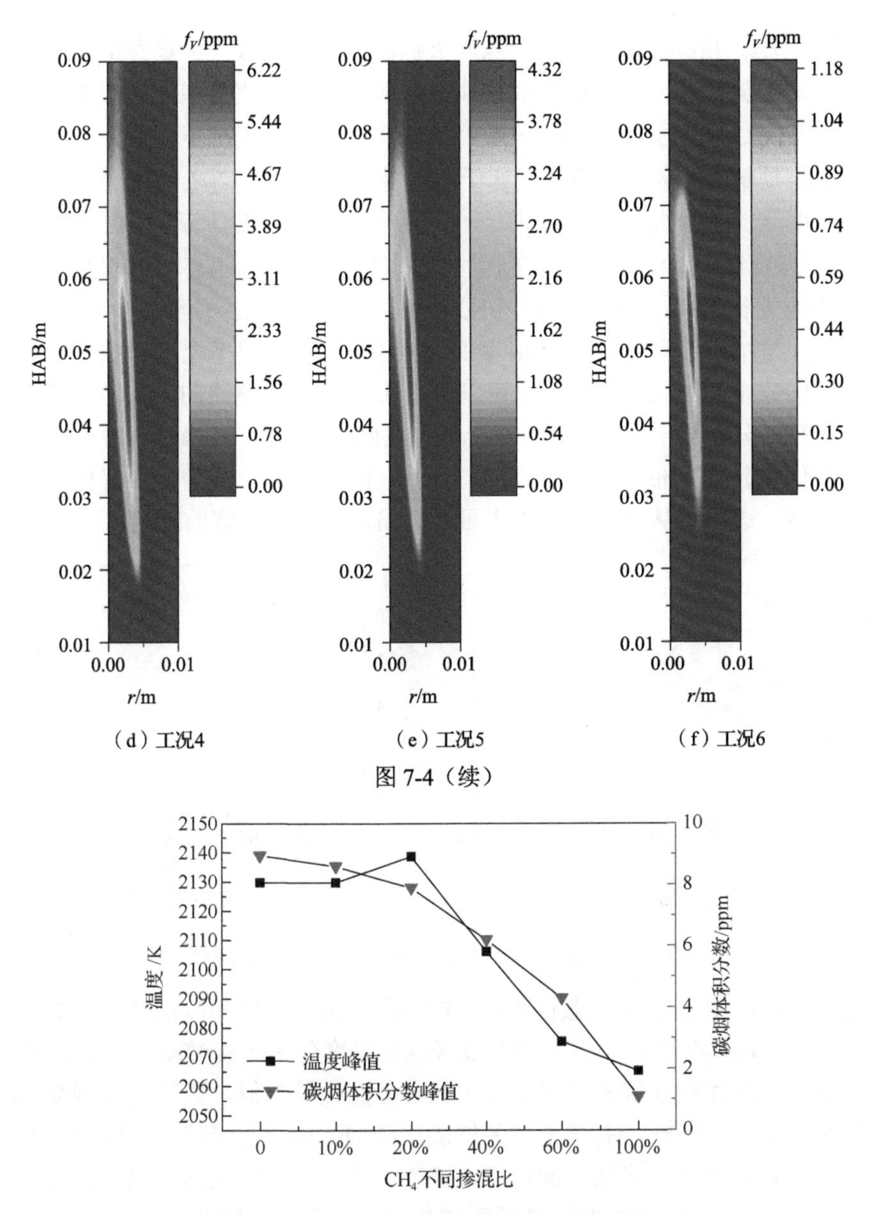

（d）工况4　（e）工况5　（f）工况6

图 7-4（续）

图 7-5　不同掺混比下温度和碳烟体积分数峰值

4.30ppm 和 1.10ppm。可以看出，随着 CH_4 掺混比的增加，温度峰值先平稳后趋于上升，掺混比大于 20%后呈降低趋势；碳烟体积分数峰值也随掺混比的增加而显著降低。从温度云图分布可以捕捉到，温度峰值分布由纯 C_2H_4 火焰靠近燃烧器喷口的两翼环状区域分布逐步过渡到火焰中上游，同时由两翼向火焰中心发展。

碳烟体积分数峰值轴向分布的区域由工况 1 的 2.5～5cm 发展到工况 6 的 4～

6cm（见图 7.4 中红色区域），这一点与火焰图像吻合一致，火焰腰部明亮区域有明显上移的趋势，表明碳烟起始成核速率有所减小，峰值出现区域略微滞后，当 CH_4 完全替代 C_2H_4 时，碳烟体积分数峰值分布由前五种工况下两翼分布变为两翼上游及火焰顶部，且碳烟生成量远低于前五种工况。对于 C_2H_4-CH_4 混合火焰，没有表现出明显的混合燃料协同效应。分析原因在于向 C_2H_4 中添加 CH_4，降低了火焰温度，导致碳烟起始成核速率较小，同时碳烟前驱体 C_2H_2 浓度的降低，减小了 HACA 表面生长速率，因此碳烟体积分数测量结果随 CH_4 掺混比的增加而减小。

选取火焰中心线高度 z =30mm 截面处，分析六种工况下温度和碳烟体积分数分布的径向分布，如图 7-6 所示，可以看出随着 CH_4 掺混比的增加，火焰中心线附近温度径向分布较一致［见图 7-6（a）中左侧红色区域］，峰值温度分布区域右移。碳烟体积分数分布呈现出很好的一致性，随着掺混比的增加，峰值下降且分布区域右移，这一点从火焰图像中也可以看出，火焰有变宽的趋势。

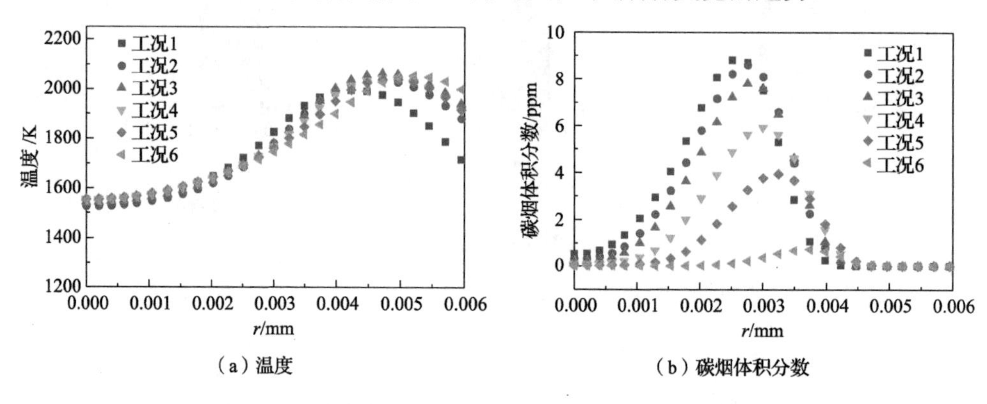

（a）温度　　（b）碳烟体积分数

图 7-6　火焰高度 30mm 处温度及碳烟体积分数径向分布

选取火焰高度 z =50mm 截面处，分析六种工况下温度和碳烟体积分数分布的径向分布，如图 7-7 所示，火焰中心线区域内温度分布随着 CH_4 掺混比的增加而整体升高。碳烟体积分数分布规律与 30mm 截面处较类似，通过上述碳烟二维分布云图也可得知，随着 CH_4 掺混比的增加，碳烟体积分数峰值分布区域有上移的趋势，因为 CH_4 的掺混降低了碳烟成核速率，峰值分布区域向火焰下游延伸，导致当 CH_4 掺混比为 0～40%时，该截面碳烟体积分数高于标准工况。

图 7-8 所示为不同工况下碳烟的表面生长速率和氧化速率，可看出随着 CH_4 掺混比的增加，表面生长速率显著降低，因为 CH_4 替代了部分 C_2H_4，导致生成的 C_2H_2 浓度降低，而 C_2H_2 又是表面生长的主要物种。碳烟氧化速率和表面生长速率协同控制着碳烟体积分数，不同工况下碳烟氧化速率存在一定波动，但相比标准工况，呈降低的趋势，而表面生长速率降低幅度远大于氧化速率，二者共同导致碳烟体积分数减少。

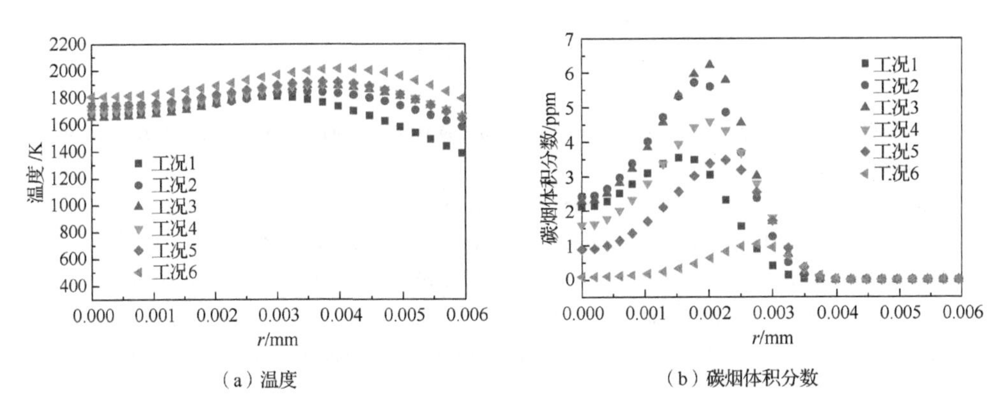

（a）温度　　（b）碳烟体积分数

图 7-7　火焰高度 z =50mm 处温度及碳烟体积分数径向分布

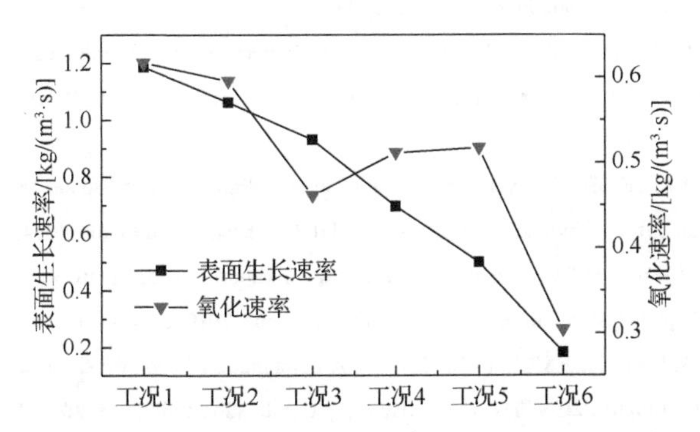

图 7-8　不同工况下碳烟的表面生长速率和氧化速率

7.3 本章小结

本章主要针对汽油裂解前多组分碳氢燃料掺混燃烧特性和碳烟排放行为进行数值模拟研究，采用 GRI-Mech 3.0 气相反应机理结合 Moss-Brookes 碳烟模型数值计算火焰温度和碳烟体积分数，得到如下结论。

1）在保持混合燃料中碳流量恒定的情况下，层流扩散火焰的峰值温度和碳烟体积分数随 CH_4 掺混比的增加而逐渐减小，火焰宽度随 CH_4 掺混比的增大而增加，同时温度和碳烟体积分数峰值分布均向火焰下游发展。

2）碳烟体积分数的减少主要源于表面生长速率的降低，氧化速率和表面生长速率共同控制碳烟体积分数。

参考文献

[1] JACOBSON M Z. Strong radiative heating due to the mixing state of black carbon in atmospheric aerosols[J]. Nature, 2001, 409(6821): 695, 7.

[2] JUNG H, BING G, ANASTASIO C, et al. Quantitative measurements of the generation of hydroxyl radicals by soot particles in a surrogate lung fluid[J]. Atmospheric Environment, 2006, 40(6): 1043-1052.

[3] 顾晨, 林柏洋, 邵灿, 等. 温度对预混合 C_2H_4 火焰碳烟生成的影响[J]. 内燃机学报, 2016, 34(2): 156-162.

[4] SUN Z, DALLY B, NATHAN G, et al. Effects of hydrogen and nitrogen on soot volume fraction, primary particle diameter and temperature in laminar ethylene/air diffusion flames[J]. Combustion and Flame, 2017, 175(JAN.): 270-282.

[5] SUN Z, DALLY B B, ALWAHABI Z, et al. The effect of oxygen concentration in the co-flow of laminar ethylene diffusion flames[J]. Combustion and Flame, 2020, 211: 96-111.

[6] ABHISHEK J, DHRUBAJYOTI D D, CHARLES S, et al. Experimental and numerical study of variable oxygen index effects on soot yield and distribution in laminar co-flow diffusion flames[J]. Proceedings of the Combustion Institute, 2019, 37(1): 859-867.

[7] LIU F S, CONSALVI J L, FUENTES A. Effects of water vapor addition to the air stream on soot formation and flame properties in a laminar coflow ethylene/air diffusion flame[J]. Combustion and Flame, 2014, 161(7): 1724-1734.

[8] CEPEDA F, JEREZ A, DEMARCO R, et al. Influence of water-vapor in oxidizer stream on the sooting behavior for laminar coflow ethylene diffusion flames[J]. Combustion and Flame, 2019, 210(Dec.): 114-125.

[9] CUOCI A, FRASSOLDATI A, FARAVELLI T, et al. A computational tool for the detailed kinetic modeling of laminar flames: application to C2H4/CH4 coflow flames[J]. Combustion and Flame, 2013, 160(5): 870-886.

[10] AKRIDIS P, RIGOPOULOS S. Modelling of soot formation in a laminar coflow non-premixed flame with a detailed CFD-population balance Model[J]. Procedia Engineering, 2015, 102: 1274-1283.

[11] 顾晨. C_2H_4 和 C_3H_6 预混合火焰碳烟生成特性试验研究[D]. 上海: 上海交通大学, 2016.

[12] CHU H, HAN W, CAO W, et al. Effect of methane addition to ethylene on the morphology and size distribution of soot in a laminar co-flow diffusion flame[J]. Energy, 2019, 166(JAN.1): 392-400.

[13] CHAREST M R J, GROTH C P T, GULDER O L. Effects of gravity and pressure on laminar coflow methane-air diffusion flames at pressures from 1 to 60 atmospheres[J]. Combustion & Flame, 2011, 158(5): 860-875.

[14] SMITH T F, SHEN Z F, FRIEDMAN J N. Evaluation of coefficients for the weighted sum of gray gases model[J]. Journal of Heat Transfer, 1982, 104(4): 602-608.

[15] BROOKES S J, MOSS J B. Predictions of soot and thermal radiation properties in confined turbulent jet diffusion flames[J]. Combustion and Flame, 1999, 116(4): 486-503.

[16] KARATAS A E, GUELDER O L. Dependence of sooting characteristics and temperature field of co-flow laminar pure and nitrogen-diluted ethylene-air diffusion flames on pressure[J]. Combustion and Flame, 2015, 162(4): 1566-1574.

第8章

CO_2捕集驱替油气协同联产地面工艺研究

8.1 O_2／H_2O氛围下CH_4燃烧与置换天然气水合物联产方案

富氧燃烧技术因其工业化技术风险较低，且具有较高的可行性和有效性，被广泛认为是减少CO_2排放的有效方法之一[1-2]。从国内外研究现状来看，各国学者对富氧燃烧技术开展了大量的理论和试验研究，其中大多数是关于O_2／N_2、O_2／CO_2氛围下富氧燃烧的燃烧特性、污染物（NO_x、碳烟）的生成特性、添加剂的物化作用等方面的基础性研究工作，缺乏对O_2／N_2、O_2／CO_2和O_2／H_2O（水蒸气）多种氛围下多种特性的综合对比研究工作。关于添加高浓度H_2O对O_2／H_2O氛围下富氧扩散燃烧过程影响的研究，尤其是O_2／H_2O燃烧技术的应用研究都不够多。因此，综合对比纵向分析常规燃烧技术、O_2／CO_2燃烧技术以及O_2／H_2O燃烧技术下的富氧扩散燃烧过程及特性是非常有必要的。此外，深入了解不同浓度水蒸气的添加对富氧扩散燃烧的影响规律是发展O_2／H_2O富氧燃烧技术的核心组成部分，对后续O_2／H_2O富氧燃烧技术进行推广应用具有重要的实际意义。

由于N_2、CO_2和H_2O的物理、化学性质不同（表8-1），CH_4在O_2／N_2、O_2／CO_2和O_2／H_2O三种氛围下的燃烧特性有一定差异。CH_4在燃烧器内进行富氧扩散燃烧过程是非常复杂的，涉及传质和传热、化学反应、流体流动以及两两之间的相互作用。为了了解燃烧器内的燃烧过程，采用Fluent软件数值模拟的方法。首先，为了确定O_2／H_2O燃烧技术的优越性，对CH_4在O_2／N_2、O_2／CO_2和O_2／H_2O三种氛围下的燃烧过程进行数值模拟，考虑模拟三种氛围下的多种工况、多种特性所带来的计算时间长、计算工作量大等问题，求解计算过程均为简化设置以及构造最简四步气相化学反应机理；综合对比纵向分析火焰温度、燃烧速率、出口处 O_2 浓度、燃烧效率、出口处 NO_x 浓度以及碳烟浓度等特性。基于模拟研究结果，提出一条 O_2 / H_2O 燃烧技术与开发水合物联产的技术新思路。

表 8-1　1200K、0.1MPa 条件下 N_2、CO_2、H_2O 的物理、化学性质

气体	比热容/（J/mol·K）	扩散系数/（cm^2/s）	辐射特性（吸收系数）/m^{-1}	化学特性
N_2	32.703	0.185	0	不参与反应
CO_2	41.293	0.139	0.43	参与反应
H_2O	54.322	0.220	0.54	参与反应

8.1.1　数值模拟方法及边界条件

1. 几何模型及控制方程

所用圆柱形燃烧器的结构示意图如图 8-1 所示，长为 3m，半径为 0.3m，燃料 CH_4 从中间喷嘴进入，喷嘴半径为 0.006m，氧化剂从周围环形区域流进燃烧器，与 CH_4 在燃烧器内混合燃烧，生成湍流扩散火焰，且燃料 CH_4 与氧化剂之间用一层外墙隔开，外墙长度为 0.05m。

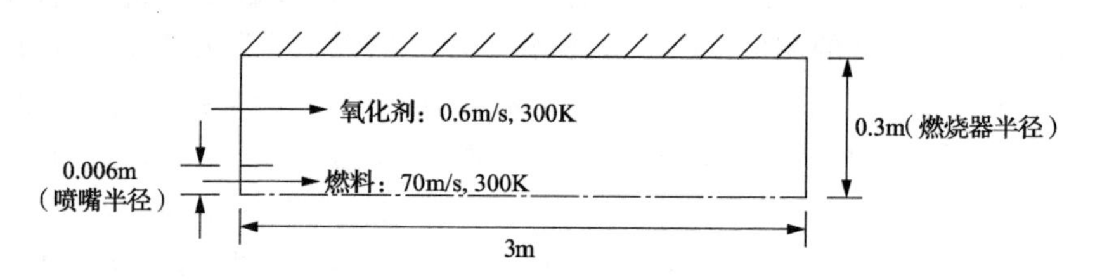

图 8-1　燃烧器结构示意图

采用 Fluent 软件对燃烧器进行网格划分，如图 8-2 所示。采用四边形结构性网格，此网格为渐变网格，随着流动方向由密集逐渐变得稀疏，喷嘴、外墙附近和燃烧器内部网格划分较密集，其他区域网格相对稀疏，共划分 20075 个网格单元，节点网格数为 20300 个。

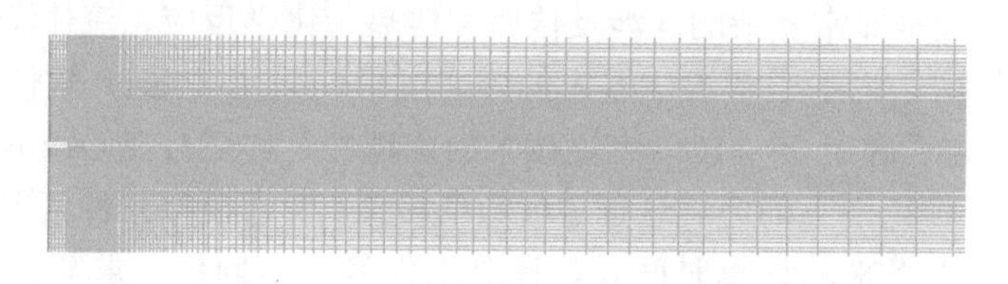

图 8-2　网格划分图

控制方程的通用表达式如下：

$$\frac{\partial}{\partial x}(\rho u\phi)+\frac{\partial}{r\partial r}(r\rho v\phi)+\frac{\partial}{r\partial\theta}(\rho w\theta)$$
$$=\frac{\partial}{\partial x}\left|\varGamma_{\phi}\frac{\partial\phi}{\partial x}\right|+\frac{\partial}{r\partial r}\left|r\varGamma_{\phi}\frac{\partial\phi}{\partial r}\right|+\frac{\partial}{r^{2}\partial\theta}\left|\varGamma_{\phi}\frac{\partial\phi}{\partial\theta}\right|+S_{\phi} \tag{8-1}$$

式中，ϕ为通用因变量；$\varGamma_\phi$为输运系数；S_ϕ为源项；ρ为密度；x、r、θ 分别表示轴向坐标、径向坐标和周向坐标；u、v、w 分别表示速度在 x、r、θ 方向上的分量。ϕ=1，$\varGamma_\phi$=0 为连续性方程；ϕ=u、v、w 为对应 x、r、θ 方向的动量方程；ϕ=k 为湍流动能方程；ϕ=ε为湍流动能耗散率方程；ϕ=f 为组分守恒方程；ϕ=h 为能量方程；其中，k 为湍流动能，ε为湍流动能耗散率，f 为质量分数，h 为焓。

湍流模型为 k-ε 模型，采用通用有限速率模型模拟湍流和化学反应的相互作用，辐射换热模型采用 P-1 模型。预测燃烧系统中碳烟体积分数采用单步汗-格里夫斯模型[3-4]。为减轻计算工作量，采用 CH_4 燃烧的简化四步气相化学反应机理[5]。预测 NO_x 排放的输运方程可表示如下，并将概率密度函数模型作为氮氧化物反应机理和传递过程的数学模型：

$$\frac{\partial}{\partial t}(\rho Y_{\mathrm{NO}})+\nabla(\rho\vec{v}Y_{\mathrm{NO}})=\nabla(\rho D\nabla Y_{\mathrm{NO}})+S_{\mathrm{NO}}Y_{\mathrm{NO}} \tag{8-2}$$

式中，t 为时间；$\vec{v}$ 为速度矢量；Y_{NO} 为 NO 的体积分数；D 为扩散系数；S_{NO} 为 NO 的生成率。

2. 边界条件及数值求解方法

燃料进口速度为 70m/s，湍流强度为 10%，水力直径为 0.006m，温度为 300K；氧化剂进口速度为 0.6m/s，湍流强度为 10%，水力直径为 0.294m，温度为 300K；燃烧器出口设为压力出口边界，表压为 0，湍流强度为 10%，水力直径为 0.3m，考虑压力出口处发生回流；其他边界设为壁面边界。选择基于压力的分离式求解器，采用隐式格式对离散方程进行线性化。压力插值格式采用标准格式，动量方程、湍流动能方程、湍流动能耗散率方程、能量方程采用一阶迎风法求解。采用 SIMPLE 算法进行压力速度耦合求解。取 O_2 / N_2、O_2 / CO_2 和 O_2 / H_2O 三种氛围下的三种工况（氧指数分别为 21%、30%和 40%）进行 CH_4 燃烧的数值模拟，具体计算工况如表 8-2 所示。

表 8-2 计算工况

计算工况		气体种类	速度
O_2 / N_2氛围	工况 1	21%O_2/79%N_2	0.6m/s
	工况 2	30%O_2/70%N_2	
	工况 3	40%O_2/60%N_2	
O_2 / CO_2氛围	工况 1	21%O_2/79%CO_2	
	工况 2	30%O_2/70%CO_2	
	工况 3	40%O_2/60%CO_2	
O_2 / H_2O 氛围	工况 1	21%O_2/79%H_2O	
	工况 2	30%O_2/70%H_2O	
	工况 3	40%O_2/60%H_2O	

8.1.2 模型验证

为了验证模型的合理性，选择基础工况 CH_4 / 21%O_2 / 79%N_2 的模拟结果与文献[6]的研究结果进行比较。本模拟所设化学反应机理与文献略有不同，因此两者模拟结果会存在差异，但对整体趋势的影响有限，因此可作为模型验证的判据。

图 8-3 所示为火焰中心线 z=20d（d 为喷嘴直径）截面处火焰温度的径向分布及 CO_2 和 H_2O 体积分数分布。为了更清楚地反映两者模拟结果的差异性，进行误差分析，计算的火焰温度、CO_2 和 H_2O 体积分数的最大误差分别为 9.15%、13.48%

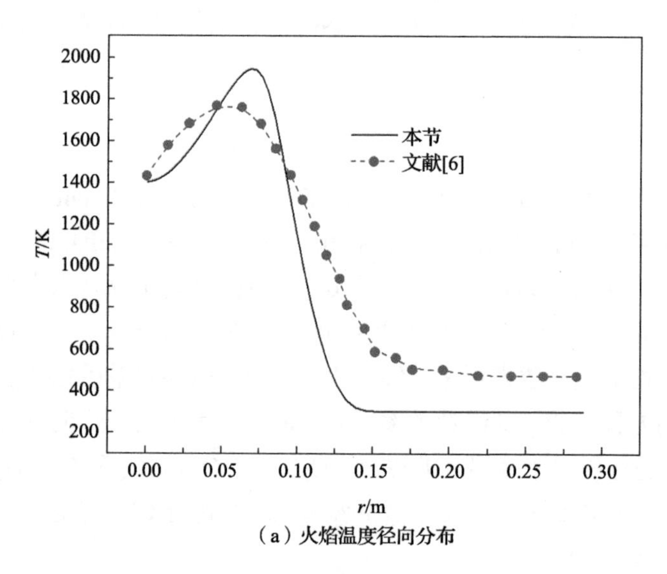

（a）火焰温度径向分布

图 8-3 火焰中心线 z =20d 截面处火焰温度的径向分布及 CO_2 和 H_2O 体积分数分布

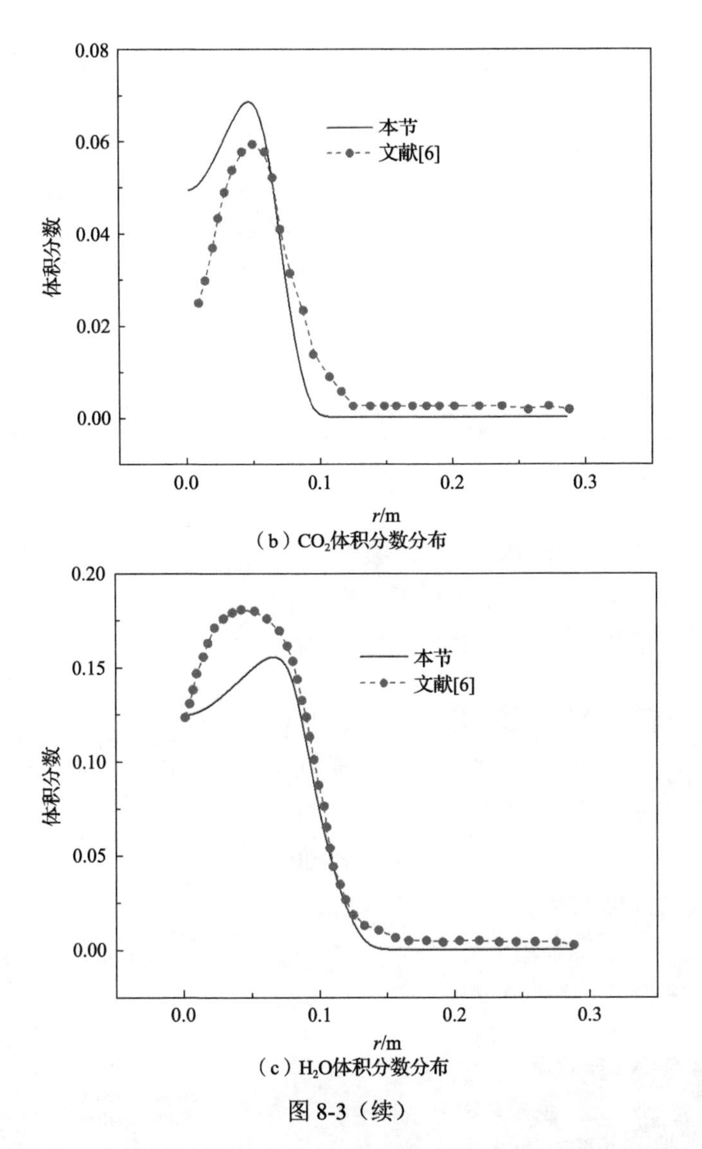

（b）CO_2体积分数分布

（c）H_2O体积分数分布

图8-3（续）

和13.07%。显然，本模拟结果与文献[6]结果的变化趋势一致。考虑机理不同，计算误差在允许范围内。因此可认为本模型是合理的，能较好地模拟 CH_4 湍流扩散燃烧过程。

8.1.3 模拟结果与分析

1. 三种燃烧氛围下的温度

温度是反映燃烧过程的重要参数之一。图 8-4 所示为 O_2 / N_2、O_2 / CO_2 和

O_2 / H_2O 三种氛围下 CH_4 火焰温度分布云图。可以看出，三种氛围下火焰温度分布的宏观特征一致，随着氧指数增加，火焰温度升高，最高温度位于火焰中心线上；高温燃烧区域逐渐向中心线靠拢，且不断收缩于燃烧器喷嘴处。与文献[7] CH_4 / 空气燃烧实验结果吻合。30%O_2 / 70%N_2氛围下火焰峰值温度为2567.1K，30%O_2 / 70%CO_2氛围下火焰峰值温度为2440.6K，而30%O_2 / 70%H_2O氛围下火焰峰值温度仅为1941.9K。由此可见，与传统燃烧相比，添加CO_2和H_2O能降低火焰温度，且后者效果更显著。

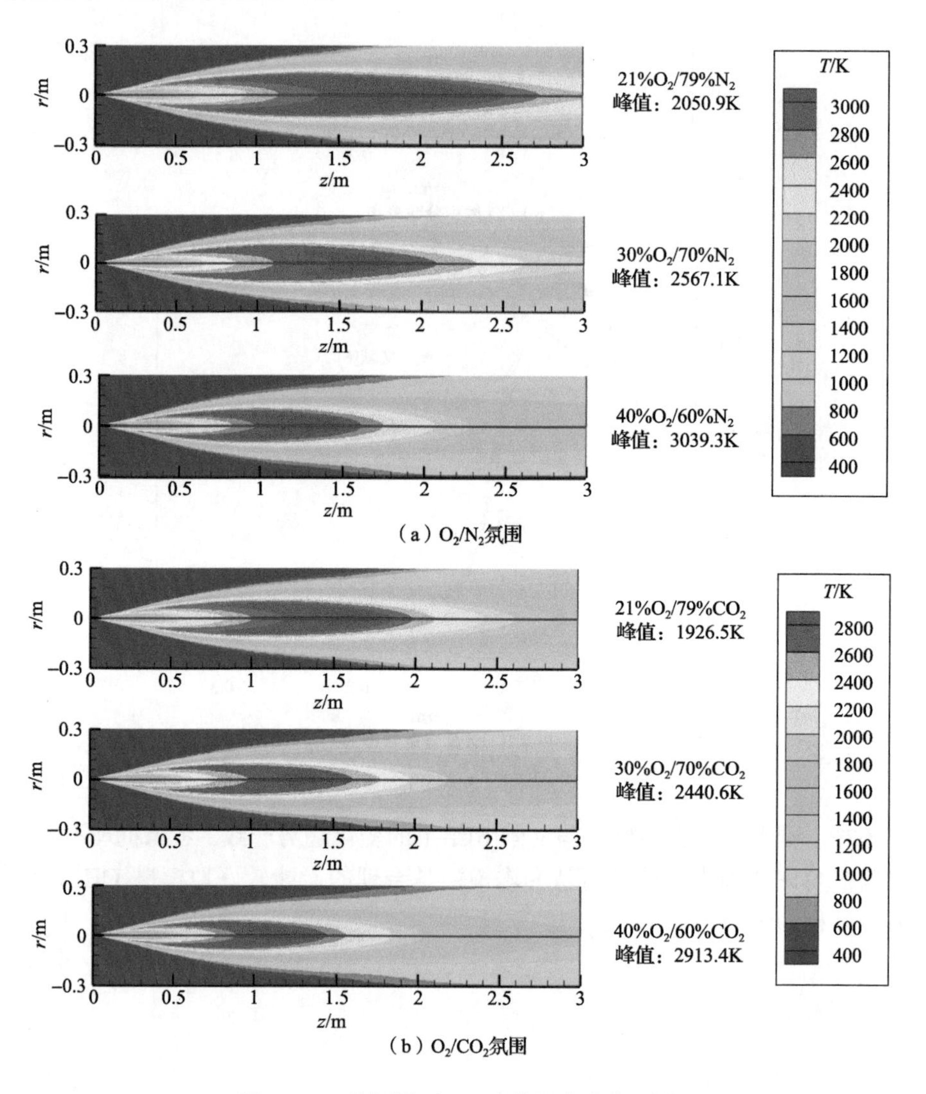

图 8-4　三种氛围下 CH_4 火焰温度分布云图

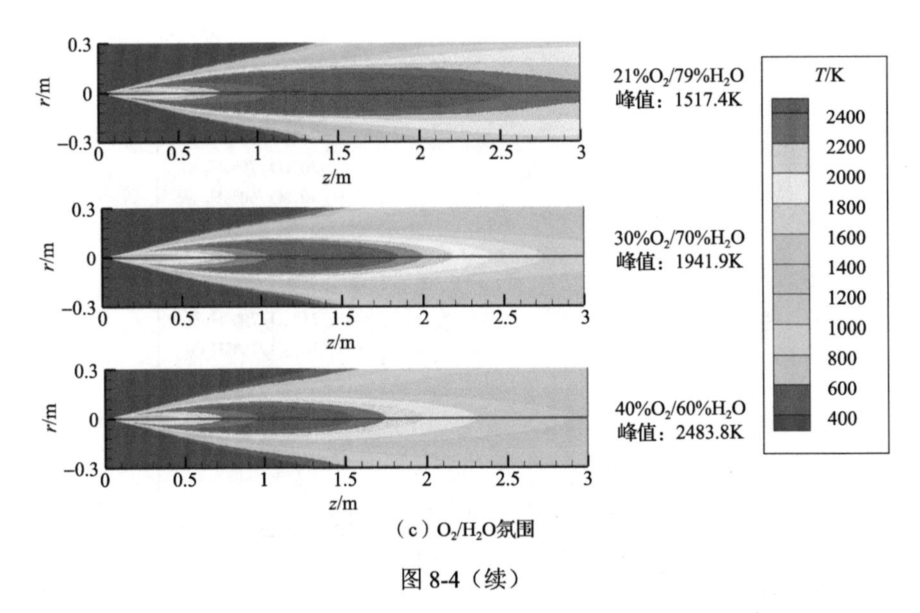

（c）O_2/H_2O氛围

图 8-4（续）

图 8-5 所示是三种燃烧氛围、九种工况下，z=0.5m、1.0m、1.5m 截面处 CH_4 燃烧火焰沿燃烧器径向温度分布。从图中可见，在火焰内部区域（r=0～0.2m），O_2 / H_2O 氛围下火焰温度明显低于其他两种氛围，原因如下：①水蒸气的比热容大，燃烧过程中吸收了更多热量；②水蒸气的扩散系数和辐射系数大，增强了燃烧器内的对流和辐射传热；③高浓度水蒸气参与的主要化学反应为吸热反应，产生的化学效应远强于 CO_2[8]（N_2 无化学效应）。而在火焰外围区域（r=0.2～0.3m），

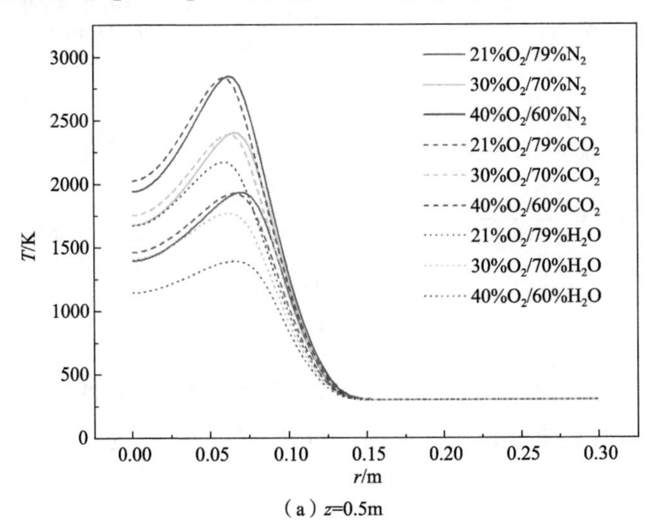

（a）z=0.5m

图 8-5 三种燃烧氛围、九种工况下，z=0.5m、1.0m、1.5m 截面处 CH_4 燃烧火焰沿燃烧器径向温度分布

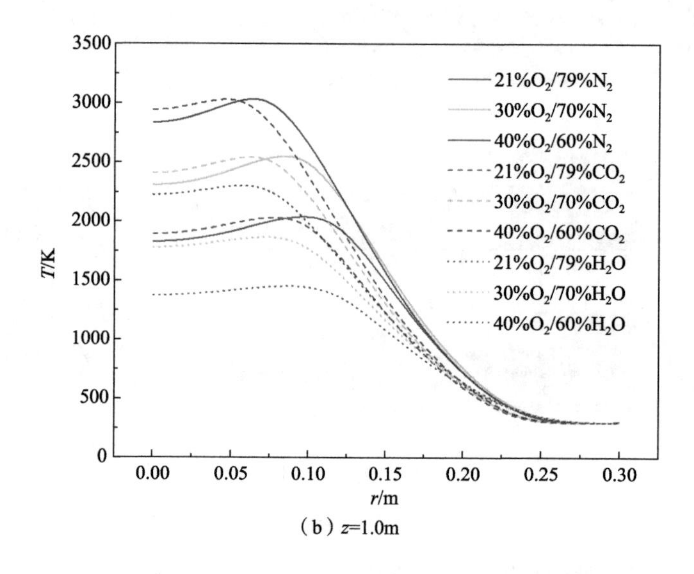

（b）z=1.0m

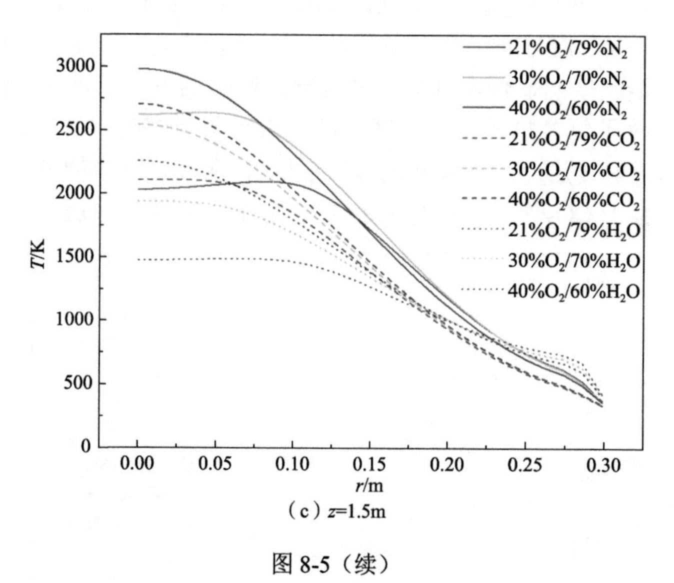

（c）z=1.5m

图 8-5（续）

O_2 / H_2O 氛围下火焰温度反而稍高于其他两种氛围，可能是由于该区域靠近燃烧器壁面，水蒸气稳定性较差，遇到壁面时发生凝结释放部分热量，从而使火焰温度稍偏高。

2. 三种氛围下的燃烧速率

CH_4 作为供给燃料，其体积分数沿火焰中心线上的变化率可表征燃烧过程的燃烧速率。图 8-6 所示为三种燃烧氛围、九种工况下，火焰中心线上 CH_4 体积分数的变化曲线。不难看出，随着燃烧反应的进行，CH_4 体积分数降低幅度先增大后减小，主要原因在于燃烧器喷嘴处 CH_4 体积分数大，与氧化剂混合充分，燃烧反应迅速，CH_4 消耗大，直到反应完全，剩余的 CH_4 体积分数小，反应速率趋于平缓。

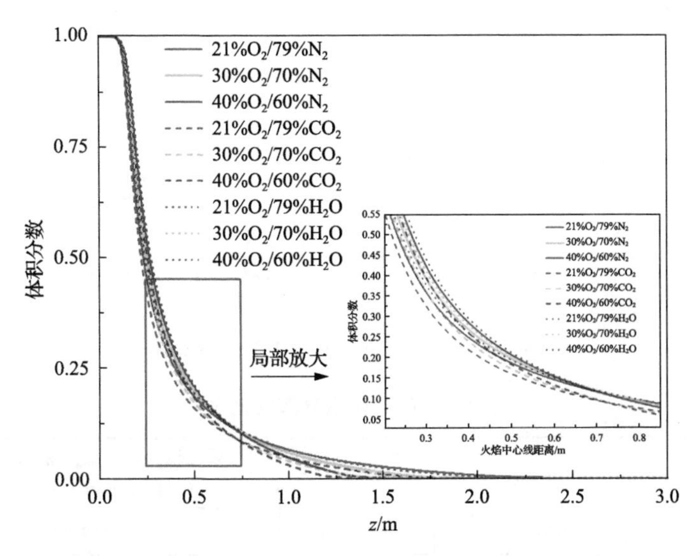

图 8-6 三种燃烧氛围、九种工况下，火焰中心线上 CH_4 体积分数的变化曲线

图 8-7 所示为三种氛围下 CH_4 的体积分数变化。取三种工况（30%O_2 / 70%N_2、30%O_2 / 70%CO_2 和 30%O_2 / 70%H_2O）分别计算位于火焰中心线高度 z=0.3～0.7m 之间的斜率，结果如表 8-3 所示。可以看出，燃烧速率（CH_4 体积分数变化率）O_2 / H_2O 氛围下（0.738592）大于 O_2 / N_2 氛围（0.697165），而 O_2 / CO_2 氛围下最小（0.669399）。从化学效应方面分析，主要原因是高浓度 CO_2 参与反应 $CO_2+H_2 \longrightarrow CO+OH$，导致反应体系中 $^{\cdot}H$ 自由基减少，而 CH_4 与 O_2 反应的主反应为 $O_2+{}^{\cdot}H \longrightarrow {}^{\cdot}O+OH$，$^{\cdot}H$ 自由基的减少使该反应速率减小[9-11]，即高浓度 CO_2 会与 O_2 争夺体系中的 $^{\cdot}H$ 自由基，从而减小了燃烧速率。H_2O 分子主要参与如下三个反应，导致体系中 $^{\cdot}OH$ 自由基增加，而 $^{\cdot}OH$ 自由基的活性比 $^{\cdot}H$ 自由基活性大，从而增大了燃料基团的反应速率[12]：

$$H_2O+{}^{\cdot}H \longrightarrow H_2+{}^{\cdot}OH \tag{8-3}$$

$$H_2O+{}^{\cdot}O \longrightarrow {}^{\cdot}OH+{}^{\cdot}OH \tag{8-4}$$

$$H_2O+M \longrightarrow {}^{\cdot}H+{}^{\cdot}OH+M \tag{8-5}$$

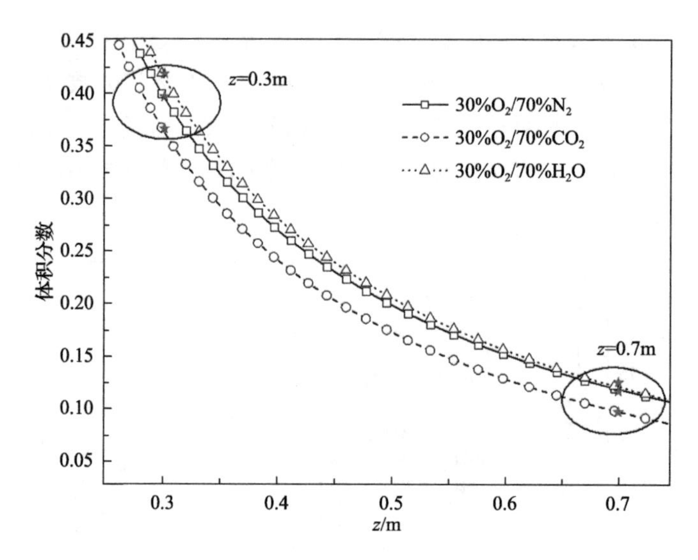

图 8-7　三种氛围下 CH_4 的体积分数变化

表 8-3　CH_4 体积分数变化率

计算工况	$\omega_{z=0.3}$	$\omega_{z=0.7}$	斜率 $k=(\omega_{z=0.3}-\omega_{z=0.7})/0.4$（仅用来比较燃烧速率的大小）
$30\%O_2$ / $70\%N_2$	0.397515	0.118649	0.697165
$30\%O_2$ / $70\%CO_2$	0.364994	0.097234	0.669399
$30\%O_2$ / $70\%H_2O$	0.416425	0.120988	0.738592

3. 三种燃烧氛围下出口处的 NO_x

NO_x作为一种大气污染物，必须严格控制其排放量。本节模拟研究的 CH_4、O_2 / CO_2 和 O_2 / H_2O 氛围不含 N_2，因此在理想状态下（不考虑漏气）模拟 O_2 / CO_2 和 O_2 / H_2O 氛围的燃烧不生成 NO_x，但考虑燃烧器出口处回流，即外界空气因压差回流计算域内，从而生成了热力型 NO_x 和快速型 NO_x。但在通常情况下，气体燃料燃烧时以生成热力型 NO_x 为主，快速型 NO_x 所占比例很小[13]。很明显，O_2 / N_2 氛围含大量 N_2，燃烧产生的 NO_x 浓度会远高于 O_2 / CO_2 和 O_2 / H_2O 氛围。

图 8-8 所示为三种燃烧氛围、九种工况下出口处 NO_x 平均体积分数。可以看出，相同燃烧氛围下，随着 O_2 浓度增加，NO_x 体积分数成比例增加。相同氧指数下，O_2 / H_2O 氛围出口处 NO_x 体积分数稍小于 O_2 / CO_2 氛围，这是因为影响热力型 NO_x 生成的因素主要是温度和氧指数，生成速率与温度成指数关系，同时

正比于 O_2 浓度的平方根，而 O_2 / H_2O 氛围下的火焰温度低于 O_2 / CO_2 氛围，因此 O_2 / H_2O 氛围出口处 NO_x 含量相对偏低。

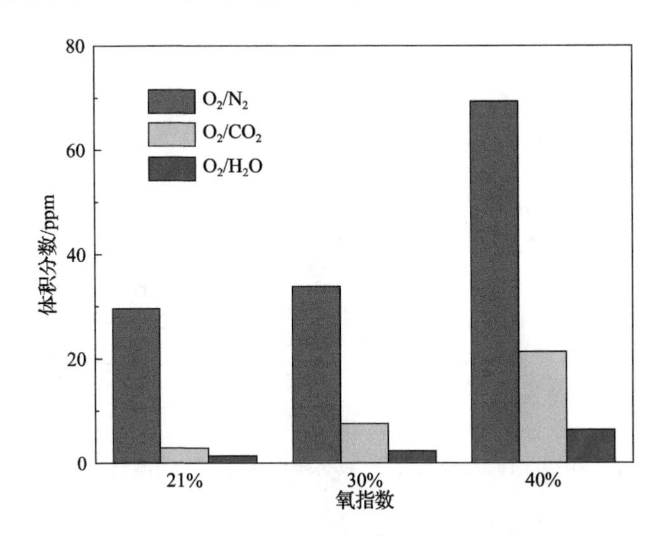

图 8-8 三种燃烧氛围、九种工况下出口处 NO_x 平均体积分数

4. 三种燃烧氛围下的碳烟

碳烟是碳氢燃料在燃烧过程中生成的一种黑色固体颗粒污染物，主要成分是碳，具有很强的辐射性[3]。碳烟排放不仅影响燃烧设备及燃烧效率，还会对环境及人体健康产生不利影响。

图 8-9 所示为三种燃烧氛围、九种工况下，火焰中心线上碳烟体积分数的变化曲线。从图中可以看出，不同氛围下碳烟体积分数的分布趋势基本一致，燃烧器喷嘴附近燃烧反应处于初始阶段，O_2 浓度较低，碳烟开始生成；沿中心线随着轴向距离增大，碳烟不断生长，颗粒表面迅速积聚，碳烟体积分数不断增大，达到最大值后，随着氧化作用不断增强，碳烟体积分数又不断减小，总趋势是随轴线距离不断增大，碳烟体积分数先增大后减小。相同燃烧氛围下，随着 O_2 浓度的增大，碳烟体积分数峰值增大且位置前移。O_2 / H_2O 氛围下碳烟体积分数最低，主要原因在于，一方面，水蒸气加入使碳烟与其发生水煤气反应，从而抑制了碳烟生成；另一方面，O_2 / H_2O 氛围下火焰温度低，燃料的热解速率低，碳烟体积分数小[14]：

$$C+H_2O \longrightarrow H_2+CO \tag{8-6}$$

$$CO+H_2O \longrightarrow H_2+CO_2 \tag{8-7}$$

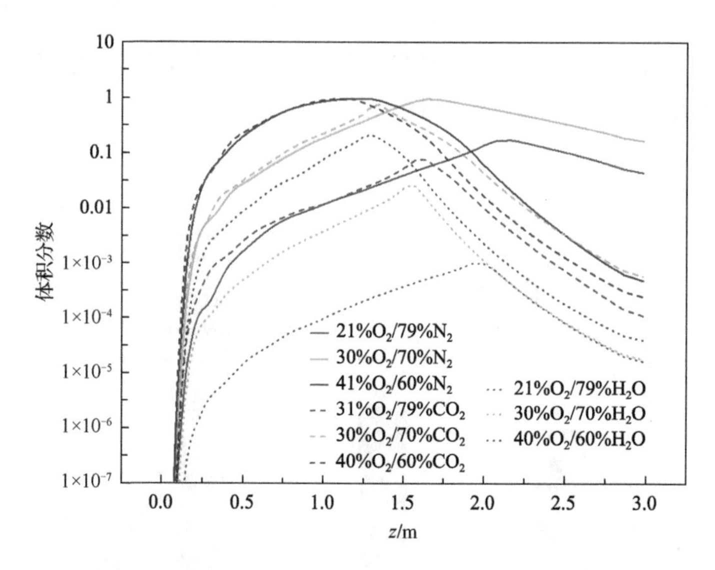

图 8-9　三种燃烧氛围、九种工况下，火焰中心线上碳烟体积分数的变化曲线

5. 三种燃烧氛围下的出口 O_2 浓度和燃烧效率

O_2 为非凝结性气体[15]，如果燃烧器（过富氧燃烧）出口处含过量 O_2，不仅会增加 CO_2 捕集阶段的分离成本，还会造成 CO_2 输运阶段管道腐蚀。因此，出口 O_2 浓度也应作为污染物排放的协同考虑因素。

图 8-10 所示为三种燃烧氛围、九种工况下，z=0.5m、1.0m 和 1.5m 截面处 O_2 体积分数的变化图。可以看出，三者整体趋势基本一致，沿径向方向，O_2 体积分数变化速率先增大后逐渐减小直到趋于稳定，拐点为燃料 CH_4 与氧化剂充分混合的交界面，较好地反映了燃烧器内的燃烧过程。具体如下：开始时，z=0.5m 截面处，燃料 CH_4 充分，O_2 消耗量大（曲线陡），相同氧指数下，O_2 / CO_2 氛围下 O_2 消耗量小于 O_2 / N_2 和 O_2 / H_2O 氛围，表明 CO_2 的化学性质开始时就对燃烧有影响，并有减小燃烧速率的趋势；随着反应进行，z=1.0m 截面处，相同氧指数下，O_2 / N_2 氛围下 O_2 消耗量逐渐小于 O_2 / H_2O 氛围，表明此时 H_2O 的化学性质开始起作用；直到 z=1.5m 截面处，三种氛围下 O_2 消耗量的差距逐渐加大，很明显三种氛围下 O_2 消耗量的关系是：O_2 / H_2O 氛围＞O_2 / N_2 氛围＞O_2 / CO_2 氛围，燃烧速率在 O_2 / H_2O 氛围下最大，O_2 / CO_2 氛围下最小，O_2 / N_2 氛围下居中，且 O_2 / CO_2 氛围下与 O_2 / N_2 氛围下相差不大。本模拟燃烧器内是富氧贫燃条件，能够保证燃料充分燃烧，一般工业设备中也是如此。值得注意的是，按照三种氛围的燃烧趋势推测，O_2 / H_2O 氛围下燃烧器出口 O_2 体积分数必然为三者中最小。为进一步验证以上结果，计算 30%O_2 / 70%N_2、30%O_2 / 70%CO_2 和 30%O_2 / 70%H_2O 下出口平均 O_2 体积分数分别为 17.1%、26.5%和 9.65%。

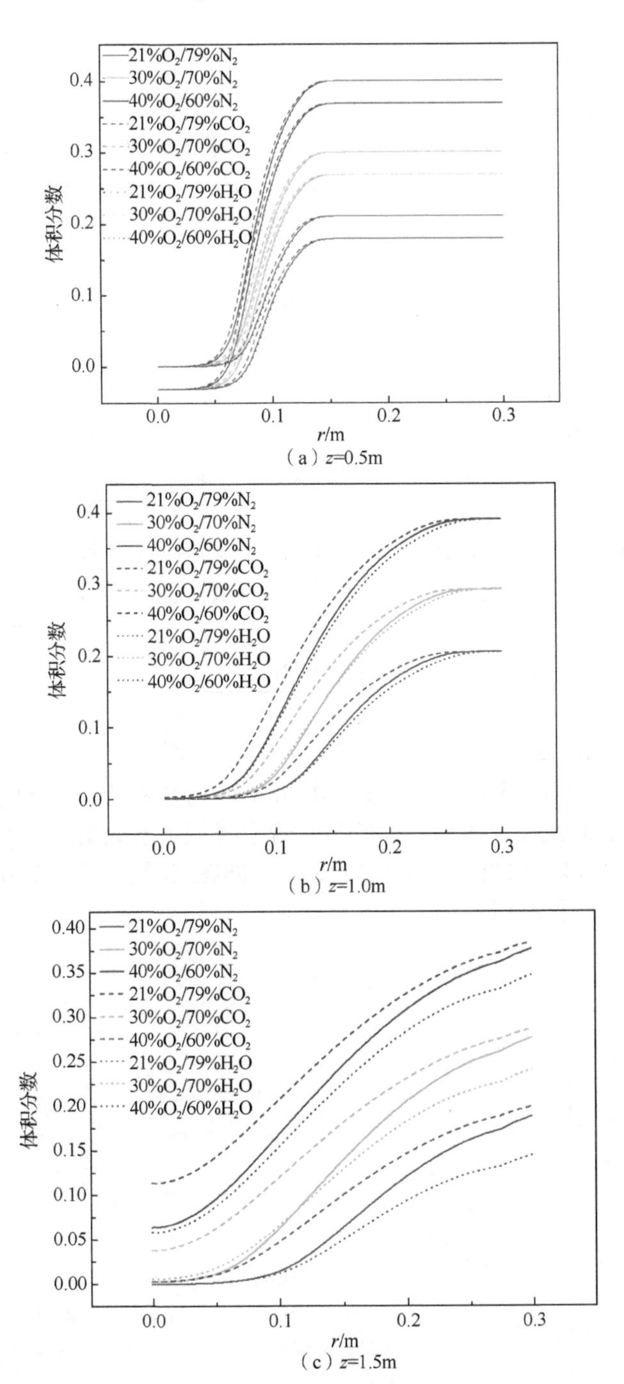

（a）z=0.5m

（b）z=1.0m

（c）z=1.5m

图 8-10　三种燃烧氛围、九种工况下，z=0.5m、1.0m 和 1.5m 截面处 O_2 体积分数的变化图

燃烧效率主要取决于燃烧装置和燃料自身的特性，它反映的是燃烧器内燃烧燃料的能力，通常用出口烟气中所含未燃尽燃料和过剩空气的量衡量。本模

拟考虑的是过剩空气率，过剩空气率越小，表明燃烧器的燃烧效率越高。经计算，30%O_2 / 70%N_2、30%O_2 / 70%CO_2和30%O_2 / 70%H_2O氛围下过剩空气率分别为57.12%、88.36%和32.16%。可以看出，添加水蒸气导致火焰温度降低，但燃烧效率为三种氛围中最大的。这是由于O_2 / H_2O氛围下火焰温度低，燃料热解速率减小，但燃料基团反应速率增大[14]，因此最终的燃烧效率高。

6. O_2 / H_2O氛围下燃烧与传统火焰温度的比较

综上所述，相较于O_2 / N_2和O_2 / CO_2氛围，O_2 / H_2O氛围下CH_4火焰温度最低、燃烧效率最高、污染物（NO_x和碳烟）生成量最少，因此，O_2 / H_2O燃烧技术的工业应用前景广阔。若将O_2 / H_2O燃烧技术用于工业锅炉中，找出与常规空气氛围下火焰温度分布特征匹配的O_2 / H_2O浓度比，将会大大减少锅炉的改造成本，从而具有更高的工业应用价值。图8-11所示为不同O_2 / H_2O氛围下火焰中心线上火焰温度分布与常规空气氛围下（21%O_2 / 79%N_2）燃烧温度的分布。O_2 / H_2O氛围下火焰温度与常规空气氛围下火焰温度的偏差σ的计算公式如下：

$$\sigma=\sqrt{\frac{\sum_{i=1}^{N}\left(T_{\mathrm{b},i}-T_{\mathrm{a},i}\right)^{2}}{N}} \tag{8-8}$$

式中，N为节点数；$T_{\mathrm{b},i}$为节点i对应的O_2 / H_2O氛围下的燃烧温度；$T_{\mathrm{a},i}$为节点i对应的常规空气氛围下的火焰温度。由图8-11可以看出，30%O_2 / 70%H_2O和35%O_2 / 65%H_2O氛围下的火焰温度与常规空气氛围下火焰温度最接近，温度偏差分别为63.12K和60.18K。因此，32%O_2 / 68%H_2O氛围下火焰温度与常规空气氛围下火焰温度特征相似。

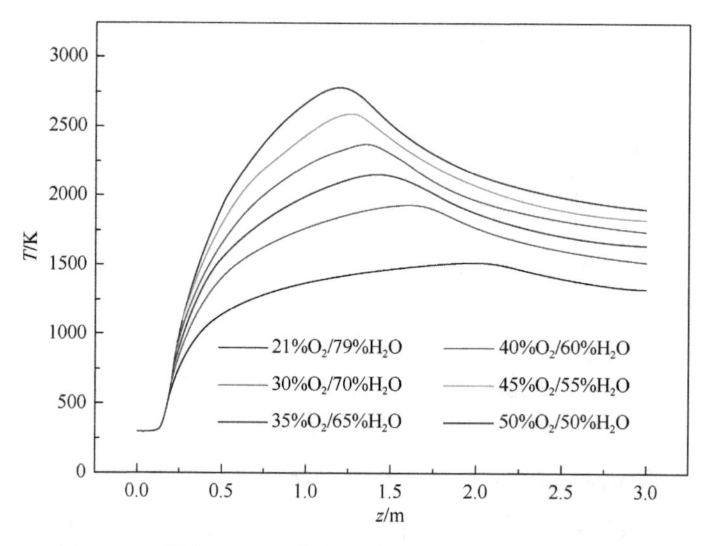

图8-11　不同O_2 / H_2O氛围下火焰中心线上火焰温度分布

8.1.4 O_2 / H_2O 氛围下 CH_4 燃烧置换天然气水合物技术方案

基于以上研究，将 O_2 / H_2O 燃烧技术与位于南海区域开发天然气水合物技术耦合，构造一个高效、多产、低耗及“零排放”的联产系统，集 CO_2 捕集与封存于一体，充分体现 O_2 / H_2O 燃烧技术优越性的同时，开发新能源——可燃冰。

图 8-12 所示为具体的工艺流程技术思路，将空气分离得到 N_2 和 O_2，O_2 与含高浓度 CO_2 的烟气换热，换热后的 O_2 与水蒸气以 32∶68 的比例（与常规空气氛围下火焰温度匹配）混合进入锅炉，烟气进入烟气冷凝器。冷凝后的液态水由循环水加热器加热生成循环水蒸气，冷凝后的 CO_2 由压缩、冷却装置控制压力和温度使其成为超临界状态，再同 N_2 一起经气体流量计注入南海。通过 CO_2 与南海区域天然气水合物的置换，CO_2 封存于海底，高浓度 CH_4 气体不断被开采。

将所得 CH_4 气体作为锅炉供给燃料，与 32%O_2 / 68%H_2O 浓度配比的氧化剂混合燃烧，源源不断地产生大量供于发电的水蒸气。

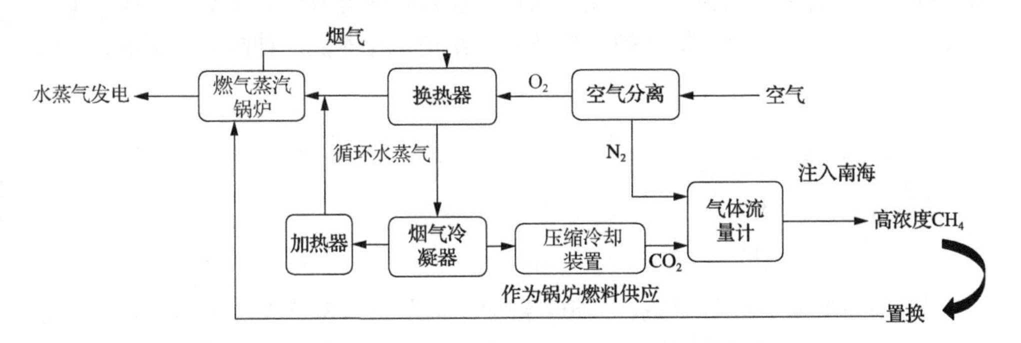

图 8-12 O_2 / H_2O 燃烧技术与开发天然气水合物联产系统示意图

该联产方案的优点及特点如下。

1）将 O_2 / H_2O 燃烧技术引入燃气蒸汽锅炉，并以最佳 O_2∶H_2O 浓度配比混合注入锅炉，在保证较高的燃烧速率和燃烧效率的同时，降低了火焰温度，减少了 NO_x 和碳烟生成，使得污染物排放得到了协同控制。

2）将分离后的 O_2 与高温烟气换热，不仅充分利用烟气余热，提高了能源利用率，减轻了后续烟气冷凝器、压缩冷却装置等设备的负荷，还加快了燃料燃烧，增大了燃烧速率。

3）将超临界 CO_2 与 N_2 混合置换出 CH_4 气体，不仅开采了清洁能源 CH_4，回收并封存了温室气体 CO_2，巧妙地处置了多余的 N_2，还稳定了天然气水合物矿藏区域的地层结构，达到了“零排放”的目的。

4）将开采的 CH_4 气体作为燃气蒸汽锅炉的补给燃料，实现电厂锅炉燃料的“自给自足”，节省了燃料运输成本，且燃烧后烟气中基本无残渣和废气，省去了后续气体处理设备，降低了高昂的 CO_2 捕集成本，实现了能源、环境和经济上的“三赢”。

8.2 O_2／CO_2 氛围下水蒸气预混 CH_4 燃烧特性与烟气余热梯级利用方案

本节提出一套 O_2 / CO_2 氛围下水蒸气预混 CH_4 燃烧与烟气余热梯级利用方案，通过数值模拟研究注入水蒸气对 O_2 / CO_2 氛围下 CH_4 燃烧特性的化学反应动力学影响，分析水蒸气预混比这个单一变量对燃烧流场分布（温度）、组分浓度分布（O_2 和 CH_4）和污染物浓度分布（NO_x 和碳烟）的影响规律，以获得高燃烧效率及低污染物排放的效果，得出注入水蒸气能够有效调节火焰温度，降低污染物 NO_x 及碳烟的排放水平，提高循环热效率等结论，并提供一种高效、清洁、节能的燃烧模式。

8.2.1 数值模拟方法及边界条件

1. 几何模型网格

本文采用圆筒形燃烧器进行模拟，剖面结构图如图 8-13（a）所示。为了方便模拟与观察，取燃烧器截面进行分析，如图 8-13（b）所示。圆筒形燃烧器半径为 5mm，高度为 60mm；燃料进口是一个半径为 1.25mm 的环形口，其喷嘴壁厚为 0.095mm，设置为绝热；助燃气体进口为一个半径为 5mm 的圆环形口。助燃气体从圆环形口流入燃烧器后与 CH_4 发生剧烈的燃烧反应，形成同向流动且稳定的轴对称湍流扩散火焰。

燃烧器计算网格如图 8-13（c）所示。采用中间及下半部分密集的四边形结构网格，其中网格单元数为 11350 个，节点网格数为 11251 个，从而保证了计算精度。在燃烧器下端，燃料和空气以高速进入燃烧器后发生剧烈的氧化反应，产生大量热量，且在中心轴线即燃烧器中心处燃烧最剧烈，故需要采用加密网格。为节省计算成本，对燃烧器四周和上半部分反应并不剧烈的区域采用较稀疏的网格划分。

为使模拟更加精确，本次模拟采用 Fluent 软件中 Standard *k*-epsilon 湍流模型[16]作为湍流气相流动模型，Finite-rate 模型和 Eddy-Dissipation 模型模拟湍流与化学反应动力学相互作用过程。采用变比热容的解法，P-1 模型作为辐射传热模型，利用 PDF 输运方程对 NO_x（热力型 NO 和快速型 NO）的生成进行预测，并且启动湍流交互作用。预测碳烟生成采用双步特斯纳（Tesner）模型[17]。

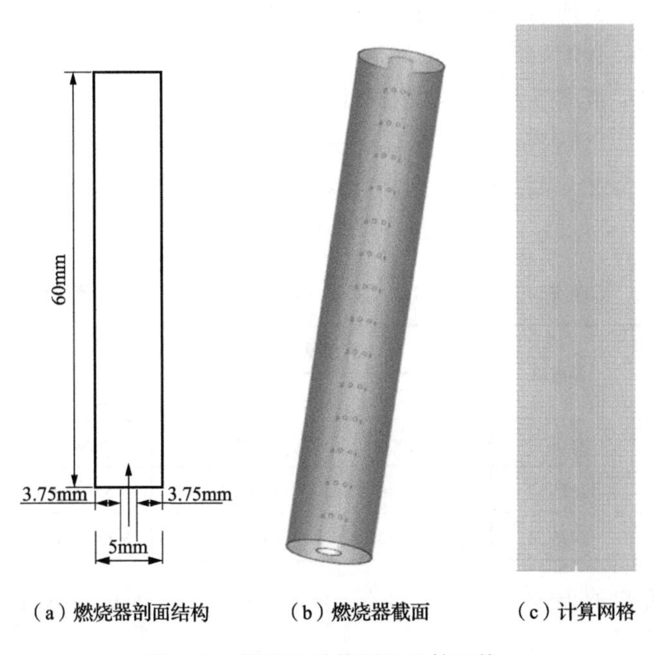

（a）燃烧器剖面结构　（b）燃烧器截面　（c）计算网格

图 8-13　燃烧器结构图及计算网格

2. 边界条件及工况分析

结合实际条件，本次模拟设置的边界条件如表 8-4 所示。

表 8-4　边界条件

名称	类型	温度/K	质量流量/（$g\cdot s^{-1}$）	湍流强度/%	水力直径/m
助燃气进口 1	质量流量进口	300	1.39745	10	0.22
助燃气进口 2	质量流量进口	300	1.39745	10	0.22
燃料进口	质量流量进口	300	0.01325	10	0.01
出口	压力出口	300	—	10	0.45
墙	壁面	热流密度	—	—	—

相较于常规空气氛围下燃烧，富氧燃烧技术对部分烟气再循环的利用可减小排烟损失，提高锅炉燃烧效率。随着助燃气体中氧指数的增大，能耗逐步降低，

但制氧设备消耗过大，通过对富氧燃烧系统的经济性进行多元线性回归分析[18]，得出助燃气体中O_2的最优体积分数为30%。

选取最优助燃气体氛围，即在氧指数为30%的条件下，对CH_4燃烧进行化学反应动力学模拟，对比三种氛围（O_2 / N_2、O_2 / CO_2、O_2 / H_2O）下的燃烧特性，模拟结果如表 8-5 所示。在控制污染物排放量方面，30%O_2 / 70%H_2O 氛围下的 NO_x 质量分数及碳烟质量加权平均质量分数最低，30%O_2 / 70%CO_2 氛围次之，30%O_2 / 70%N_2 氛围下燃烧污染物排放量最高。为了保证模拟的精度和燃气锅炉电厂的发电效率，研究注入水蒸气的质量流量对燃烧工况的单独影响，因此选取 30%O_2 / 70%CO_2 氛围进行 CH_4 燃烧模拟，分析注入水蒸气对其燃烧特性的影响规律。

表 8-5 CH_4在O_2 / N_2、O_2 / CO_2、O_2 / H_2O 氛围下燃烧模拟结论对比

氛围	温度/K	NO_x质量分数		碳烟质量分数	
		最大值	出口	最大值	出口
30%O_2 / 70%N_2	2116.17	4.812×10^{-5}	2.978×10^{-5}	1.062×10^{-6}	8.204×10^{-7}
30%O_2 / 70%CO_2	2026.34	2.770×10^{-11}	1.446×10^{-11}	9.538×10^{-7}	7.323×10^{-7}
30%O_2 / 70%H_2O	1495.54	8.843×10^{-14}	4.693×10^{-14}	8.725×10^{-14}	7.499×10^{-14}

为了更直观地表示CH_4与水蒸气的预混比例，定义R_f为水蒸气预混比，表示为

$$R_f = \frac{a_h}{a_f} \times 100\% \tag{8-9}$$

式中，a_h为CH_4中预混的水蒸气的质量流量；a_f为CH_4的质量流量；R_f的取值为0到0.5。

当燃料进口注入水蒸气以后，为了保证单位时间内燃料进口的CH_4质量一定，燃料进口质量流量按下式计算：

$$a = a_0 \cdot R_f \cdot \frac{\rho_{H_2O}}{\rho_{CH_4}} + a_0 \tag{8-10}$$

式中，a为注入水蒸气后CH_4的质量流量；a_0为不加水蒸气时CH_4的质量流量（即$a_0 = a_f$）；R_f为水蒸气预混比；ρ_{H_2O}、ρ_{CH_4}分别为当前工况下的水蒸气密度和CH_4密度。经过计算，得到如表 8-6 所示的计算工况。

表 8-6 计算工况

水蒸气预混比 R_f	燃料组成成分	质量流量/($kg \cdot s^{-1}$)
0	100%CH_4	0.01325
0.1	91.9% CH_4 / 8.1%H_2O	0.01413
0.2	83.3% CH_4 / 16.7%H_2O	0.01473
0.3	76.9% CH_4 / 23.1%H_2O	0.01529
0.4	71.4% CH_4 / 28.6%H_2O	0.01578
0.5	66.7% CH_4 / 33.3%H_2O	0.01619

3. 模型验证

为了验证本模型的准确性和可靠性，将本模型的模拟结果与文献[19]的实验数据进行比较。当用 C_2H_4 作燃料时，对助燃气体为 30%O_2 / 70%CO_2、40%O_2 / 60%CO_2 和 50%O_2 / 50%CO_2 三种典型工况下的火焰中心线上的温度分布进行对比分析。由于本模型与实验模型略有不同，二者对比结果必然存在差异，但对燃烧特性的整体趋势影响有限，因此可作为验证模型可行性的判据。

图 8-14 所示为本模型在不同氧指数下火焰截面平均温度分布与文献的实验数据的对比结果。可以看出，实验值和模拟值均随着火焰中心线距离增加而呈先升高后降低的变化趋势。其中不同的是，实验温度均低于模拟温度，实验火焰中心温度也低于模拟值。产生这一差异的原因在于模拟过程中为了简便计算，设置的虚拟燃烧区域为理想绝热条件，导致燃烧中边界无热量损失，而在实际实验过程中，存在散热损失，故实际温度值有所降低。误差分析计算结果如表 8-7 所示，该误差在合理范围内，因此本模型可以较好地模拟燃烧过程，模拟结果对实际的工业生产具有指导价值。

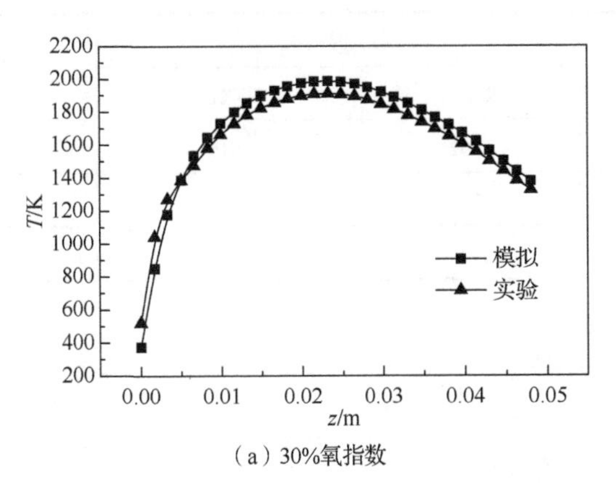

（a）30%氧指数

图 8-14 不同氧指数下火焰截面平均温度分布与实验数据对比结果图

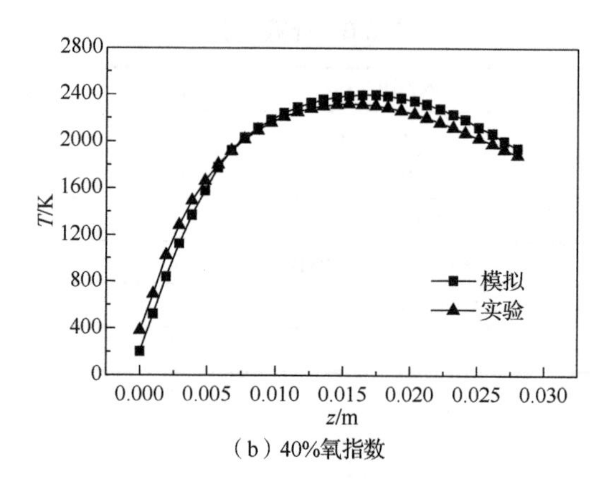

（b）40%氧指数

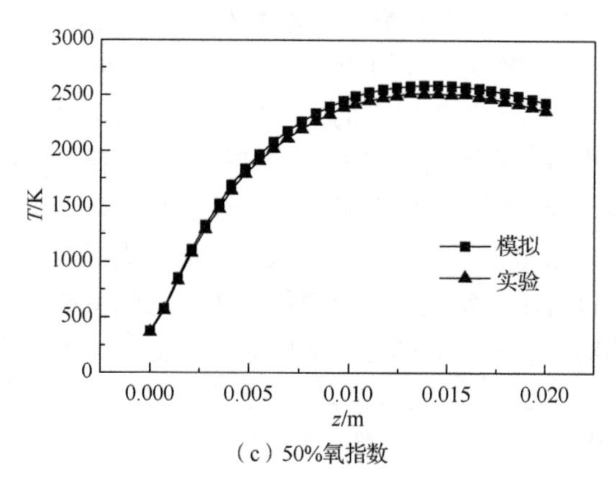

（c）50%氧指数

图 8-14（续）

表 8-7　误差分析

氛围	最大温度/K		最大误差/%
	模拟值	实验值	
$30\%O_2$ / $70\%CO_2$	1992	1915	6.5
$40\%O_2$ / $60\%CO_2$	2397	2320	5.3
$50\%O_2$ / $50\%CO_2$	2593	2533	5.8

8.2.2　模拟结果与分析

1. 水蒸气预混后火焰温度

温度分布是反应燃烧特性的一个重要指标。图 8-15 和图 8-16 分别为水蒸气预混比对火焰最高温度以及火焰中心线上的温度分布的影响情况。火焰最高温度及中心线上各处温度均随着 R_f 的增大略有上升，中心线上的温度分布呈先升高后降低的趋势。分析其原因在于：一方面随着 R_f 增大，火焰中心线不同高度处的 O_2 质量分数增大，使得燃烧更充分，且在高温条件下，水蒸气与 O_2 发生反应[20]：$H_2O+O_2 \longrightarrow OH+HO_2$，生成强氧化性的超氧化氢，迅速与 CH_4 发生氧化反应，进而提高燃烧效率，导致温度升高；另一方面水蒸气的高比热吸热使温度降低。由于燃烧效率提高造成的温度升高量略大于水蒸气的吸热量，因此随着预混比的增大，火焰最高温度及火焰中心线上各处温度均略有上升。

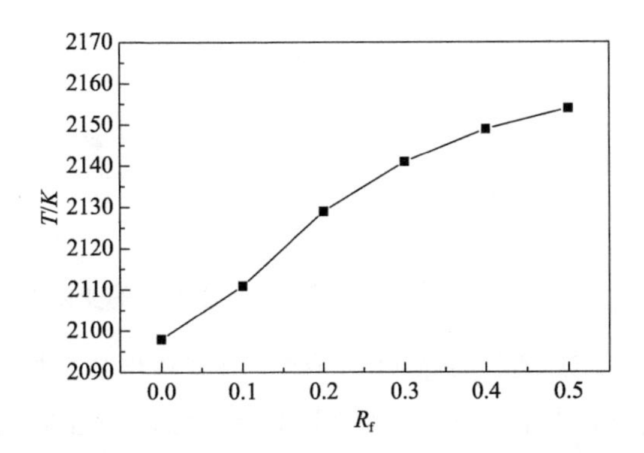

图 8-15　水蒸气预混比对火焰最高温度的影响

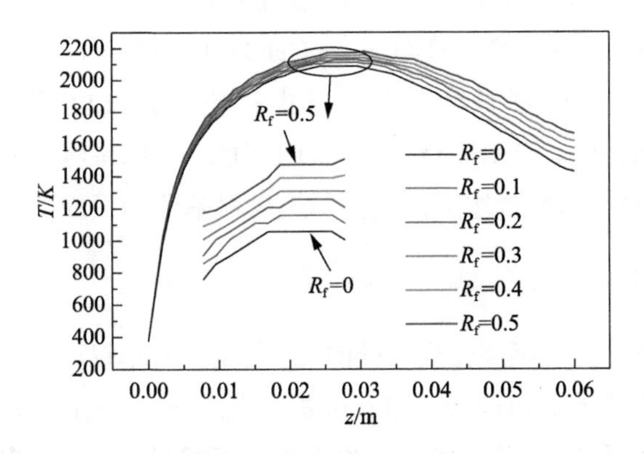

图 8-16　水蒸气预混比对火焰中心线上温度分布的影响

2. 水蒸气预混后燃烧速率

CH_4 燃烧机理的主要步骤[12]表示为 $CH_4 \rightarrow CH_3 \rightarrow CH_2O \rightarrow CHO \rightarrow CO \rightarrow CO_2$，燃烧器不同高度处的 CH_4 质量分数的变化率表征氧化反应的反应速率。图 8-17 所示为 CH_4 质量分数沿火焰中心线上距离的变化规律。可以看出，不同 R_f 的情况下，

CH_4的质量分数均先剧烈减小后趋于零，其燃烧速率均呈一直减小的趋势。其原因在于：由喷嘴高速喷出的CH_4，在进入燃烧器后与助燃气体发生剧烈的氧化反应：$CH_4+O_2 \longrightarrow CO+H_2O$，$CH_4$的质量分数迅速下降；随后由于$O_2$的补充，发生反应：$CO+O_2 \longrightarrow CO_2$；最后$CH_4$质量分数均趋于0，代表完全反应。

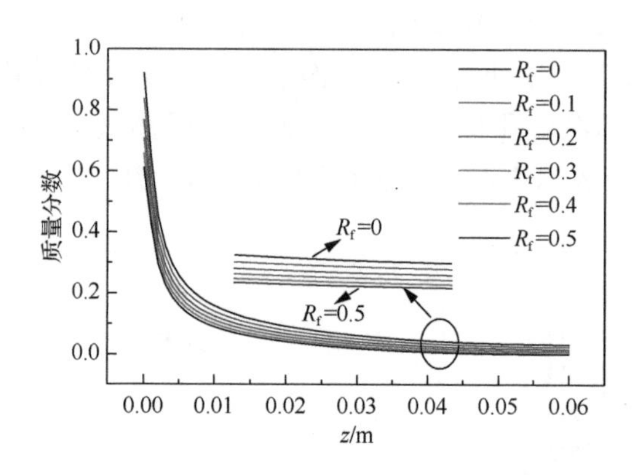

图 8-17　CH_4质量分数沿火焰中心线上距离的变化规律

随着R_f的增大，CH_4质量分数明显下降，且斜率也显著增大，这表示在火焰中心线的不同高度处，预混水蒸气比例的上升导致反应速率明显变快，即水蒸气与CH_4预混燃烧可以提高燃烧反应速率。一方面，H_2O分子可作用于CH_4燃烧机理，分别与CH_3、CH_2、CH_2、CH 发生反应：$CH_3+H_2O \longrightarrow CH_3O+H_2$、$CH_2+H_2O \longrightarrow CH_2O+H_2$、$CH+H_2O \longrightarrow CHO+H_2$，提高了$CH_3$的反应速率；另一方面，$\dot{}OH$自由基的活性相较$\dot{}H$自由基更大，$H_2O$分子可参与反应：$H_2O+\dot{}H \longrightarrow \dot{}OH+H_2$、$H_2O+\dot{}O \longrightarrow \dot{}OH+\dot{}OH$、$H_2O+M \longrightarrow \dot{}OH+\dot{}H+M$，导致反应体系中$\dot{}OH$基数量增加，进而加速燃料基团的反应速率。

3. 水蒸气预混后出口处O_2质量分数

在富氧贫燃条件下，燃烧器出口处的O_2质量分数不仅可以体现燃尽效果，还能作为控制污染物排放的协同因素进行分析。选取z=0.005m、z=0.01m、z=0.02m三个典型截面，分析O_2质量分数在火焰中心线不同截面处沿径向的变化规律，如图 8-18 所示。可以看出，三者整体的变化趋势基本相同。O_2质量分数的变化速率沿燃烧器径向总体呈先增大后减小的趋势，出现拐点的位置在助燃气体与CH_4充分接触的交界面上，且火焰中心线上的O_2质量分数最低。这是由于O_2高速进入燃烧器之后与CH_4发生了剧烈的氧化反应，反应过程为$CH_4+O_2 \longrightarrow CO+H_2O$，造成$O_2$浓度急剧下降，随后由于氧指数的增大发生反应，反应方程为$CO+O_2 \longrightarrow CO_2$，

燃烧进行完全后 O_2 质量分数才有所增加，即 O_2 质量分数最小处对应于温度最高处。

对比分析三个截面的曲线变化规律可较好反映本次模拟的燃烧过程。在距燃料进口最近的 z=0.005m 截面处，如图 8-18（a）所示，刚喷射入燃烧器的 CH_4 浓度较高，与 O_2 发生剧烈反应，消耗大量 O_2，因此曲线更陡峭。当径向距离为定值时，若燃料中不预混水蒸气（即 $R_f=0$），O_2 质量分数最小，且随着 R_f 的增大，O_2 质量分数逐级上升。这说明在富氧贫燃条件下，水蒸气的注入能够明显促进燃烧反应更加完全，优化燃烧氛围，体现注入水蒸气燃烧的优越性。随着燃烧反应的进一步进行，O_2 随之补充，在 z=0.01m 截面处，如图 8-18（b）所示，O_2 质量分数变化趋势逐渐放缓。在 z=0.02m 截面处，如图 8-18（c）所示，曲线变得更为平缓，且不同 R_f 值下的 O_2 消耗量差距变大，燃烧反应更充分，注入水蒸气的优势更加明显。

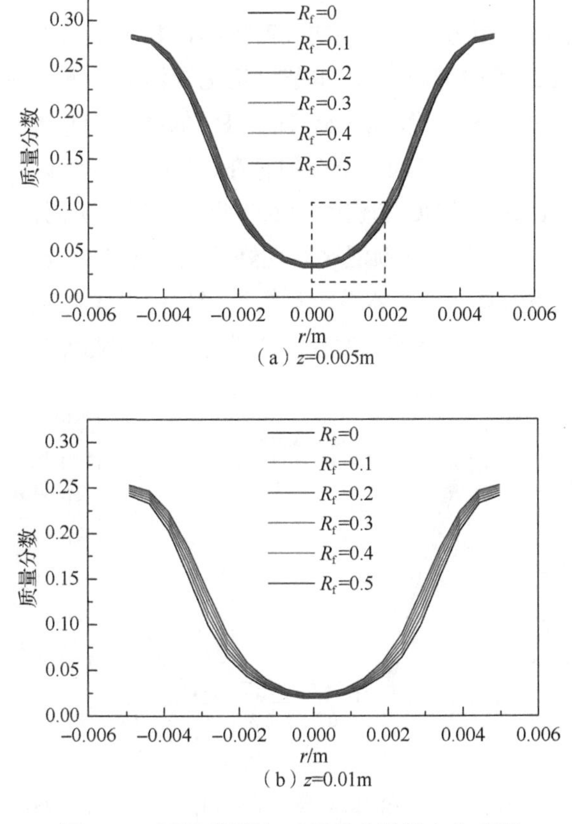

（a）z=0.005m

（b）z=0.01m

图 8-18　不同截面处 O_2 质量分数径向分布图

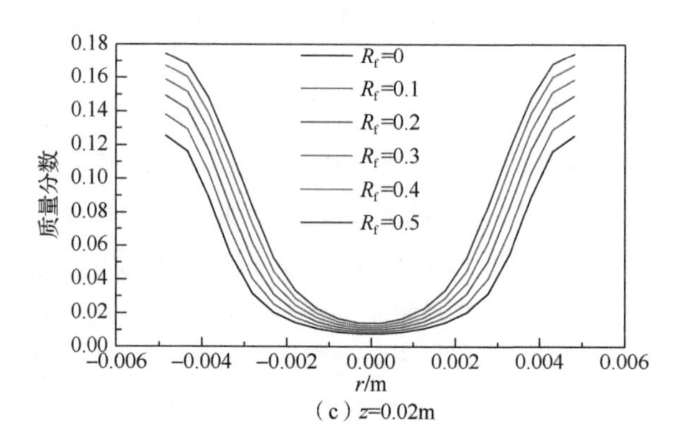

（c）z=0.02m

图 8-18（续）

4. 水蒸气预混后对污染物排放的影响分析

（1）NO_x排放

NO_x的排放情况是衡量燃烧性能的关键指标，其主要包含 NO（占比 90%以上）和 NO_2（占比 5%到 10%）[21]。本节讨论主要污染物 NO 的生成机理。在保证燃烧器密闭的理想状态下，预混水蒸气的 CH_4在 O_2 / CO_2氛围下燃烧并不会生成 NO_x。但是由于燃烧器出口回流情况的存在，即外界空气因压力差而回流计算域，因而需要考虑受热力型 NO 和快速型 NO 两个机理的协同作用而生成的 NO_x。图 8-19 所示反映了不同水蒸气预混比对燃烧器出口处 NO_x质量分数的影响。相较于常规空气氛围下燃烧，注入水蒸气后燃烧产生的 NO_x锐减，这说明注入水蒸气能够显著降低 NO_x的排放水平，改善燃烧性能。这与文献[22]的研究结论一致。

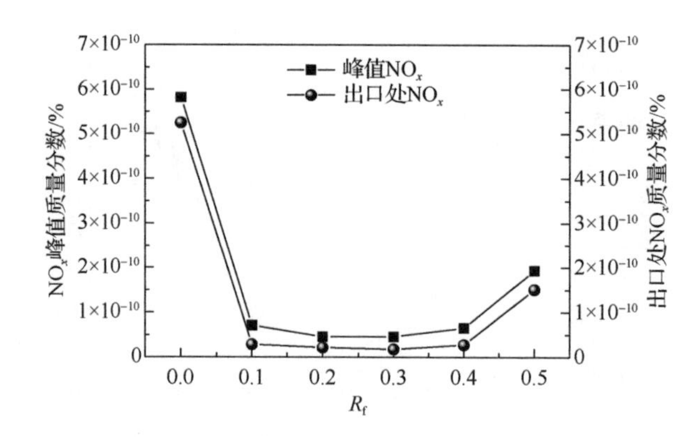

图 8-19 不同水蒸气预混比对燃烧器出口处 NO_x质量分数的影响

随着 R_f 的增大，燃烧器出口及峰值 NO_x 质量分数均呈先迅速减小后缓慢增大的趋势。这是由于扩散燃烧主要生成热力型 NO，分布在燃烧器的高温区，其反应机理为 $N_2+O \longrightarrow NO+N$，$O_2+N \longrightarrow NO+O$。当温度大于 1800K 时，每升高 100K 的温度，NO_x 的量增加一倍。

快速型 NO[23]的反应机理表示如下：

$$CH+N_2 \longrightarrow HCN+N$$

$$CH_2+N_2 \longrightarrow HCN+NH$$

$$HCN+OH \longrightarrow HCO+H_2$$

$$CN+O_2 \longrightarrow HCO+H_2$$

$$CN+O_2 \longrightarrow NCO+O$$

$$NCO+O \longrightarrow NO+CO$$

预混入燃料中的水蒸气同时也促进了˙CHi 自由基和˙OH 的反应，从而抑制了 N_2 和˙CHi 自由基的反应，减少了快速型 NO 的生成。随着注入水蒸气的量增加，火焰温度上升幅度较小，水蒸气对 NO_x 生成的抑制作用大于温度升高对热力型 NO 生成的促进作用，因此 NO_x 的总量随着 R_f 的增大而减少。

（2）碳烟排放

碳烟为碳氢燃料不完全燃烧所产生的污染物，其在加重温室效应的同时，还会导致燃气锅炉燃烧效率大幅降低[24]。图 8-20 表示不同水蒸气预混比对燃烧器出口处碳烟质量分数的影响。可以看出，随着水蒸气的注入，CH_4 在 O_2 / CO_2 氛围下燃烧产生的碳烟质量分数总体呈下降趋势，这与文献[25]的研究结论一致。分析其原因如下。

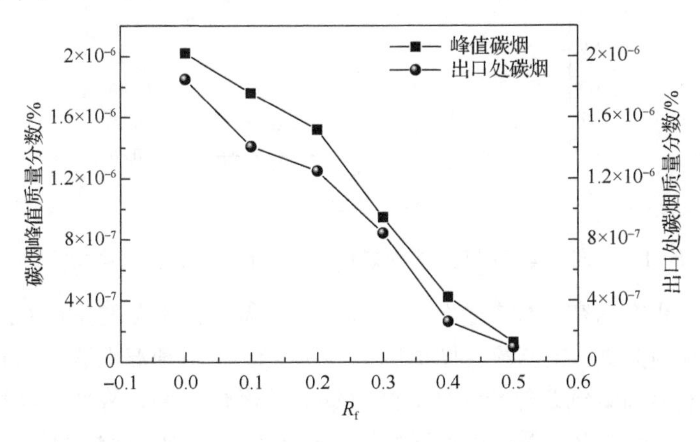

图 8-20　不同水蒸气预混比对燃烧器出口处碳烟质量分数的影响

1）注入水蒸气后，化学反应$^{\cdot}OH+H_2 \longrightarrow H+H_2O$ 平衡[26]向左移动，使$^{\cdot}OH$的浓度升高，导致碳烟的氧化率升高，同时 H 离子的浓度降低，可以抑制脱氢反应，因此也会减少碳烟的生成速率。

2）碳烟和水蒸气会发生水煤气反应，反应方程为 $C+H_2O \longrightarrow H_2+CO$，$CO+H_2O \longrightarrow H_2+CO_2$，抑制碳烟生成，进而导致碳烟的质量分数减小。

3）由于随着水蒸气预混比的提高，燃烧器不同高度处的 O_2 质量分数也随之增加，造成了成核后的碳烟更容易被氧化，因此碳烟的质量分数随之降低。

8.2.3 O_2／CO_2氛围下水蒸气预混 CH_4 燃烧与烟气余热梯级利用方案

针对本文模拟的燃烧器综合分析流场分布、燃烧效率以及污染物的排放量后，得出水蒸气预混比 R_f 在 0.2～0.3 范围内的燃烧特性最优的结论。为得出本系统的最优工况，选取此范围内的五组工况，即水蒸气质量分数分别为 17%、18%、19%、20%、21%进行对比模拟，分析结果如图 8-21 所示。当水蒸气质量分数为 19%时，生成的 NO_x 的质量分数最小，只有 1.665×10^{-5}ppm，随着水蒸气质量分数的增加，碳烟的质量分数减小趋势逐渐减弱，而 NO_x 的生成量开始剧烈增加，因此得出结论：当水蒸气质量分数为 19%时，燃烧器的燃烧特性最优，即 CH_4 预混水蒸气的最优氛围为 81%CH_4／19%H_2O。

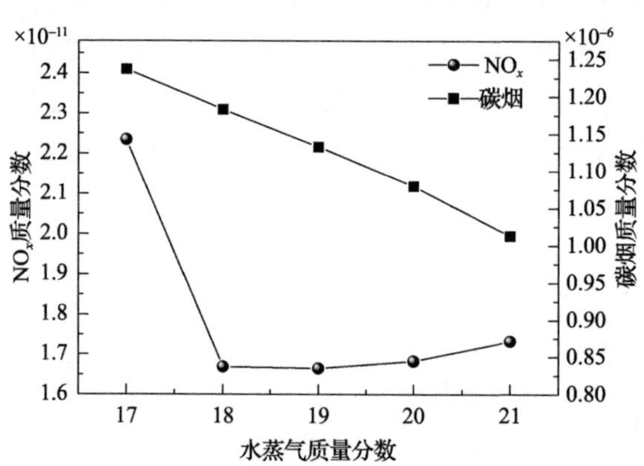

图 8-21 不同水蒸气质量分数对燃烧器出口 NO_x 及碳烟污染物的影响

基于以上研究内容，本节提出一套 O_2／CO_2 氛围下水蒸气预混 CH_4 燃烧与烟气余热梯级利用方案，工艺流程图如图 8-22 所示。采用预混水蒸气的 CH_4 富氧燃烧技术，有效提高烟气余热回收率和燃气锅炉的燃烧效率，降低污染物 NO_x、碳烟的排放水平。通过烟气循环可提高烟气中 CO_2 浓度，促进燃烧烟气中 CO_2 捕集，有助于 CO_2 回收利用，对节能减排具有重要意义。

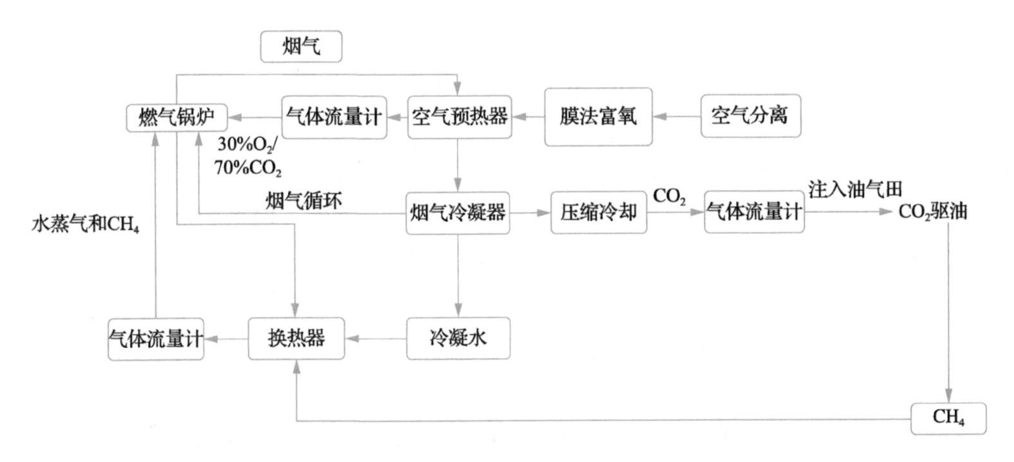

图 8-22　O_2 / CO_2 氛围下水蒸气预混 CH_4 燃烧与烟气余热梯级利用方案工艺流程图

该流程充分利用了燃烧释放的热量及烟气的显热和潜热，在炉膛处设置了换热装置，用以加热助燃气体和气化水蒸气。燃烧产生的烟气在空气预热器处与富氧空气进行换热，以回收烟气中的显热，提高富氧空气的温度，有助于燃料的燃烧，使炉膛的辐射段温度升高。预热后的富氧空气和循环的高温烟气进行混合后，进入燃气锅炉与预混水蒸气的 CH_4 进行燃烧。生成的高温烟气经空气预热器和烟气冷凝器进行余热回收，最大程度上利用烟气的显热和冷凝潜热，以简化后续的碳捕集流程。冷水经过烟气冷凝器和炉膛换热器与高温烟气进行二级换热后气化为水蒸气，与 CH_4 预混后在 O_2 / CO_2 氛围下燃烧。当烟气中的 CO_2 达到捕集要求以后对烟气进行碳捕集回收，压缩冷凝后或注入油层提高采收率或封存于枯竭油气藏中，从而降低温室气体净排放。

8.3 本章小结

本章采用数值模拟方法研究了 O_2 / N_2，O_2 / CO_2 和 O_2 / H_2O 三种氛围下对 CH_4 燃烧及污染物释放的影响，并将 O_2 / H_2O 氛围下 CH_4 火焰温度特征与常规空气氛围下燃烧进行比较，提出了一套 O_2 / H_2O 燃烧技术与开发天然气水合物联产系统，得到如下结论。

1）在火焰内部区域（径向距离 r=0～0.2m），O2 / H2O 氛围下火焰温度最低，主要是由于水蒸气的比热容、扩散系数、辐射系数大及较强的化学效应；而在火焰外围区域（r=0.2～0.3m），O_2 / H_2O 氛围下火焰温度偏高，可能是由于此区域靠近燃烧器壁面，水蒸气稳定性较差，遇到壁面时发生凝结释放部分热量。

2）相同氧指数下，O_2 / H_2O 氛围下燃烧速率最大，原因是添加 H_2O 导致反应体系中˙OH 自由基增加，加快了燃料基团的反应速率。

3）O_2 / H_2O 氛围下出口处 NO_x 浓度最低，原因是温度以指数形式影响热力型 NO_x（主要）生成，该氛围火焰温度低，NO_x 生成量少。该氛围下碳烟体积分数最小，主要原因是一方面水蒸气与碳烟发生水煤气反应，抑制碳烟的生成；另一方面该氛围火焰温度低，燃料的热解速率低，碳烟体积分数减小。

4）相同氧指数下，O_2 / H_2O 氛围中 CH_4 燃烧时出口平均 O_2 体积分数最低，燃烧效率最高。

5）32%O_2 / 68%H_2O 氛围下 CH_4 火焰温度特征与传统火焰温度特征相似。

通过对高浓度 CO_2 氛围下 CH_4 预混水蒸气燃烧的数值模拟研究，利用实际实验燃烧数据验证模型的可行性，研究分析单一变量水蒸气预混比 R_f 对燃烧流场分布、燃烧组分分布和污染物浓度分布的影响规律，并提出一套 O_2 / CO_2 氛围下水蒸气预混 CH_4 燃烧与烟气余热梯级利用方案，总结得出如下结论。

1）燃烧流场分布：随着水蒸气预混比 R_f 的增大，火焰最高温度略有上升，中心线上的温度分布呈先升高后降低的趋势，出口烟气平均速度呈指数上升的趋势。

2）燃烧组分分布：火焰中心线上的 CH_4 质量分数先剧烈减小后趋于零，且随着水蒸气预混比 R_f 上升，燃烧效率显著增大；O_2 质量分数的变化速率在火焰中心线沿径向总体呈先增大后减小的趋势，O_2 质量分数逐级上升，均体现出注入水蒸气的优越性，即提高燃烧反应速率，使反应更加完全。

3）污染物浓度分布：在考虑燃烧器出口空气回流的条件下，随着水蒸气预混比 R_f 上升，燃烧器出口及最大 NO_x 浓度先降低后略升高；燃烧产生的碳烟质量分数总体呈下降趋势。这表明注入水蒸气显著降低污染物的排放水平，达到节能减排的目的。

4）通过对燃烧器流场分布、燃烧效率及控制污染物排放三个方面进行综合评价分析，得出该燃烧器的最优注入水蒸气量为 19%，对实际生产具有一定的指导意义。

参 考 文 献

[1] ZHANG Y D, LIU F S, CLAVEL D, et al. Measurement of soot volume fraction and primary particle diameter in oxygen enriched ethylene diffusion flames using the laser-induced incandescence technique[J]. Energy, 2019, 177: 421-432.

[2] ZHANG Y D, LIU F H, LOU C. Experimental and numerical investigations of soot formation in laminar coflow ethylene flames burning in O_2/N_2 and O_2/CO_2 atmospheres at different O_2 mole fractions[J]. Energy & fuels, 2018, 32: 6252-6263.

[3] 张引弟. 乙烯火焰反应动力学简化模型及烟黑生成模拟研究[D]. 武汉: 华中科技大学, 2011: 4-5.

[4] LI S L, JIANG Y, CHEN W T. Numerical analysis on characteristics of soot particles in $C_2H_4/CO_2/O_2/N_2$ combustion[J]. Chinese Journal of Chemical Engineering, 2013: 21(3): 238-245.

[5] 董刚, 黄鹰, 陈义良. 不同化学反应机理对甲烷射流湍流扩散火焰计算结果影响的研究[J]. 燃料化学学报, 2000, 28(1): 49-54.

[6] 王姣, 吴晅, 武文斐. 甲烷/空气湍流扩散燃烧的小火焰模拟[J]. 工业加热, 2007, 36(5): 24-27.

[7] 楚化强, 曹文健, 冯艳, 等. CO_2和富氧空气对甲烷与乙烯燃烧的影响[J]. 过程工程学报, 2016, 16(3): 470-476.

[8] PARK J, KIM S, LEE K, et al. Chemical effect of diluents on flame structure and NO emission characteristic in methane-air counter flow diffusion flame[J]. International Journal of Research, 2002, 26(13): 1141-1160.

[9] HE Y, LUO J, LI Y, et al. Comparison of the reburning chemistry in O_2/N_2, O_2/CO_2 and O_2/H_2O atmospheres[J]. Energy & Fuels, 2017, 31(10): 11404-11412.

[10] CONG T L, DAGAUT P. Oxidation of H_2/CO_2 mixtures and effect of hydrogen initial concentration on the combustion of CH_4 and CH_4/CO_2 mixtures: experiments and modeling[J]. Proceedings of the Combustion Institute, 2009, 32(1): 427-435.

[11] GIMÉNEZ-LÓPEZ J, MILLERA A, BILBAO R, et al. HCN oxidation in an O_2/CO_2 atmosphere: an experimental and kinetic modeling study[J]. Combustion and Flame, 2010, 157(2): 267-276.

[12] 洪迪昆. CH_4在O_2/CO_2与O_2/H_2O气氛下燃烧的分子动力学模拟[D]. 武汉: 华中科技大学, 2015: 46.

[13] 李姗. O_2/CO_2气氛下天然气燃烧数值模拟及热物性检测研究[D]. 武汉: 长江大学, 2016: 24-25.

[14] 郭喆, 娄春, 刘正东. 富氧扩散火焰中燃烧特性及火焰结构对碳烟生成的影响[J]. 中国科学: 技术科学, 2013, 43(9): 991-1000.

[15] 田晓晶, 崔玉峰, 房爱兵, 等. $CH_4/O_2/H_2O$燃气轮机富氧燃烧特性[J]. 燃烧科学与技术, 2013, 19(5): 413-417.

[16] 周力行. 湍流两相流动与燃烧的数值模拟[M]. 北京: 清华大学出版社, 1991.

[17] 冯玉霄. 乙烯一空气扩散火焰温度和烟黑浓度的模拟研究[D]. 杭州: 浙江大学, 2012: 1819.

[18] 贾令博. 富氧指数对天然气在O_2/N_2气氛下燃烧特性影响的研究[D]. 西安: 西安石油大学, 2017: 43-46.

[19] 闫伟杰. 基于光谱分析和图像处理的火焰温度及辐射特性检测[D]. 武汉: 华中科技大学, 2014: 90.

[20] HONG Z, VASU S S, DAVIDSON D F, et al. Experimental study of the rate of $^{\cdot}OH+HO_2 \rightarrow H_2O+O_2$ at high temperatures using the reverse reaction[J]. Journal of Physical Chemistry A, 2010, 114(17): 5520-5525.

[21] LI D X, SHI P H, WANG J B, et al. High-efficiency absorption of high NO_x concentration in water or PEG using capillary pneumatic nebulizer packed with an expanded graphite filter[J]. Chemical Engineering Journal, 2014: 8-15.

[22] 汤成龙, 司占博, 张旭辉. 稀释气对高甲烷含量天然气燃烧特性的影响[J]. 西安交通大学学报, 2015, 49(9): 41-46, 83.

[23] WANG P, LAN Y, LI Q. A turbulent NO reaction model considering reaction time effect[J]. Energy, 2017, 125: 393-404.

[24] LIU F S, THOMSON K A, GUO H S, et al. Numerical and experimental study of an axisymmetric coflow laminar methane-air diffusion flame at pressures between 5 and 40 atmospheres[J]. Combustion and Flame, 2006, 146(3): 456-471.

[25] LUGVISHCHUK D S, KULCHAKOVSKY P I, MITBERG E B, et al. Soot formation in the methane partial oxidation process under conditions of partial saturation with water vapor[J]. Petroleum Chemistry, 2018, 58(5): 427-433.

[26] ZHANG Y D, LOU C, XIE M L. Computation and measurement for distributions of temperature and soot volume fraction in diffusion flames[J]. Journal of Central South University of Technology, 2011, 18(4): 1263-1271.